"十四五"职业教育国家规划教材

"十三五"职业教育国家规划教材

高等院校技能应用型教材·软件技术系列

C#程序设计教程

（第5版）

刘甫迎　主　编

刘光会　王　蓉　刘　焱　黄　敏　副主编

电子工业出版社

Publishing House of Electronics Industry

北京·BEIJING

内 容 简 介

微软的C#是从 C++演变而来的、少有的在互联网诞生后才推出的、简单易学且功能强大的编程语言，适合开发本地及 Web 应用，移动、虚拟现实和云计算应用开发。C#代表当前一个流行方向，备受用户青睐。

本书讲解 C#的结构化程序设计及算法，数组、结构、枚举和集合，面向对象程序设计（类、委托、继承和接口），可视化应用程序设计，文件和流，C/S 模式编程，C#的多线程应用等。本书理论与实践相结合，突出应用，有大纲、习题、实验指导、模拟试题等，并通过一个真实应用系统案例进行了实战。

本书可作为应用型本科院校、高等职业院校及培训机构的教材，也可供从事软件开发和应用的人员参考。

图书在版编目（CIP）数据

C#程序设计教程 / 刘甫迎主编. —5 版. —北京：电子工业出版社，2019.7

ISBN 978-7-121-36755-7

Ⅰ. ①C... Ⅱ. ①刘... Ⅲ. ①C 语言－程序设计－高等学校－教材 Ⅳ. ①TP312.8

中国版本图书馆 CIP 数据核字（2019）第 106584 号

策划编辑：薛华强
责任编辑：程超群　　　　　　特约编辑：田学清
印　　刷：三河市华成印务有限公司
装　　订：三河市华成印务有限公司
出版发行：电子工业出版社
　　　　　北京市海淀区万寿路 173 信箱　　　　　邮编：100036
开　　本：787×1092　　1/16　　印张：18.5　　字数：533 千字
版　　次：2005 年 10 月第 1 版
　　　　　2019 年 7 月第 5 版
印　　次：2024 年 12 月第 16 次印刷
定　　价：55.00 元

前 言

C#是从 C 和 C++演变而来的一种新的面向对象的编程语言。结合 C#的强大功能和 Visual Studio.NET 平台的环境和类的支持，形成了功能强大的开发工具——C#.NET。C#是目前主流语言中不多见的在 Internet 出现后推出的语言，故它的设计很适合在互联网上使用。C#可以编译成跨平台的代码，它避免了 C 语言中复杂的指针和多继承等难于控制的编程方案，简单易学且功能强大。C#结合 ASP.NET、Windows Phone 和 Unity 游戏引擎等平台，开发本地及 Web 应用，移动、虚拟现实和云计算应用，无疑代表了当前广泛使用的一个编程方向，备受用户青睐。

本书历经多次改版，曾获选"十三五"职业教育国家规划教材，普通高等教育"十一五"国家级规划教材。本书的前 4 版教材被众多高校使用，是国内高校较早使用的 C#语言编程课程教材，有的版本印刷达 10 多次，受到读者欢迎。本书是《C#程序设计教程》的第 5 版，主要特点如下：

（1）本书以 Visual Studio 2017/2019（以下简称 VS 2017/2019）为平台，介绍了 VS 2019 预览版下 C# 8.0 等的新特点，并以使用较普遍的 VS 2017（C# 7.0）平台为基础进行了内容更新和添加。在保持 C#先前版本的优势外，还增加了基于 Tuple 的多返回值和本地方法等内容。

（2）在 C#操作 SQL Server 等数据库的基础上，增加了 C#操作 MySQL 数据库的内容（MySQL 是当前云计算、大数据普遍运用的开源关系数据库）。

（3）严格限定本课程在专业中的培养目标界限，以确定课程内容（例如，把 Access 作为数据库类教材等）。本课程目标是，让学生掌握 C#程序设计的基本知识及技术，为今后成为软件工程师或程序设计员奠定基础。课程重点是 C#的结构化程序设计、面向对象编程和可视化程序设计、客户机/服务器（C/S）模式编程、多线程应用等。

（4）除附录 A《C#程序设计课程》教学大纲、附录 B《C#程序设计课程》实验指导书外，本书还增加了附录 C 模拟试题。

（5）在选材上，本书继续强调"理论与实践相结合"，删去了不常用的语法、语义解释，在系统性和实用性方面寻求平衡；降低了个别章节的难度，力求深入浅出，专注于常用功能使用。

（6）书中实例使用了许多经典算法，弥补了有些读者未学"数据结构"的不足。

（7）本书由校际联盟中多个学校的教师和"校企合作"的专家参与编写，用真实案例增强实践性，并以一个综合的实际应用系统（用 UML、CASE、MVC 等技术）进行了实战。

（8）本书教学资源丰富，力求打造成立体化教材：在其精品资源在线开放课程网站上，有配套的 PPT、教学大纲、习题、实验指导书、课程设计、教师在线辅导、CAI、网络课程、试题库、考试系统、相关素材等，这些资源生动、具体、形象、直观，便于教与学。

本书由刘甫迎教授担任主编，刘光会、王蓉、刘焱、黄敏担任副主编。刘甫迎编写第 1 章、附录 A 和附录 C；刘光会编写第 2 章至第 6 章；王蓉编写第 7 章、第 9 章、第 10 章；刘焱编写第 8 章、第 6.2.4 节、第 11 章；黄敏编写第 7.4 节、第 12 章和附录 B。全书由刘甫迎统稿。其他参编人员包括：周绍敏等。在编写和出版的过程中，得到电子工业出版社薛华强编辑的大力支持，在此谨表示感谢！由于编者水平有限，书中难免有不足之处，请斧正。

刘甫迎

2019 年 4 月

目　录

CONTENTS

本章介绍 C#的由来和发展、特点、VS 2017 等的新功能、Microsoft.NET 平台及 C#的运行环境，使读者能够初步了解 C#，并能够进行 C#的安装、启动和熟悉 C#的界面。

▶ 1.1 C#简介

1.1.1 C#的缘起

美国微软公司的 Visual Studio.NET 已发展到 2017 版，Visual C#（简称 VC#或 C#，本书统一称 C#）包含在其中。然而 C#是如何发展而来的呢？

1995 年，SUN 公司正式推出了面向对象的开发语言 Java，它具有跨平台、跨语言的功能特点，Java 逐渐成了企业级应用系统开发的首选工具，而且使得越来越多的基于 C/C++的应用开发人员转向于从事基于 Java 的应用开发。

在 Java 势头很猛的软件开发领域可观前景的冲击下，作为世界上最大的软件公司微软立即做出了迎接挑战的反应。很快，微软也推出了基于 Java 语言的编译器 Visual J++。Visual J++在最短的时间里由 1.1 版本升级到了 6.0 版本。Visual J++ 6.0 集成在 Visual Studio 6.0 中，不但 Java 虚拟机（Java Virtual Machine，JVM）的运行速度大大加快，而且增加了许多新特性，同时支持调用 Windows API，这些特性使得 Visual J++成为强有力的 Windows 应用开发平台，并成为业界公认的优秀 Java 编译器。

Visual J++虽然具有强大的开发功能，但主要应用在 Windows 平台的系统开发中，SUN 公司认为 Visual J++违反了 Java 的许可协议，即违反了 Java 开发平台的中立性，因而，对微软提出了诉讼，这使得微软处于极为被动的局面。为了改变这种局面，微软另辟蹊径，决定推出其进军互联网的庞大.NET 计划，该计划中包括重要的开发语言——Visual C#。

微软的.NET 是一项非常庞大的计划，也是微软发展的战略核心。Visual Studio.NET 则是微软.NET 技术的开发平台，C#就集成在 Visual Studio.NET 中。.NET 代表了一个集合、一个环境、一个编程的基本结构，作为一个平台来支持下一代的互联网（本书 1.1.4 节将详细介绍.NET 平台）。为了支持.NET 平台，Visual Studio.NET 在原来的 Visual Studio 6.0 的基础上进行了极大的修改和变更。在 Visual Studio.NET 测试版中 Visual J++消失了，取而代之的就是 C#语言。

美国微软公司在 2000 年 6 月份举行的"职业开发人员技术大会"上正式发布了 C#语言，其英文名为 Visual C-Sharp。微软公司对 C#的定义是："C#是一种类型安全的、现代的、简单的，由 C 和 C++衍生出来的面向对象的编程语言，它是牢牢根植于 C 和 C++语言之上的，并可立即被 C

和 C++开发人员所熟悉。C#的目的就是综合 Visual Basic 的高生产率和 C++的行动力。"

目前使用 C#进行 C/S（客户机/服务器）结构编程或用 C#与 ASP.NET 结合进行 B/S（浏览器/服务器）结构编程的人员越来越多，用 C#进行编程已成为今后程序设计的趋势之一，而且将逐步超越其他主流编程语言的地位。为什么会这样呢？请看下节所讲述的 C#的特点。

1.1.2　C#的特点

作为微软新一代面向对象的语言产品，C#语言自 C/C++演变而来，它是给那些愿意牺牲 C++一点底层功能，以获得更方便和更产品化的企业开发人员而创造的。C#具有现代、简单、完全面向对象和类型安全等特点。

如果读者是 C/C++程序员，学习将会变得很容易。许多 C#语句直接借用程序员所喜爱的语言，包括表达式和操作符。假如不仔细看，就会把它当成 C++。

关于 C#最重要的一点：它是现代的编程语言。它在类、名字空间、方法重载和异常处理等领域简化了 C++。摒弃了 C++的复杂性，使它更易用、更少出错。

对 C#的易用有贡献的是减少了 C++的一些特性，不再有宏、模板和多重继承。特别对企业开发者来说，上述功能只会产生更多的麻烦而不是效益。

使编程更方便的新功能是严格的类型安全、版本控制、垃圾收集（garbage collect）等。所有这些功能的目标都是瞄准了开发面向组件的软件。

1．可避免使用指针等，语法更简单、易学

在 C#中可避免复杂的令人头痛的在 C++中流行的指针，禁止直接进行内存操作，不能使用"::"和"—>"运算符，整型数据 0 和 1 也不再是布尔值，"=="被用于比较操作而"="被用于赋值操作，从而减少了运算符错误。C#使用统一的类型系统，摒弃了 C++中多变的类型系统。

2．支持跨平台

由于网络系统错综复杂，使用的硬件设备和软件系统各不相同，开发人员所设计的应用程序必须具有强大的跨平台性，C#编写的应用程序就具有强大的跨平台性，这种跨平台性也包括了 C#程序的客户端可以运行在不同类型的客户端上，比如 PDA、手机等非 PC 设备。

3．面向对象且避免了多重继承

C#支持所有关键的面向对象的概念，如封装、继承和多态性。完整的 C#类模式构建在 NGWS 运行时的虚拟对象系统（VOS，Virtual Object System）的上层。对象模式只是基础的一部分。

在 C#中，不存在全局函数、变量或者常量。所有的内容都封装在类中，包括事例成员（通过类的事例——对象可以访问）或静态成员（通过数据类型）。这些使 C#代码更加易读且有助于减少潜在的命名冲突。

定义类中的方法默认是非虚拟的（它们不能被派生类改写）。主要特点是，这样会消除由于偶尔改写方法而导致另外一些原码出错。要改写方法，必须具有显式的虚拟标志。这种行为不但缩减了虚拟函数表，而且还确保正确版本的控制。

使用 C++编写类，用户可以使用访问权限给类成员设置不同的访问等级。C#同样支持 private，protected 和 public 三种访问权限，而且还增加了第四种访问权限：internal。

C#仅允许一个基类，如果程序需要多重继承，可以运用接口。

4．现代快速应用开发（RAD）功能

支持快速应用开发（Rapid Application Development）是目前开发语言重要的功能之一，也正是C/C++的致命伤。网络时代应用系统的开发必须按照网络时代的速度来进行，支持快速开发可以使得开发人员的开发效率倍增，从而使得他们可以从繁重的重复性劳动中解放出来。C#的RAD功能主要表现在如垃圾收集、委托等众多特性上。垃圾收集机制将减轻开发人员对内存的管理负担，而委托功能更是可以让程序员不经过内部类就调用函数。利用C#的这些功能，可以使开发者通过较少的代码来实现更强大的应用程序，并且能够更好地避免错误的发生，从而缩短了应用系统的开发周期。许多用C++很费力实现的功能，在C#中不过是一部分的基本功能而已。

5．语言的兼容、协作交互性

用C#编写的程序能最大程度地实现与任何.NET的语言互相交换信息，为开发人员节省了大量的时间。C#与其他.NET语言有很好的协作，这点对开发人员非常重要。.NET让各种语言可以真正地互相交流，开发者不必把一种语言强行改成另一种语言。在全球的程序员中，用Visual Basic作为基本的编程工具的人占了很大一部分，在跨入.NET编程时代的时候，这些人能轻松地使用Visual Basic.NET开发Web应用程序，C#可与之很好地兼容、协作交互。

6．与XML的天然融合

由于XML技术真正融入到.NET和C#中，C#编程变成了真正意义上的网络编程，甚至可以说.NET和C#是专为XML而设计的。C#程序员可以轻松通过C#内含的类使用XML技术。和其他编程语言相比，C#为程序员提供了更多的自由和更好的性能来使用XML。

7．对C++的继承且类型安全

C#集成并保留了C++强大的功能。例如，C#保留了类型安全检测和重载功能，还提供了一些新功能取代原来C++中的预处理程序的部分功能，提高了语言的类型安全性。

类型安全可以将指针作为一个例子。在C++中使用指针，程序员能自由地把它强制转换成为任何类型，包括可以执行把一个int*（整型指针）强制转换成一个double*（双精度指针）这样的不安全操作。但只要内存支持这种操作，它就可以执行，这并不是程序员所想象的企业级编程语言的类型安全。

C#实施最严格的类型安全，以保护自己及垃圾收集器。因此程序员必须遵守C#中一些相关变量的规则。

C#取消了不安全的类型转换。不能把一个整型强制转换成一个引用类型（如对象），而当向下转换时，C#验证这种转换是正确的，也就是说，派生类真的是从向下转换的那个类派生出来的。

8．版本可控

在过去的几年中，几乎所有的程序员都难免涉及众所周知的"DLL地狱"，该问题起因于多个应用程序都安装了相同DLL名字的不同版本。有时，老版本的应用程序可以很好地和新版本的DLL一起工作，但是更多的时候它们会中断运行。

NGWS运行时将对程序员所写的应用程序提供版本支持。C#可以最好地支持版本控制。尽管C#不能确保正确的版本控制，但是它可以为程序员保证版本控制成为可能。有了这种支持，一个开发人员就可以确保当他的类库升级时，仍保留着对已存在的客户应用程序的二进制兼容。

综上所述，我们可以认为C#是派生于C语言和C++语言的一种程序设计语言，它使程序员能够更快速、更容易地为微软.NET平台开发应用程序。但C#也有一些弱点，例如，C#程序设计和编译程序级的优化不能在非微软的平台上充分利用，想在非微软平台上展开.NET，再充分运用它

们也是不现实的。

1.1.3 C#的发展及 VS2019 下 C#8.0 等的新功能

1. C#及 VS 的发展

包含 C#语言的 Visual Studio.NET（简称 VS）已发展到 VS2017 版本和 VS2019 预览版。

C# 1.0 于 2000 年亮相，随着 C# 2.0 和 Visual Studio 2005 的问世，C#等语言新增了几个重要的功能，其中包括泛型、迭代器和匿名方法等。随同 Microsoft Visual Studio 2008 发布的 C# 3.0 添加了更多功能，例如，扩展方法、lambda 表达式、自动属性、对象初始化器和集合初始化器，以及最有名的语言集成查询（Language Integrated Query，LINQ）工具。

Visual C# 4.0（Visual C#2010）改善了与其他语言和技术的互操作性。新增的功能包括命名和可选参数；dynamic 类型，它告诉语言的"运行时"要实现一个对象的晚期绑定，以及协变性和逆变性，它们解决了泛型接口的定义方式所造成的一些问题。C# 4.0 利用了新版本的.NET Framework，版本也是 4.0。在这个版本中，.NET Framework 添加了许多新东西，但最重要的就是构成"任务并行库"（Task Parallel Library，TPL）的类和类型。现在可以使用 TPL 构建具有良好伸缩性的应用程序，从而快速和简单地利用多核处理器的强大能力。对 Web 服务和 Windows Communication Foundation（WCF）的支持也得到了扩展，现在可以遵循 REST 模型和较传统的 SOAP 方案构建服务。Microsoft Visual Studio.NET 2010 提供的开发环境使得这些强大的功能变得易于使用，Visual Studio 2010 新增的大量向导和增强措施也显著提高了开发人员的工作效率。Visual C# 2010 中新的及加强的主要功能与特性可有效改善 Microsoft Office 等的编程能力和对代码的分析、研究能力，并对测试驱动开发提供支持；增加了类型等价支持（Type Equivalence Support），相比从主互操作程序集（Primary Interop Assembly）中导入类型信息，现在可以部署一款带有内嵌类型信息的应用，通过内嵌的类型信息，应用可在运行时间内使用类型而无须参考运行程序集；新的命令行选项：/langversion 命令行选项可让编译器接受只在特定 C#版本中有效的语法，/appconfig 编译器选项可让 C#应用指定程序集的应用配置文件位置；Visual C# 2010 加强了集成开发环境（IDE）：有了调用层次结构（Call Hierarchy），能通过用户的代码进行导航；可以使用 Navigate To 功能来搜索包含在字符中的关键字，通过使用驼峰式大小写风格（Camel casing）和下画线来将这些符号分割成关键字；当单击源代码中的一个字符时，该字符所有的实例都会被高亮显示；使用中生成（Generate From Usage）可让用户在定义 classes 和 members 之前就使用它们，而无须在代码中留下当前的位置，用户可以生成一个想要使用但仍未定义的 class、构造函数、方法、属性、栏目等存根（stub），这将对工作流程产生最小的影响；IntelliSense 现在为 IntelliSens 声明完成提供了两种选择，即完成模式和建议模式，当 class 和 member 在被定义前使用时，建议模式会被使用；在 Visual C# 2010 中，实时语义误差（Live Semantic Error）功能得到了加强，它使用波浪下画线来发出错误信号与提示。

Visual Studio.NET 2012（含有 C# 2012）有以下特性。Visual Studio.NET 2012 的代号为 Ark（方舟）。众所周知，人们认为 2012 年有 67.58%的可能性为世界末日（据中国国家统计局调查结果推算）。为了使大家能够平安度过世界末日，微软将新的 VS 代号命名为 Ark，可见 MS 的社会责任感。新的 VS 增加了触摸事件。随着触摸设备的普及，原有的鼠标键盘事件将不能满足需要了，配合 Windows 8 的上市，VS 将增加大量的触摸事件在 WPF、SL 里面。值得大家关注的是，Visual Studio.NET 2012 为了体现博爱和自然和谐，首次导入了 Miao 系统，一种专为猫咪设计的触摸系统。猫咪的爪和人类的手指有很大不同，为了顾及猫咪的触摸需要，特地开发了 Miao 系统。据项目负责人表示，Wang 系统，为狗定制的触摸系统也在开发中。

混合的编码环境。有人批评微软为 C#投入了大量的资源，导致了 VB、F#的关注度不够。为此新版本的 VS 推出了后缀为.mix 的新代码。可以在同一份代码里面，混合各种语言的代码。

众多技术社区的编辑器的代码着色功能表示压力很大。

VS2012、Microsoft. NET Framework 4.5 是一个针对.NET Framework 4 的高度兼容的就地更新。通过将.NET Framework 4.5 与 C#4.5（C# 2012）或 Visual Basic4.5 编程语言结合使用，可以编写 Windows Metro 风格的应用程序（为触摸而设计的最新卡片风格界面，能向用户显示重要信息，这个界面同时支持鼠标和键盘，并适用于平板设备）。.NET Framework 4.5 包括针对 C#4.5 和 Visual Basic 4.5 的重大语言和框架改进，以便能够利用异步性、同步代码中的控制流混合、可响应 UI 和 Web 应用程序可扩展性。

2．Visual Studio.NET 2015 的特性

Visual Studio.NET 2015（简称 VS2015）中文旗舰版是微软重磅推出的一款软件开发平台，可以帮助开发人员打造跨平台的应用程序，从 Windows 到 Linux，甚至 iOS 和 Android 都可以跨平台使用。软件现在可以轻松开发 Android、iOS、WP 应用程序，还可以开发能运行在 Mac、Linux 上的 ASP.NET 网站，并支持云服务。另外无论团队规模或项目复杂程度如何，由 Team Foundation Server 支持的 VS2015 旗舰版均可帮助用户将创意变为软件，用它所写的目标代码适用于微软支持的所有平台，包括 Microsoft Windows、Windows Mobile、Windows CE、.NET Framework、.NET Compact Framework、Microsoft Silverlight 及 Windows Phone。

VS2015，这是一款由开发人员工作效率工具、云服务和扩展组成的集成套件，让你和你的团队可以创建适用于 Web、Windows 商店、桌面、Android 和 iOS 的强大的应用程序和游戏。

（1）自定义窗口布局。如果你需要在多个设备上开发应用，这个功能就能让你开发起来得心应手了。举个例子，如果你想在回家的火车上用 Surface Pro 开发，上班的时候在 23 英寸的显示器上开发，可以使用 Window → Apply Window Layout 来快速切换开发环境的布局，以适应当前的设备类型。如果登录了 VS 2015，你还可以使用快捷键来切换开发环境布局，非常方便。

（2）更优的代码编辑器。代码编辑器已经替换成 "Roslyn"，这将会给你带来不一样的代码编辑体验。当要修复代码的时候，界面中将会出现一个小灯泡，它会提供一系列修复代码的方案，你只需选择即可。

（3）Shared Project 集成。之前有多少开发者想在 Visual Studio 之外使用 Shared Project 功能却未能实现，但是现在可以了，你只需要搜索 shared，在出现的界面中选择 Visual C# Shared Project，然后新建一个名为 Person.cs 的类，编写代码。你也可以创建一个 WPF 应用程序，引用 Shared Project 项目。

（4）Bower 和 NPM 中的代码智能提示。如果你想创建一个 ASP.NET 5 Web 应用程序，系统将会自动生成一个目录结构。这里将生成一个名为 Dependencies 的文件夹，里面包含了 Bower 和 NPM，一般来说，你可以将 Bower 看作客户端的开发包，如 jQuery 和 Angular 脚本库；可以把 NPM 看作开发工具，如 Grunt 和 Gulp。这些开发包都是通过一个 JSON 格式的文件来进行统一管理的，如下所示。

bower.json for Bower
config.json for NPM

如果你想在 Bower 中添加一个类库，可以打开 bower.json 文件，加入自己的类库即可。一旦添加成功，你将会看到安装/更新/删除的菜单选项，这将使我们在开发 Web 应用程序时更加得心应手。

（5）调试 Lambdas 表达式。现在我们可以调试 lambda 表达式了，如果想看每步的执行结果，可以添加监视器和断点，这样就可以更方便、更直接地调试应用程序了。

3．VS2017、C#7.0 及 VS2019 预览版下 C#8.0 的新功能

2017 年 3 月 7 日，最强 IDE Visual Studio 2017 正式版发布，该版本可支持 C#、C++、Python、Visual Basic、Node.js、HTML、JavaScript 等各大编程语言，它不仅可编写 Windows 10 UWP 通用程序，甚至还能开发 iOS、Android 移动平台应用。其不仅添加了实时单元测试、实时架构依赖关系验证等新特性，还对许多实用功能进行了改进，如代码导航、IntelliSense、重构、代码修复和调试等。无论使用哪种语言或平台，都能节省开发者在日常任务上花费的时间和精力。

此外，该版本还带来了一个新的轻量化和模块化的安装体验，使用者可根据需要量身定制安装。多个增强功能汇集在一起，使 Visual Studio 2017 的启动速度比 Visual Studio 2015 快 3 倍，解决方案加载时间缩短 2~4 倍。该版本有如下亮点。

（1）导航增强：

Visual Studio 2017 极大地改善了代码导航，并对结果进行着色，提供自定义分组、排序、过滤和搜索。强大的 Go to All（快捷键为 Ctrl + T 或 Ctrl +,），能完成对解决方案中的任何文件、类型、成员或符号声明的快速、完整搜索。

（2）无须解决方案加载文件：

Visual Studio 2017 可以直接打开并处理 C#、C++、Ruby、Go 等一系列语言的任何文件。

（3）智能过滤：

IntelliSense 现在提供过滤器，帮助筛选你所需要的，而不必涉及过多的步骤。

（4）语言改进：

添加了新的 C# 语言重构命令，可以使代码符合最新标准。新的风格分析器和对 EditorConfig 的支持能够协调整个团队的编码标准。

（5）CMake support for C++：

可以通过在 Visual Studio 中直接加载 CMake 项目来开始编码。

（6）Linux support for C++：

Visual C++ for Linux 开发现在是 Visual Studio 2017 的一部分。

（7）Live unit testing：

顾名思义，实时告诉你单元测试将通过或失败，而不用离开代码编辑器。

（8）Run to Click：

当调试器停止在某个中断状态时，将鼠标悬停在一行代码上，你会看到 Run to Click glyph 提示。单击可在该行停止并下次继续以此执行。

（9）Exception Helpers：

可立即查看异常的根本原因，即时访问内部异常。此外，可以在抛出异常停止时通过单击复选框添加条件来排除从指定模块抛出的异常类型。

（10）小而轻的安装：

Visual Studio 2017 新的安装程序更容易启动和运行。最小安装所占空间只有以前版本的十分之一，只需一两分钟即可完成安装。

C#7.0 等的新功能主要有基于 Tuple 的"多"返回值方法、本地方法、模式匹配、返回引用等。前两者在本教材"6.4 方法"中有详细介绍。"模式匹配"也许能算得上 C#本次更新重要的升级，也是最受关注的特性，通过模式匹配，可以简化大量的条件代码（包括 Switch 语句、Match 表达式、Is 表达式等）。"返回引用"早在最初的发行版 C# 1.0 中，就借鉴并延续了 C/C++中的指针参

数，原生允许将值类型数据的引用（指针）通过标记 ref 参数的形式，传递到方法体中，但对于方法内的值类型引用，该如何以引用的方式返回，却一直以来没有一个非常完美的解决方案，尽管这种用例非常少见。C#7.0 解决了此问题。

C# 8.0 将与 .NET Core 3.0 同时发布。然而，随着 Visual Studio 2019 预览版的推出，这些特性将开始活跃起来，其新特性如下。

Nullable reference types 可空引用类型：此特性的目的是帮助人们处理无处不在的空引用异常，这种异常已经困扰了半个世纪的面向对象编程。这个特性阻止系统将 null 放入普通引用类型中（如字符串），从而使这些类型不可为 null，程序员可以在项目、文件甚至行级别执行此操作。

Async streams 异步流：如果想要消费（或生产）连续的结果流（例如，可能从物联网设备或云服务获得），异步流就是为此而存在的。IAsyncEnumerable<T>，即 IEnumerable<T> 的异步版本。允许 await foreach 消费它们的元素，并以 yield return 生产元素。

Ranges and indices 范围和索引：添加一个类型 Index，用于索引。程序员可以创建一个整型来表示从头开始的索引，或者一个 ^ 前缀的从结尾表示的索引。

Default implementations of interface members 接口成员的默认：现在一旦发布了一个接口，就不能在不破坏它的现有实现的情况下向它添加成员。在 C# 8.0 中，没有实现该成员（可能因为他们编写代码时还没有该成员），将允许为接口成员提供一个默认实现。另外，Recursive patterns 递归的模式匹配、Switch expressions Switch 表达式、Target-typed new-expressions 已知目标类型的新表达式等新功能在此不赘述了。

大多数 C# 8.0 语言特性都可以在任何版本的 .NET 上运行。但是，其中一些语言特性具有平台依赖性。Async streams、Index 和 Range 都依赖于 .NET Standard 2.1 的新类型。正如 Immo 在他的文章《公布.NET Standard 2.1》所说的那样，.NET Core 3.0、Xamarin、Unity 和 Mono 都将实现 .NET Standard 2.1，但 .NET Framework 4.8 不会。这意味着当将 C# 8.0 在 .NET Framework 4.8 中运行时，使用这些功能所需的类型将不可用。

1.1.4　Microsoft .NET 平台

2000 年 6 月 22 日微软公司公布了其下一代基于互联网平台的软件开发构想——.NET，在 IT 业界引起了广泛反响。什么是 Microsoft .NET？微软公司前首席执行官兼总裁史帝夫·鲍尔默说："".NET 代表了一个集合、一个环境、一个编程的基本结构，作为一个平台来支持下一代的互联网。.NET 也是一个用户环境，是一组基本的用户服务，可以作用于客户端、服务器或任何地方，与改编成的模式具有很好的一致性，并有新的创意。因此，它不仅是一个用户体验，而且是开发人员体验的集合，这就是对.NET 的概念性描述。"由此可以看出，.NET 是微软公司为适应 Internet 发展的需要，所提供的特别适合网络编程和网络服务（Web Service）的开发平台。.NET 就是将一切都 Internet/Web 化，让应用程序通过互联网来互相沟通，并同时共享彼此的资源。对于软件开发人员来说，.NET 是继 DOS 开发平台、Windows 开发平台之后，以互联网为应用程序开发平台的所谓第三波的改变。这一波是以互联网为基础，通过互联网上标准的通信协议来沟通，以全新的开发环境来开发应用程序。在传统的开发环境下，在不同的程序设计语言间进行代码复用和应用集成，以及应用程序的跨平台运行和沟通往往是比较困难的，但是，在.NET 环境下，程序设计人员不必担心程序设计语言之间的差异。不同语言开发出来的程序，彼此可直接利用对方的源代码，一种语言与另一种语言之间还可以通过原始代码相互继承。这样，在程序开发设计中，设计人员可根据功能需求的不同，随心所欲地选择不同的语言，大大提高了软件开发的效率。另外，在.NET

环境下，由于采用了标准通信协议，可以实现应用程序在不同平台上的沟通。

.NET 的核心是.NET 框架（.NET Framework），它是构建于以互联网为开发平台的基础工具。.NET 框架的结构如图 1-1 所示。

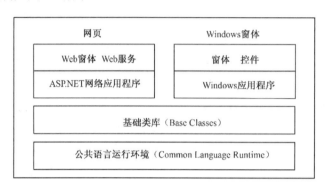

图 1-1 .NET 框架的结构

.NET 框架的最上层是应用程序，这些应用程序大致可以分为面向网络应用的 ASP.NET 网络应用程序和面向 Windows 系统的 Windows 应用程序，这两类应用程序均可使用 VC#.NET、VC++.NET、VB.NET 等来编写。

.NET 框架的中间一层是基础类库，它提供一个可供不同编程语言调用的、分层的、面向对象的函数库。在传统的开发环境中，各种程序设计语言都有自己的函数库，但由于各种语言的编程方式不同，各函数库及对其的调用方法都不同，这样就使得跨语言编程比较困难。.NET 框架提供了一个各种基于.NET 的程序设计语言都可以调用的基础类库，使得各种不一样的编程有了一致性的基础，减少了语言间的界限。在.NET 框架的基础类库中，提供了大量基础类，如窗体控件、通信协议、网络存取等，并以分层的结构来分类。使用这些基础类非常简单方便，只要利用继承或直接调用就可以完成，而且各种基于.NET 的程序设计语言的调用方式都相同（如 C#.NET、VC++.NET、VB.NET 等都可以以同样的方式调用）。这样，在应用程序设计中，不再直接调用底层的系统 API，有效地简化了应用程序设计，减少了应用程序设计中的问题。

.NET 框架的最底层是公共语言运行环境（CLR，Common Language Runtime），它提供了程序代码可以跨平台执行的机制。通常，当使用一种程序设计语言编写程序代码后，编译系统将程序代码与语言本身提供的函数库结合，编译成机器可以直接执行的本地代码（Native Code）。但是，当使用.NET 程序设计语言编写好程序代码后，它会被编译两次，第一次是将程序代码和基础类组合编译成中间语言（IL，Intermediate Language），第二次是在执行时，.NET 的公共语言运行环境（CLR）会将中间语言（IL）代码载入内存，然后及时地将其编译成运行平台的 CPU 可以执行的本地代码。这样，这些应用程序将可以在任何具有 CLR 的平台上执行。正是这样的运行模式，使得应用程序可在不同环境下执行。

.NET 的公共语言运行环境（CLR）还提供了系统资源统一管理和统一安全机制。以前，在互联网结构下开发应用程序时，虽然互联网的本质是开放的，但是由于在不同的系统平台之间互不相容，使得各系统平台之间的合作也仅限于特定的功能。例如，浏览器与网站服务器之间，通过 HTTP（超文本传输协议，Hyper Text Transport Protocol）协议来通信；电子邮件收发程序与服务器通过 SMTP（Simple Mail Transfer Protocol）与 POP3（Post Office Protocol Version 3）协议存取信件等。而现今.NET 要建立的是各式各样的网络应用程序和网络服务，让各种系统的应用程序通过互联网沟通，.NET 拥有这样强大的功能，除内部结构的特点外，最重要的一点是.NET 框架采用了 XML 和 SOAP 两项关键技术，保证了各种系统的应用程序通过互联网方便地进行沟通，并同时共享彼此的资源。XML（可扩展标记语言，eXtensible Markup Language）是当今热门技术之一，它是一种 Word Wide Web Consortium（W3C 协会）标准下的结构化数据表达语言。它提供了跨程序、跨平台数据交换的公共格式。.NET 对所有应用程序和系统的输入/输出均以 XML 来封装数据，这样就可以方便地交换数据，而不必再进行特定的转换。SOAP（Sample Object Access Protocol）是一种以 XML 为基础的分布式对象通信协议。在 SOAP 基础上，应用程序可以利用现有的互联网结构可以实现彼此沟通，而不会被防火墙阻碍。但一般的程序设计者，不必过多了解底层的通信协议，这是.NET 开发环境提供的功能。

1.1.5 C#的运行环境及安装

C#是 Visual Studio.NET 的一部分，作为一个强大的集成开发工具，Visual Studio.NET 对系统环境有较高的要求。因此，在安装 C#7.0 之前要全面确定所使用计算机的软、硬件配置情况，看看是否能达到基本配置的要求，以便正确地安装并全面地使用其强大的功能。

1．硬件要求

Visual C#7.0 用户计算机的配置需要达到 Windows 10（或者 Windows 8、Windows 7）的硬件要求。

- 中央处理器（CPU）：建议采用 2.4GHz 或以上 64 位（X64）处理器。
- 内存（RAM）：当系统运行时 Visual Studio.NET 的 IDE 和操作系统都要占用不少的内存空间。推荐 8GB（64 位）内存以上。
- 硬盘：推荐 500GB（64 位）或以上硬盘空间。

2．软件要求

- 操作系统：Windows 10（或者 Windows 8、Windows 7）。
- 后台数据库：推荐 MySQL、SQL Server Express，Access 2008 或 SQL Server 2008 以上版本。

3．C#的安装

C#是 Visual Studio.NET 的一部分，同其他的.NET 语言一样，都必须在.NET 框架环境下运行。因此，要建立一个完整的 C#开发平台，必须安装 Visual Studio.NET 和.NET Framework SDK（.NET框架软件开发工具包）。

无论安装的是 Windows 10 操作系统还是 Windows 8 操作系统，只要硬件配置满足 C#的要求，都可以安装 C#。Visual Studio 2017 拥有全新的开发界面和诸多新功能，Visual Studio2017 是一个卓越的版本。它的目的就是帮助用户在贵在创意、重在速度的市场中发展壮大。让我们来看一看它帮助用户将创意快速转化为应用程序的一些方法。

（1）下载 Visual Studio 2017 之后，解压安装包，打开安装的应用程序，弹出安装界面，单击"继续"按钮开始进行 VS2017 的安装，如图 1-2 所示。

图 1-2　Visual Studio 2017 安装启动

（2）稍等片刻。选择安装的磁盘位置，并同意条款和条约，然后单击"下一步"按钮安装继续，如图 1-3 所示。

图 1-3　安装位置

（3）选择安装功能与组件，单击"安装"按钮，开始安装，如图 1-4 所示。

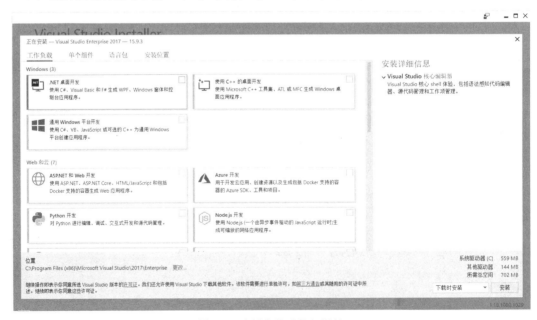

图 1-4　选择安装功能与组件

（4）等待，安装结束后，显示"安装成功"界面，单击"启动"按钮，可启动 Visual Studio 2017 启始页，如图 1-5 所示。安装成功后，程序自动在开始菜单创建 VS2017 的所有程序组。启动 VS2017 进入启动界面，稍等片刻，第一次运行 Visual Studio 程序会自动配置运行环境。

图 1-5　启动界面

（5）进入默认环境设置，根据自己的需要设置默认环境，如果使用多种语言进行开发，则可选择"常规开发设置"，设置完毕后单击"启动 Visual Studio"按钮启动程序，如图 1-6 所示。

图 1-6　设置默认环境

（6）进入 Visual Studio 2017 开发环境，安装设置完成，如图 1-7 所示。

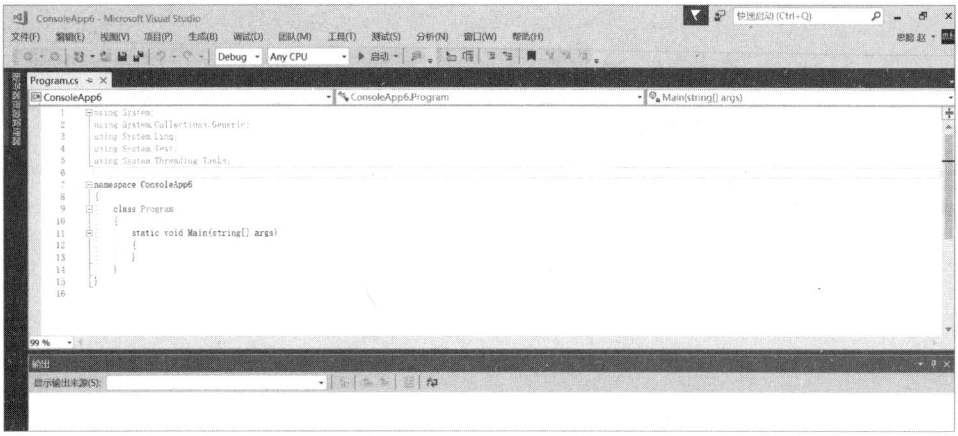

图 1-7　Visual Studio 2017 开发、运行环境

▊▶ 1.2　C#集成开发环境

1.2.1　C#的启动

由于 Visual Studio.NET 所包括的各个语言工具，都使用相同的集成开发环境，所以在启动 C# 之前，要启动整个 Visual Studio.NET。这时在开始菜单中选择"开始"→"程序"→"Microsoft Visual Studio 2017"命令，打开"起始页- Microsoft Visual Studio"窗口。要启动 C#开发环境有两种方式，一种是单击"起始页"上的"打开项目"，选择现在已存在的 C#项目文件，另一种是单击"起始页"上的"创建项目"，则打开一个"新建项目"对话框，如图 1-8 和图 1-9 所示。

在"项目类型"框（已安装模板）中选择"Visual C#"项目，然后在"模板"框中任意选择一个项目模板（如果开发 Windows 应用项目，则选择"Windows 窗体应用"），并在下面"名称"文本框中设置新项目名称，然后单击"确定"按钮，一个新的 C#的项目就创建了，并进入 Visual Studio.NET 强大的集成开发环境，如图 1-9 所示。

图 1-8　"新建项目"对话框

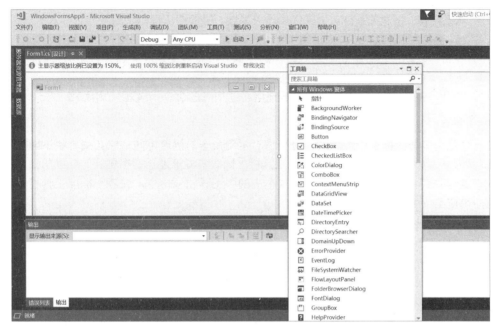

图 1-9　C#集成开发环境

1.2.2　C#集成开发环境

C#的集成开发环境集成了设计、开发、编辑、测试和调试等多种功能，使得开发人员能够方便、快速地开发应用程序。

集成开发环境标题下面是菜单栏和工具栏。中央工作区包括用来设计程序界面的窗体设计器和代码编辑窗口。除此之外，集成开发环境的四周有很多浮动窗口。

1．菜单栏

在菜单栏中，有若干菜单标题，每个菜单标题有一个下拉式菜单，主要菜单标题如下。

（1）文件（File）：主要包括新建（New）、打开（Open）、保存（Save）、新建项目（New Project），以及打开和关闭解决方案等命令。

（2）编辑（Edit）：主要包含 Windows 风格进行文件编辑的各项命令。如撤销（Undo）、复制（Copy）、粘贴（Paste）、删除（Delete）、查找（Find）和替换（Replace）等命令。

（3）视图（View）：包含显示与隐藏工具栏、工具箱和各种独立工具窗口的所有命令。

（4）项目（Project）：包括向当前项目添加、改变和删除组件、引用 Windows 对象和添加部件等命令。

（5）生成（Build）：包含代码生成的有关命令。

（6）调试（Debug）：包含调试程序的命令，启动和中止当前应用程序运行的命令。

（7）团队（Team）：连接到 Team Foundation Server（N）…。

（8）数据（Data）：包含显示、添加新数据源，添加查询数据和 T-SQL 编辑器等命令。

（9）格式（Format）：包括改变窗体上控件大小和对齐方式等命令。

（10）工具（Tools）：包括进程调试、数据库连接、宏和外接程序管理、设置工具箱、WCF 服务配置编辑器和选项等命令。

（11）测试（S）：创建、编辑和运行测试等。

（12）体系结构：新建关系图、生成依赖项关系图、配置默认代码生成设置、导入 XML、UML 模型资源管理器等。

（13）分析：启动性能分析、启动已暂停的性能分析、启动性能向导、启动探查器等。

（14）窗口（Window）：包含一些屏幕窗口布局的命令。

（15）帮助（Help）：包含方便开发人员使用帮助信息的命令、MSDN 论坛等。

2．工具栏

工具栏是由多个图标按钮组成的，可提供对常用命令的快速访问。除在菜单栏下面显示的标准工具栏外，还有 Web 工具栏、控件布局工具栏、团队资源管理器等多种特定功能的工具栏。要显示或隐藏这些工具栏，可选择"视图"菜单中的"工具栏"命令，或者在标准工具栏中右击，在弹出的快捷菜单中选定所需的工具栏。

标准工具栏各按钮如图 1-10 所示。

图 1-10　标准工具栏

在 C#的集成开发环境中，可以显示很多具有特定功能的窗口。为了方便程序开发人员的使用，通常可以将已打开的功能窗口重叠在同一位置上，通过切换其顶部或底部的选项标签就可以在不同的窗口之间切换。可以选择"视图"菜单下的相关命令显示或关闭这些功能窗口。单击窗口右上角的按钮 ┦ 可以把窗口固定在所在的位置，这时该按钮变成 ┳，再次单击这个按钮，可以使窗口重新浮动。例如，集成开发环境中间的工作区通常用来显示窗体设计器和代码编辑窗口（当然也可以将别的功能窗口拖动到这个位置上来，如图 1-9 中的工具箱窗口），在此例中，单击其上方的"Form1.cs［设计］"标签可以切换到代码窗口，单击"Form1.cs"标签可以切换到窗体设计器。工作区右侧的两个浮动功能窗口是解决方案资源管理器与团队资源管理器，可以单击窗口下面的标签在两个窗口之间切换（其下面是属性窗口）。下面简要介绍一下 C#集成开发环境中的主要功能窗口。

3．工具箱

工具箱中包含了建立应用程序的各种控件及非图形化的组件，如图 1-11 所示。

工具箱由不同的选项卡组成，各类控件、组件分别放在"数据""组件""所有 Windows 窗体""对话框""常规""公共控件""容器""打印"等选项卡下面。

（1）"数据"选项卡中主要放置访问数据库的控件。

（2）"组件"选项卡中放置一些系统提供的组件，如时钟、消息队列等。

（3）"对话框"选项卡中放置一些系统提供的对话框，如颜色、打开文件等。

（4）"常规"选项卡默认为空，可以在这里保存常用的空间，包括自定义控件。

（5）"所有 Windows 窗体"选项卡是最常用的选项卡，这个选项卡主要放置开发 Windows 应用程序所使用的控件，如文本框、标签框等，以后会陆续介绍这些控件。

4．解决方案资源管理器

在 C#中，项目是一个独立的编程单位，其中包含窗体文件和其他一些相关的文件，若干个项目就组成了一个解决方案。"解决方案资源管理器"对话框如图 1-12 所示，它以树状的结构显示整个解决方案中包括哪些项目及每个项目的组成信息。

图 1-11　工具箱　　　　　　　　　图 1-12　"解决方案资源管理器"对话框

在 C#中所有包含 C#代码的源文件都是以.cs 为扩展名,而不管它们是包含窗体还是普通代码,在解决方案资源管理器中显示这个文件,然后我们就可以编辑它。在每个项目的下面显示了一个引用,这里列出了该项目引用的组件。

解决方案资源管理器窗口的上边有几个选项按钮,例如,"刷新""显示"和"属性"等。通常,解决方案资源管理器隐藏了一些文件,单击"显示"按钮,可以显示出这些隐藏的文件。"刷新"按钮的作用是可以对没有保存的项目文件进行刷新。单击"属性"按钮,则可以打开"属性"窗口,显示所选择对象的属性。

5. "属性"窗口

"属性"窗口如图 1-13 所示,它用于显示和设置所选定的控件或者窗体等对象的属性。在应用程序设计时,可通过"属性"窗口设置或修改对象的属性。"属性"窗口由以下部分组成。

（1）对象列表框:标识当前所选定对象的名称及所属的类。单击其右边的下拉按钮,可列出所含对象的列表,从中选择要设置属性的对象。

（2）选项按钮:常用的左边两个分别是"按分类顺序""按字母顺序"选项按钮,可选择其中一种排列方式,显示所选对象的属性。"按分类顺序"是根据属性的性质,分类列出对象的各个属性;"按字母顺序"是按字母顺序列出所选对象的所有属性。

（3）属性列表框:属性列表框由中间一条直线将其分为两部分,左边列出所选对象的属性名称,右边列出的是对应的属性值,该属性值可以被设置或修改。如果属性值右侧有"…"或"▼"按钮,表示有预定值可供选择。

6. "代码编辑"窗口

"代码编辑"窗口是专门用来进行代码设计的窗口,各种事件过程、模块和类等源程序代码的编写和修改均在此窗口进行,如图 1-14 所示。

图 1-13　"属性"窗口

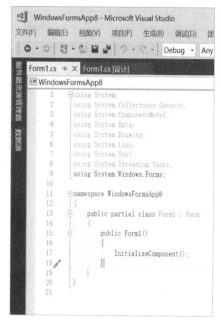

图 1-14　"代码编辑"窗口

从"视图"菜单中选择"代码"命令、按 F7 键、用鼠标双击窗体或者窗体上的一个控件均可以打开代码编辑窗口。

"代码编辑"窗口左上方为"对象列表框"，单击其下拉按钮，可显示项目中全部对象的名称。右上方是事件、方法列表框里面列出了所选定对象相关的事件、方法。通常，在编写事件过程时，在"对象列表框"中选择对象名称，然后在"事件、方法列表框"中选择对应的事件过程名称，即可在代码编写区域中构成所选定对象的事件过程模板，可在该事件过程模板中编写事件过程代码。

在 C#的"代码编辑"窗口中有两个显著的特点。其一是表示项目窗体和控件的代码，它们均是可见的，如图 1-14 所示的"代码编辑"窗口中"public partial class Form1"就是窗体 Form1 的代码段。其二是 C#的代码窗口就像 Windows 资源管理器左边的树状目录结构一样，一个代码块、一个过程，甚至是一段注释都可以叠为一行，例如，在图 1-14 所示的"代码编辑"窗口中，可以看到有几行代码左边有个"+"号或"–"号，单击"–"号可以将一段代码隐藏起来，只显示第一行，而单击"+"号，可以将其展开。这样使得程序结构一目了然，方便了代码的管理，更有利于程序的开发和设计。

7．窗体设计器

当创建和打开一个 C#项目时，在其集成开发环境的中间工作区域，将显示一个窗体设计器。窗体是一个容器，能够放置应用程序所需要的所有控件及图形、图片，并可随意改变大小和移动方向。窗体设计器是用于设计和编制应用程序的用户接口，即设计应用程序的界面。C#应用程序的设计，是以窗体为依托进行设计的。应用程序中的每个窗口都有它自己的窗体设计器，其中最常用的窗体设计器是 Windows 窗体设计器。在这个窗体设计器上可以拖动各种控件，创建 Windows 应用程序界面。除此之外，在 C#中创建项目时，还会遇到用于创建 Web 界面的 Web 窗体设计器。

8．其他窗口

（1）"类视图"窗口：如图 1-15 所显示的"类视图"窗口，按照树状结构列出了解决方案里各个类，以及其中包含的事件、方法和函数等。双击视图中的一个元素，即可打开这个元素的代码窗口，这对于浏览代码是一种很方便的方式。

（2）"对象浏览器"窗口：在"对象浏览器"窗口中，可以方便地查找程序中使用的所有对象的信息，包括程序中引用的系统对象和用户自定义的对象。

对象浏览器的左边窗口以树状分层结构显示系统中所用到的所有类。双击其中一个类，在右边窗口中就显示出这个类的属性方法、事件等。"对象浏览器"窗口如图 1-16 所示。

图 1-15　"类视图"窗口

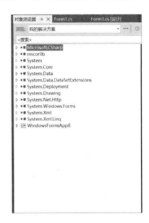

图 1-16　"对象浏览器"窗口

（3）服务器资源管理器：C#是面向网络的开发工具，在软件开发中，利用服务器资源管理器可以方便地监控和管理网络上的其他服务器。"服务器资源管理器"窗口如图 1-17 所示。

图 1-17　"服务器资源管理器"窗口

（4）"输出"窗口：在"输出"窗口中，可以输出程序运行时产生的信息，包括应用程序中设定要输出的信息和编程环境给出的信息，"输出"窗口如图 1-18 所示。

图 1-18　"输出"窗口

（5）命令窗口："命令窗口"为用户提供了一个用命令方式与系统交互的环境，如图 1-19 所示。在"命令窗口"中用户可以直接使用 C#的各种命令，例如，直接输入"toolbox"命令，就可以调出工具箱。

图 1-19　命令窗口

习　　题

1-1　Visual Studio.NET 和 C#主要的特性有哪些？C#7.0、VS2015 和 VS2017 有哪些新功能？

1-2　运行 Visual Studio.NET2015、2017 需要什么样的硬件环境？

1-3　运行 Visual Studio.NET 需要什么样的软件环境？

1-4　在 C#集成化开发环境中有哪些窗口？各窗口的主要作用是什么？如果在设计时想进入代码窗口，应怎样操作？

1-5　C#集成开发环境由哪些部分组成？每个部分的主要功能是什么？

第2章

简单的 C#程序设计

本章讲述关于 C#程序设计的基础知识，包括 C#程序基本结构、编译程序，以及一些基本的输入/输出操作等。

⇒ 2.1   C#程序结构

在介绍 C#基础知识之前,先来编写本书中的第一个 C#程序,这是一个最基本的 C#应用程序。

2.1.1   第一个 C#程序

下面将使用 Visual Studio.NET 提供的项目模板来创建一个控制台应用程序（Console Application）。这个程序将在窗口中显示"欢迎使用 C#"字符串。

要创建 C#控制台应用程序，首先选择"文件"→"新建"→"项目"命令，打开"新建项目"对话框，如图 2-1 所示。

图 2-1   "新建项目"对话框

其次，在该对话框中，从左边的"已安装的模板"列表框中选择"Visual C#"选项，然后在

　　中间的列表框中选择"控制台应用程序"选项。此时，对话框下面的"名称"文本框中将会给出一个默认的名称，并且在"位置"文本框中将会给出项目文件所处的目录。用户可以根据需要改变项目的名称；如果要改变项目的位置，则可以通过单击"位置"文本框右边的"浏览"按钮，打开"项目位置"对话框来选择一个目录。在本例中，项目名称为 Welcome，项目文件保存在 E:\C# 目录中，如图 2-1 所示。

　　最后，单击"确定"按钮，关闭"新建项目"对话框，让 Visual Studio.NET 为用户自动生成代码。图 2-2 给出了 Visual Studio.NET 自动生成的代码，这些代码的意义以后将会介绍，现在删除窗口中的代码，输入例 2-1 所示的代码。

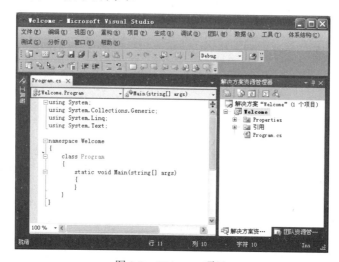

图 2-2　Welcome 项目

【例 2-1】　第一个 C#程序（eg01）。

```
using System;
class Welcome
{
  static void Main( )
   {
     Console.WriteLine("欢迎使用 C#");   //运行后在窗口中显示的字符串
}
}
```

这样，第一个 C#程序就创建好了。

2.1.2　编译和执行程序

　　要编译一个 C#应用程序，要从"生成"菜单中选择"生成解决方案"命令。这时，C#编译器将会开始编译、链接程序，并最终生成可执行文件。

　　在编译过程中出现错误时，Visual Studio 就会打开如图 2-3 所示的"错误列表"窗口，在"错误列表"中会列出编译过程中所遇到的每条错误。用户可以通过双击"错误列表"窗口中的错误项直接跳转到对应的代码行。

图 2-3 "错误列表"窗口

如果程序中没有错误，编译器将会生成可执行文件。在 Visual Studio 中，用户可以采用两种方式运行程序：一种是调试运行，另一种是不进行调试而直接运行。要调试运行程序，可以通过使用"调试"→"启动调试"命令或工具栏的启动调试按钮或者直接按下 F5 键；要直接运行程序，则使用"调试"→"开始执行"命令或 Ctrl+F5 组合键。运行本例中的程序，将显示如图 2-4 所示的程序结果显示窗口。

图 2-4 程序结果显示窗口

2.1.3 C#程序结构分析

下面用 2.1.1 节中的简化代码来分析 eg01 程序，并借此来分析 C#应用程序的结构。

1. 命名空间

在 eg01 程序中的 using System 语句表示导入 System 命名空间。程序 eg01 里 Console.WriteLine（"欢迎使用 C#"）语句中的 Console 是 System 命名空间中包含的系统类库中定义好的一个类，它代表系统控制台，即字符界面的输入和输出。

C#程序是用命名空间来组织代码的，要访问某个命名空间中的类或对象，必须用如下语法：

命名空间.类名

由于 Console 类位于 System 命名空间中，所以实际上用户在访问 Console 类时，完整的写法应该是：

System.Console

但是，在程序的第一行中使用了：

using System;

这条语句用 using 语句导入 System 命名空间，这样在本程序中可以直接使用 System 命名空间中的类或对象，所以要访问 Console 类，就可以不用写 System.Console，直接写 Console 即可。

2. 类

C#要求其程序中的每个元素都要属于一个类。程序 eg01 的第二行 class Welcome 声明了一个类，类的名字叫 Welcome。这个程序的功能就是依靠它来完成的。C#程序由大括号"{"和"}"构成，程序中每对大括号"{ }"构成一个块。大括号成对出现，可以嵌套，即块内可以出现子块，嵌套深度不受限制，可以嵌套任意层，但一定要保证"{"和"}"成对出现，否则，程序就是错误的。

3．Main( )方法

程序的入口从下面的代码开始：

```
static void Main( )
```

这行代码所定义的其实是类 Welcome 的一个静态方法，C#规定，名字为 Main( )的静态方法就是程序的入口。当程序执行时，就直接调用这个方法。这个方法包含一对大括号"{"和"}"，在这两个括号间的语句就是该方法所包含的可执行语句，也就是该方法所要执行的功能，在本例中，该方法要执行的功能就是输出"欢迎使用 C#"字符串。方法的执行从左括号"{"开始，到右括号"}"结束。

从上面的程序中我们还可以看出，Main( )方法的所有部分都是包含在另一对大括号中的，这是类 Welcome 所带的一对大括号，该大括号内的所有部分都是 Welcome 类的成员。在 C#程序中，程序的执行总是从 Main( )方法开始的。一个 C#程序中不允许出现两个或两个以上的 Main( )方法，而且在 C#中，Main( )方法必须包含在一个类中。

4．注释

在程序编写过程中程序员常常要对程序中比较重要或需要注意的地方做说明，但这些说明又不参与程序的执行，通常会采用注释的方式将这些说明写在程序中。合理的注释非但不会浪费编写程序的时间，反而能让程序更加清晰，这也是具有良好编程习惯的表现之一。

在 C#语言中，提供了两种注释方法：

（1）每行中"//"后面的内容作为注释内容，该方式只对本行生效。

（2）需要多行注释的时候，在第一行之前使用"/*"，在末尾一行之后使用"*/"，也就是说被"/*"与"*/"所包含的内容都作为注释内容。

通过上面的分析，可以看出 C#程序的基本结构如下：

```
/*导入.NET 系统类库提供的命名空间 System*/
using System;
class Welcome              //定义类
{
  static void Main( )        /*程序的入口。其中 static 表示 Main( )
                             方法是一个静态方法，void 表示该方法
                             没有返回值*/
  {
    Console.WriteLine("欢迎使用 C#"); //输出 欢迎使用 C#
  }
}
```

2.1.4　标识符

标识符（identifier）是一串字符，在程序中作为各种标识，用来代表一个名字。通常，在需要定义一个类或生成一个对象的时候，类的名字和对象的名字就是一个标识符。并不是任何一串字

符都可以作为 C#的标识符。C#的标识符有如下规则。

（1）一个合法的 C#标识符，是以字母或者下画线开头，其后可以跟任意个字母、数字或者下画线。

以下就是合法的 C#标识符：

```
_this
MyComputer001
StarT_Of_Program
A7dll
```

下面所列出的是非法的标识符：

```
6ya   （以数字开头）
m#    （"#"号既不是字母和下画线，也不是数字）
```

（2）C#的标识符严格区分大小写，即使两个标识符的字母相同但其大小写不同，也被认为是两个完全不同的标识符，如 xyz 和 xYz 是两个不同的标识符。

（3）关键字也可以作为标识符，只要在关键字前加上@作为前缀。

关键字是一种高级计算机程序设计语言中属于语言成分的特殊标识符，通常这些标识符是系统保留的，不允许用户在程序中使用这些标识符定义各种名称。

C#的关键字有：

abstract	base	bool	break	byte
case	catch	char	checked	class
const	continue	decimal	default	delegate
do	double	else	enum	event
explicit	extern	false	finally	fixed
float	for	foreach	goto	if
implicit	in	int	interface	internal
is	lock	long	namespace	new
null	object	operator	out	override
params	private	protected	public	readonly
ref	return	sbyte	sealed	short
sizeof	static	string	struct	switch
this	throw	true	try	typeof
uint	ulong	unchecked	unsafe	ushort
using	virtual	void	while	

直接使用关键字作为标识符是不被允许的，例如：

```
uint
lock
```

这些都是非法的标识符，因为它们都是关键字。但关键字出现在标识符中，作为标识符的组成部分却是允许的，例如：

```
uint2
in_
_uint
xlock
```

在 C#中可以使用一个很特殊的字符@作为标识符的前缀（也就是以@开头的标识符）。@只能作为标识符的开头字符，不能出现在标识符字符序列的其他位置上。通过给关键字加@前缀，它们就变成合法的标识符了，如下所示：

```
@uint
@operator
```

⫸ 2.2　输入/输出操作

通常程序员编写的程序都需要实现一种交互，这种交互主要表现在：程序接收一定的数据输入，并对所输入的数据进行处理，最后将处理的结果反馈给用户，也就是输出。一般情况下，数据输入的方式有两种：从控制台输入，或者从文件中输入。数据的输出也有两种情况：可以输出到控制台，也可以输出到文件中。本节将介绍控制台的输入和输出，文件系统的输入和输出将在后面介绍。

控制台（console）输入/输出主要通过命名空间 System 中的类 Console 来实现。该类表示标准的输入/输出流和错误流，它提供了从控制台读写字符的基本功能。控制台输入主要是通过 Console 类的 Read 方法和 ReadLine 方法来实现的，控制台输出主要是通过 Console 类的 Write 和 WriteLine 方法来实现的。

2.2.1　Console.WriteLine( )方法

WriteLine( )方法的作用是将信息输出到控制台，但是 WriteLine 方法在输出信息的后面添加一个回车换行符用来产生一个新行。

在 WriteLine( )方法中，可以采用 "{N[,M][:格式化字符串]}" 的形式来格式化输出字符串，其中的参数含义如下：

- 花括号（{}）用来在输出字符串中插入变量的值。
- N 表示输出变量的序号，从 0 开始，如当 N 为 0 时，则对应输出第 1 个变量的值，当 N 为 5 时，则对应输出第 6 个变量的值，依次类推。
- [,M]是可选项，M 表示输出的变量所占的字符个数。当这个变量的值为负数时，输出的变量按照左对齐方式排列；如果这个变量的值为正数的时候，输出的变量按照右对齐方式排列。
- [:格式化字符串]也是可选项，因为在向控制台输出时，常常需要指定输出字符串的格式。通过使用标准数字格式字符串，可以使用 Xn 的形式来指定结果字符串的格式，其中 X 指定数字的格式，n 指定数字的精度，即有效数字的位数。这里提供 7 个常用的格式字符，如表 2-1 所示。

表 2-1　标准格式字符

格 式 字 符	含　　义
C 或者 c	将数据转换成货币格式，例如：$XXXXX .XX （如果在中文操作系统中使用，货币符号为￥）

格 式 字 符	含 义
D 或者 d	整数数据类型格式。例如：[-]XXXXXXX
E 或者 e	科学计数法格式，例如： [-]X.XXXXXE+xxx [-]X.XXXXXe+xxx [-]X.XXXXXE-xxx [-]X.XXXXXe-xxx
F 或者 f	浮点数据类型格式，例如：XXXXXX.XX
G 或者 g	通用格式
N 或者 n	自然数据格式，例如：[-]XX,XXX.XX
X 或者 x	十六进制数据格式

1. 货币格式

货币格式 C 或者 c 的作用是将数据转换成货币格式，在格式字符 C 或者 c 后面的数字表示转换后的货币格式数据的小数位数，其默认值是 2。例如：

```
double k=1234.789;
Console.WriteLine("{0,8:c}", k);          //结果是￥1,234.79
Console.WriteLine("{0,10:c4}", k);        //结果是￥1,234.7890
```

2. 整数数据类型格式

格式字符 D 或者 d 的作用是将数据转换成整数类型格式，在格式字符 D 或者 d 后面的数字表示转换后的整数类型数据的位数。这个数字通常是正数，如果这个数字大于整数数据的位数，则格式数据将在首位前以 0 补齐，如果这个数字小于整数数据的位数，则显示所有的整数位数。例如：

```
int  k=1234;
Console.WriteLine("{0:D}", k);            //结果是 1234
Console.WriteLine("{0:d3}", k);           //结果是 1234
Console.WriteLine("{0:d5}", k);           //结果是 01234
```

3. 科学计数法格式

格式字符 E 或者 e 的作用是将数据转换成科学计数法格式，在格式字符 E 或者 e 后面的数字表示转换后的科学计数法格式数据的小数位数，如果省略了这个数字，则显示 7 位有效数字。例如：

```
int  k=123000;
double f=1234.5578;
Console.WriteLine("{0:E}", k);            //结果是 1.230000E+005
Console.WriteLine("{0:e}", k);            //结果是 1.230000e+005
Console.WriteLine("{0:E}", f);            //结果是 1.234558E+003
Console.WriteLine("{0:e}", f);            //结果是 1.234558e+003
Console.WriteLine("{0:e4}", k);           //结果是 1.2300e+005
Console.WriteLine("{0:e4}", f);           //结果是 1.2346e+003
```

4．浮点数据类型格式

格式字符 F 或者 f 的作用是将数据转换成浮点数据类型格式，在格式字符 F 或者 f 后面的数字表示转换后的浮点数据的小数位数，其默认值是 2，如果指定的小数位数大于数据的小数位数，则在数据的末尾以 0 补充。

5．通用格式

格式字符 G 或者 g 的作用是将数据转换成通用格式，依据系统要求转换后的格式字符串最短的原则，通用格式可能使用科学计数法来表示，也可能使用浮点数据类型的格式来表示。例如：

```
double k=1234.789;
int j=123456;
Console.WriteLine("{0:g}", j);              //结果是 123456
Console.WriteLine("{0:g}", k);              //结果是 1234.789
Console.WriteLine("{0:g4}", k);             //结果是 1235
Console.WriteLine("{0:g4}", j);             //结果是 1.235e+05
```

6．自然数据格式

格式字符 N 或者 n 的作用是将数据转换成自然数据格式，其特点是数据的整数部分以每 3 位用“,”分隔，在格式字符 N 或者 n 后面的数字表示转换后的格式数据的小数位数，其默认值是 2。例如：

```
double k=211122.12345;
int j=1234567;
Console.WriteLine("{0:N}",k);               //结果是 211,122.12
Console.WriteLine("{0:n}", j);              //结果是 1,234,567.00
Console.WriteLine("{0:n4}", k);             //结果是 211,122.1235
Console.WriteLine("{0:n4}", j);             //结果是 1,234,567.0000
```

7．十六进制数据格式

格式字符 X 或者 x 的作用是将数据转换成十六进制数据格式，在格式字符 X 或者 x 后面的数字表示转换后的十六进制数据的数据位数。例如：

```
int j=123456;
Console.WriteLine("{0:x}", j);              //结果是 1e240
Console.WriteLine("{0:x6}", j);             //结果是 01e240
```

另外，还可以不使用参数调用 WriteLine( )方法，这时在控制台中将产生一个新行。

【例 2-2】   利用 Console.WriteLine( )方法输出变量值。程序代码如下：

```
using   System;
class Test
{
        static void Main( )
        {
          int i = 12345;
          double j = 123.45678;
          Console.WriteLine("i={0,8:D}   j={1,10:F3}", i, j);
          Console.WriteLine( );
          Console.WriteLine("i={0, -8:D}   j={1, -10:F3}", i, j);
```

```
        }
}
```

上例的输出结果是：

```
i=  12345   j=  123.457
i=12345     j=123.457
```

在这个例子中，输出了三行，第一行由语句 Console.WriteLine("i={0,8:D}   j={1, 10: F3}", i , j) 使输出按照右对齐的方式排列（可以从数字与等号之间的距离看出这一点）；第二行由 Console.WriteLine( )语句输出一个空行；第三行由 Console.WriteLine("i={0, −8:D}   j={1, −10: F3}", i , j)语句使输出按照左对齐的方式排列。

2.2.2 Console.Write( )方法

Write( )方法和 WriteLine( )方法类似，都是将信息输出到控制台，但是信息输出到屏幕后并不会产生一个新行，即换行符不会连同输出信息一起输出到屏幕上，光标将停留在所输出信息的末尾。

Write( )方法可以直接把变量的值转换成字符串输出到控制台中，另外，还可以使用指定的格式输出信息，即使用 2.2.1 节介绍的格式化方法来格式化输出信息。在 Write( )方法中，也可以采用"{N[,M][:格式化字符串]}"的形式来格式化输出字符串，其中的参数含义如同 WriteLine( )方法。

【例 2-3】 利用 Console.WriteLine( )方法输出变量值。程序代码如下：

```
using  System;
class Test
{
   static void Main( )
   {
      int i=12345;
      double j=123.45678;
      Console.Write("i={0,8:D}    j={1, 10:F3}", i , j);
      Console.Write("i={0,−8:D}   j={1, −10:F3}", i , j);
   }}
```

上例的输出结果是：

```
i=  12345   j=  123.457i=12345   j=123.457
```

在这个例子当中，因为 Write( )方法不会产生一个新行，所以语句"Console.Write("i= {0,8:D} j={1, 10: F3}", i , j);"和"Console.Write("i={0, −8:D}   j={1, −10: F3}", i , j);"的输出占据了同一行。

2.2.3 Console.ReadLine( )方法

ReadLine( )方法用来从控制台读取一行数据，一次读取一行字符的输入，并且直到用户按下 Enter 键它才会返回。但是，ReadLine( )方法并不接收 Enter 键。如果 ReadLine( )方法没有接收到任何输入，或者接收了无效的输入，ReadLine( )方法将返回 null。

【例 2-4】 用 ReadLine( )方法接收用户输入，然后输出。

```
using System;
class Test
{
```

```
static void Main( )
{
string str;
Console.WriteLine("请输入你的姓名: ");
str=Console.ReadLine( );
Console.WriteLine("{0}, 欢迎你! ", str);
}
}
```

这个例子的运行结果是:

```
请输入你的姓名:
Tom
Tom, 欢迎你!
```

2.2.4 Console.Read( )方法

Read( )方法的作用是从输入流（控制台）读取下一个字符，Read( )方法一次只能从输入流读取一个字符，并且直到用户按下 Enter 键时才会返回。当这个方法返回时，如果输入流中包含有效的输入，则它返回一个表示输入字符的整数，该整数为字符对应的 Unicode 编码值；如果输入流中没有数据，则返回−1。

如果用户输入了多个字符，然后按 Enter 键，此时输入流中将包含用户输入的字符加上 Enter 键'\r' (13)和换行符'\n' (10)，则 Read( )方法只返回用户输入的第 1 个字符。但是，用户可以多次调用 Read( )方法来获取所有输入的字符。

【例 2-5】　通过 Console.Read( )方法从控制台接收用户的输入，然后显示接收的内容。程序代码如下:

```
using System;
class TestIo
{
static void Main( )
{
Console.Write("请输入字符: ");
int a=Console.Read( );
Console.WriteLine("用户输入的内容为: {0}",a) ;
}
}
```

这个程序的运行结果是:

```
请输入字符: ABCD
用户输入的内容为: 65
```

这里，65 是字母 A 的 Unicode 编码对应的十进制数。

习 题

2-1 选择题

（1）下面对 Read( )和 ReadLine( )方法的描述，哪些是正确的？

    A．Read( )方法一次只能从输入流中读取一个字符

    B．使用 Read( )方法读取的字符不包含回车和换行符

    C．ReadLine( )方法读取的字符不包含回车和换行符

    D．只有当用户按下 Enter 键时，Read( )和 ReadLine( )方法才会返回

（2）下面对 Write( )和 WriteLine( )方法的描述，哪些是正确的？

    A．WriteLine( )方法在输出字符串的后面添加换行符

    B．使用 Write( )方法输出字符串时，光标将会位于字符串的后边

    C．使用 Write( )和 WriteLine( )方法输出数值变量时，必须要先把数值变量转换成字符串

    D．使用不带参数的 WriteLine( )方法时，将不会产生任何输出

（3）假设存在下面的代码：

```
double x=66666.66;
Console.WriteLine("{0 , 10:C4}", x);
```

请从下面选择正确的输出结果：

    A．￥66,666.6600

    B．Y66.666.66

    C．66,666.6600

    D．66,666.66

2-2 C#程序是从哪儿开始执行的？

2-3 在 C#程序中，using System 是必需的吗？

2-4 如何为程序添加注释？

第3章

数据类型、运算符与表达式

数据类型、运算符与表达式是编程的基础。C#支持种类丰富的数据类型和运算符，这种特性使 C#的适用范围很广。通过本章的学习，我们可以了解到 C#的变量与常量、数据类型、运算符和表达式等编程的基础知识。

ⅢⅢ➤ 3.1　数据类型

C#中的数据类型主要分为两大类：值类型和引用类型。这里先讲解这两种类型，然后讨论数据类型之间的转换。

3.1.1　值类型

在 C#中，值类型包括 3 种：简单类型、结构类型和枚举类型。不同的类型是不同数据的集合，不同的类型在 C#中用不同的类型标识符来表示。本节只介绍简单类型，结构类型和枚举类型将在后面介绍。

简单类型包括整数类型、浮点类型、小数类型、字符类型和布尔类型等。

1. 整数类型

整数类型的数据值只能是整数。数学上的整数可以是负无穷大到正无穷大，但这在计算机里是不可能的，毕竟计算机的存储单元是有限的，因此计算机语言所提供的数据类型都是有一定范围的。C#提供了 8 种整数类型，它们的取值范围如表 3-1 所示。

表 3-1　整数类型列表

类型标识符	描　述	可表示的数值范围
sbyte	8 位有符号整数	−128～+127
byte	8 位无符号整数	0～255
short	16 位有符号整数	−32 768～+32 767
ushort	16 位无符号整数	0～65 535
Int	32 位有符号整数	−2 147 483 648～+2 147 483 647
uint	32 位无符号整数	0～4 294 967 295
long	64 位有符号整数	−9 223 372 036 854 775 808～+9 223 372 036 854 775 807
ulong	64 位无符号整数	0～18 446 744 073 709 551 615

2．浮点类型

小数在 C#中采用浮点类型的数据来表示。浮点类型的数据包含两种：单精度浮点型（float）和双精度浮点型（double），其区别在于取值范围和精度的不同。计算机对浮点数据的运算速度大大低于对整数的运算速度，数据的精度越高对计算机的资源要求越高，因此在对精度要求不高的情况下，我们可以采用单精度浮点型，而在精度要求较高的情况下可以使用双精度浮点型。单精度浮点型是 32 位宽，双精度浮点型是 64 位宽。浮点类型数据的精度和可接受的值范围如下。

单精度：取值范围为 $\pm1.5\times10^{-45}\sim3.4\times10^{38}$，精度为 7 位数。

双精度：取值范围为 $\pm5.0\times10^{-324}\sim1.7\times10^{308}$，精度为 15～16 位数。

对于浮点型数据，需要注意以下一些问题。

（1）对于正 0 和负 0，虽然大部分情况下两者被认为是相同的简单类型数值，但是在某些情况下需要区别对待它们。

（2）对于正无穷大和负无穷大，一般产生在除数为 0 的情况下。比如：216.5/0.0 或者–216.5/0.0。

（3）存在非数字值（Not-a-Number，简称 NaN）。当出现 0.0/0.0 这种非法运算的时候就会出现非数字值。

对于浮点运算，如果运算结果在精度范围内小到一定程度，系统就会当作 0 值处理（+0 或–0）。同样，如果结果在精度范围内大到一定程度，就会被系统当作无穷大处理。如果二元运算的操作数都是 NaN，结果也是 NaN 数据。

3．小数类型

小数类型（decimal）数据是高精度的类型数据，占用 16 字节（128 位），主要为了满足需要高精度的财务和金融计算机领域。小数类型数据的取值范围和精度如下。

小数类型：取值范围为 $\pm1.0\times10^{-28}\sim7.9\times10^{28}$，精度为 29 位数。

小数类型数据的范围远远小于浮点类型数据的范围，不过它的精度比浮点类型的精度高得多，所以相同的数字对于两种类型来说表达的内容可能并不相同。

值得注意的是，小数类型数据的后面必须跟 m 或者 M 后缀来表示它是 decimal 类型的，如 3.14m、0.28m 等，否则就会被解释成标准的浮点类型数据，导致数据类型不匹配。

在书写一个十进制的数值常数时，C#默认按照如下方法判断一个数值常数属于哪种 C#数值类型。

（1）如果一个数值常数不带小数点，如 12345，则这个常数的类型是整型。

（2）对于一个属于整型的数值常数，C#按如下顺序判断该数的类型：int，uint，long，ulong。

（3）如果一个数值常数带小数点，如 3.14，则该常数的类型是浮点类型中的 double 类型。

如果不希望 C#使用上述默认的方式来判断一个十进制数值常数的类型，可以通过给数值常数加后缀的方法来指定数值常数的类型。能使用的数值常数后缀有以下 6 种。

（1）u（或者 U）后缀：加在整型常数后面，代表该常数是 uint 类型或者 ulong 类型。具体是其中的哪一种，由常数的实际值决定。C#优先匹配 uint 类型。

（2）l（或者 L）后缀：加在整型常数后面，代表该常数是 long 类型或者 ulong 类型。具体是其中的哪一种，由常数的实际值决定。C#优先匹配 long 类型。

（3）ul（或者 uL、Ul、UL、lu、lU、LU）后缀：加在整型常数后面，代表该常数是 ulong 类型。

（4）f（或者 F）后缀：加在任何一种数值常数后面，代表该常数是 float 类型。

（5）d（或者 D）后缀：加在任何一种数值常数后面，代表该常数是 double 类型。

（6）m（或者 M）后缀：加在任何一种数值常数后面，代表该常数是 decimal 类型。

举例如下：

```
138f                    代表 float 类型的数值 138.0
518u                    代表 uint 类型的数值 518
36897123lu              代表 ulong 类型的数值 36897123
22.1m                   代表 decimal 类型的数值 22.1
12.68                   代表 double 类型的数值 12.68
36                      代表 int 类型的数值 36
```

如果一个数值常数超过了该数值常数的类型所能表示的范围，C#在对程序进行编译时，将给出错误信息。

在 C#中还可以使用十六进制来书写一个整型常数。在用十六进制书写整型常数时，需要使用"0x"作为前缀，比如：0xfe0、0x9ab08 等。

前面介绍的整型常数的后缀同样可用于十六进制常数，例如：

```
0x0080                  （十进制的 128）
0xffffu                 （十进制的 65535u）
```

4．字符类型

C#提供的字符类型数据按照国际上公认的标准，采用 Unicode 字符集。一个 Unicode 字符的长度为 16 位（bit），它可以用来表示世界上大部分语言种类。所有 Unicode 字符的集合构成字符类型。字符类型的类型标识符是 char，因此也可称为 char 类型。

单引号中的一个字符，就是一个字符常数，如下所示：

```
'a''p''*''0''8'
```

在表示一个字符常数时，单引号内的有效字符数量必须且只能是一个，并且不能是单引号或者反斜杠（\）。

为了表示单引号和反斜杠等特殊的字符常数，C#提供了转义符，在需要表示这些特殊常数的地方，可以使用这些转义符来替代字符，如表 3-2 所示。

表 3-2   C#常用的转义符

转 义 符	字 符 名 称	转 义 符	字 符 名 称
\'	单引号	\f	换页
\"	双引号	\n	新的一行
\\	反斜杠	\r	换行并移到该行最前面
\0	空字符	\t	水平方向的 Tab
\a	发出一个警告	\v	垂直方向的 Tab
\b	倒退一个字符		

5．布尔类型

布尔类型数据用于表示逻辑真和逻辑假，布尔类型的类型标识符是 bool。

布尔类型常数只有两种值：true（代表"真"）和 false（代表"假"）。布尔类型数据主要应用在流程控制中。程序员往往通过读取或设定布尔类型数据的方式来控制程序的执行方向。

3.1.2　引用类型

在 C#中，引用类型是和值类型并列的类型，它的引入主要是因为值类型比较简单，不能描述结构复杂、抽象能力比较强的数据。引用类型所存储的实际数据是当前引用值的地址，因此引用类型数据的值会随所指向的值的不同而不同。同一个数据也可以有多个引用，这与简单类型数据是不同的，简单类型数据存储的是自身的值，而引用类型数据存储的是将自身的值直接指向某个对象的值。它就像一面镜子一样，虽然从镜子中看到了物体，但物体并不在镜子中，只不过是将物体反射过来罢了。

C#中的引用类型数据有 4 种：类类型（class-type）、数组类型（array-type）、接口类型（interface-type）和委托类型（delegate-type）。下面主要介绍类类型，其余 3 种类型将在后面介绍。

类（class）是 C#面向对象程序设计中最重要的组成部分，如果没有类，所有使用 C#编写的程序都不能进行编译。

下面我们介绍在 C#中常用的两个类：object（对象类型）和 string（字符串类型）。

1. object 类

object 类是系统提供的基类型，是所有类型的基类，在 C#中，所有的类型都直接或间接派生于对象类型。因此，任意一个 object 变量，均可以被赋予任何类型的值。

```
int x=8;
object obj1;
obj1=x;
object obj2='x';
```

object 类型的变量在声明时，必须使用 object 关键字。

2. string 类

一个字符串是被双引号包含的一系列字符。例如，"how are you!"就是一个字符串。string 类是专门用于对字符串进行操作的。

字符串在实际应用中非常广泛，字符串之间的运算也是非常方便的。例如：

```
string str1="中国, ";
string str2="你好! ";
string str3=str1+str2;        //这相当于 str3="中国, 你好! "
char c=str3[0];               //取出 str3 的第一个字符，即"中"字。
```

C#支持以下两种形式的字符串常数。

（1）常规字符串常数。放在双引号间的一串字符，就是一个常规字符串常数，比如：

```
"this is a test"
"C#程序设计教程"
```

除普通的字符外，一个字符串常数也能包含一个或多个转义符。如下面的程序，它使用了转义符\n 和\t。

【例 3-1】 转义符在字符串中的使用示范。

```
using System;
class StrDemo
 {
 static void Main( )
  {
    Console.WriteLine("First line\nSecond line");   //使用\n 产生一新行
    Console.WriteLine("A\tB\tC");                    //使用制表符排列输出
    Console.WriteLine("D\tE\tF");
  }
```

```
     }
```

（2）逐字字符串常数。逐字字符串常数以@开头，后跟一对双引号，在双引号中放入字符。例如：

```
@"计算机"
@"How are you!"
```

逐字字符串常数同常规字符串常数的区别在于，在逐字字符串常数的双引号中，每个字符都代表其最原始的意义，在逐字字符串常数中不能使用转义字符。也就是说，逐字字符串常数双引号内的内容在被接受时是不变的，并且可以跨越多行。所以，逐字字符串常数双引号内的内容可以包含新行、制表符等，而不必使用转义序列。唯一的例外是，如果要包含双引号（"），就必须在一行中使用两个双引号（""）。

```
string str1;                                  //定义字符串类型
string str2="hello, world";                   //规则字符串常数：hello, world
string str3=@"hello, world";                  //逐字字符串常数：hello, world
string str4="hello \t world";                 //hello        world
string str5=@"hello \t world";                //hello \t world
string str6="Tom said \" Hello \" to you";    //Tom said "Hello" to you
string str7=@"Tom said "" Hello "" to you";   //Tom said "Hello" to you
```

【例3-2】　逐字字符串常数实例。

```
using System;
class Test
{
 static void Main( )
 {
  Console.WriteLine(@"This is a verbatim
string literal
that spans several lines.
");
  Console.WriteLine(@"Here is some tabbed output:
1 2 3 4
5 6 7 8
");
  Console.WriteLine(@"Programmers say, ""I like C#""");
 }
}
```

该程序运行后，输出结果如下：

```
This is a verbatim
string literal
that spans several lines.
Here is some tabbed output:
1 2 3 4
5 6 7 8
Programmers say, "I like C#."
```

简单来说，规则字符串要对字符串中的转义符进行解释，而逐字字符串除对双引号进行解释外，其他字符，用户定义成什么样，显示结果就是什么样。

3.1.3 类型转换

数据类型在一定条件下是可以相互转换的，如将 int 型数据转换成 double 型数据。C#允许使用两种转换的方式：隐式转换（implicit conversions）和显式转换（explicit conversions）。

1. 隐式转换

隐式转换是系统默认的，不需要加以声明就可以进行的转换。在隐式转换过程中，编译器不需要对转换进行详细的检查就能安全地执行转换，例如，数据从 int 类型到 long 类型的转换。

隐式数据转换如下：

（1）从 sbyte 型到 short, int, long, float, double 或者 decimal 型。

（2）从 byte 型到 short, ushort, int, uint, long, ulong, float, double 或者 decimal 型。

（3）从 short 型到 int, long, float, double 或者 decimal 型。

（4）从 ushort 型到 int, uint, long, ulong, float, double 或者 decimal 型。

（5）从 int 型到 long, float, double 或者 decimal 型。

（6）从 uint 型到 long, ulong, float, double 或者 decimal 型。

（7）从 long 型到 float, double 或者 decimal 型。

（8）从 ulong 型到 float, double 或者 decimal 型。

（9）从 char 型到 ushort, int, uint, long, ulong, float, double 或者 decimal 型。

（10）从 float 型到 double 型。

其中从 int、uint、long 到 float 的转换，以及从 long 到 double 的转换均可能导致精度的下降，但绝不会引起数据丢失，其他的隐式数据转换则不会有任何信息丢失的现象。

隐式数据转换的使用方法如下：

```
int a=8;          //a 为整型数据
long b=a;         //b 为长整型数据
float c=a;        //c 为单精度浮点型数据
```

2. 显式转换

显式转换又叫强制类型转换，与隐式转换相反，显式转换需要用户明确地指定转换类型，一般在不存在该类型的隐式转换的时候才使用。

显式转换可以将一种数值类型强制转换成另一种数值类型，格式如下：

（类型标识符）表达式

意义为：将表达式的值的类型转换为类型标识符的类型。比如：

```
(int) 3.14        //把 double 类型的 3.14 转换成 int 类型
```

以下列出的是所有可能的显式转换：

（1）sbyte 型到 byte, ushort, uint, ulong 或者 char 型。

（2）byte 型到 sbyte 或者 char 型。

（3）从 short 型到 sbyte, byte, ushort, uint, ulong 或者 char 型。

（4）从 ushort 型到 sbyte, byte, short 或者 char 型。

（5）从 int 型到 sbyte, byte, short, ushort, uint, ulong 或者 char 型。

（6）从 uint 型到 sbyte, byte, short, ushort, int, ulong 或者 char 型。

（7）从 long 型到 sbyte, byte, short, ushort, int, uint, ulong 或者 char 型。

（8）从 ulong 型到 sbyte, byte, short, ushort, int, uint, long 或者 char 型。

（9）从 char 型到 sbyte, byte 或者 short 型。

（10）从 float 型到 sbyte, byte, short, ushort, int, uint, long, ulong, char, float 或者 decimal 型。

（11）从 double 型到 sbyte, byte, short, ushort, int, uint, long, ulong, char, float 或者 decimal 型。

（12）从 decimal 型到 sbyte, byte, short, ushort, int, uint, long, ulong, char, float 或者 double 型。

需要注意以下 5 点：

（1）显式转换可能会导致错误。进行这种转换时编译器将对转换进行溢出检测。如果有溢出说明转换失败，表明源类型不是一个合法的目标类型，转换无法进行。

（2）对于从 float, double, decimal 到整型数据的转换，将通过舍入得到最接近的整型值，如果这个整型值超出目标域，则出现转换异常。

（3）对于从 double 到 float 的转换，double 值通过舍入取最接近的 float 值。如果这个值太小结果将变为 0；如果这个值太大，将变为正无穷或负无穷。

（4）对于从 float 或者 double 到 decimal 型的转换，将转换成小数形式并通过舍入取到小数点第 28 位。如果值太小，则为 0；如果值太大、无穷或 Null，则出现转换异常。

（5）对于从 decimal 到 float 或者 double 型的转换，小数值将通过舍入取最接近的值，这种转换可能会丢失精度，但不会引起异常。

比如：

```
(int)6.28m
```

转换的结果为 6。

而如果将 float 的数据 3e25 转换成整数，语句如下：

```
(int)3e25f
```

则将产生溢出错误，因为 3e25 超过了 int 类型所能表示的范围。

3.1.4　装箱和拆箱

装箱（boxing）和拆箱（unboxing）是 C#类型系统中重要的概念。它允许将任何类型的数据转换为对象类型，同时也允许任何类型的对象类型转换到与之兼容的数据类型。经过装箱和拆箱操作，使得任何类型的数据都可以看作对象的类型系统。其实拆箱是装箱的逆过程，必须注意的是：在装箱转换和拆箱转换过程中必须遵循类型兼容的原则，否则转换会失败。

1. 装箱转换

装箱转换是指将一个值类型的数据隐式地转换成一个对象类型（object）的数据，或者把这个值类型数据隐式转换成一个被该值类型数据对应的接口类型数据。将一个值类型装箱，就是创建一个 object 类型的实例，并把该值类型的值复制给该 object。

例如，下面的两条语句就执行了装箱转换：

```
int k=100;
object obj=k;
```

在上面的两条语句中，第 1 条语句先声明一个整型变量 k 并对其赋值，第 2 条语句则先创建一个 object 类型的实例 obj，然后将 k 的值复制给 obj。

在执行装箱转换时，也可以使用显式转换，例如：

```
int k=100;
object obj=(object) k;
```

这样做是合法的，但没有必要。

【例3-3】　在程序中执行装箱转换，程序代码如下：

```
using System;
class BoxingDemo
 {
   static void Main( )
    {
      Console.WriteLine("执行装箱转换: ");
      int k=200;
      object obj=k;
      k=300;
      Console.WriteLine("obj={0}",obj);
      Console.WriteLine("k={0}", k);
    }
 }
```

该程序执行后，输出结果如下：

```
obj=200
k=300
```

从上面的输出结果可知：通过装箱转换，可以把一个整型数值复制给一个 object 类型的实例，而被装箱的整型变量自身的数值并不会受到装箱的影响。

2．拆箱转换

和装箱转换相反，拆箱转换是指将一个对象类型的数据显式地转换成一个值类型数据，或者将一个接口类型数据显式地转换成一个执行该接口的值类型数据。

拆箱转换的操作分为两步：先检查对象实例，确保它是给定值类型的一个装箱值，然后把实例的值复制到值类型数据中。

例如，下面两条语句就执行了拆箱转换：

```
object obj=228;
int k=(int)obj;
```

上面两条语句在执行拆箱转换在过程中，会先检查 obj 这个 object 实例的值是否为给定值类型的装箱值，由于 obj 的值为 228，给定的值类型为整型，所以满足拆箱转换的条件，然后会将 obj 的值复制给整型变量 k。从上面的第 2 条语句中可以看出，拆箱转换需要（而且必须）执行显示转换，这是它与装箱转换的不同之处。

【例3-4】　在程序中使用拆箱转换，程序代码如下：

```
using System;
class UnboxingDemo
 {
  static void Main( )
   {
   int k=228;
   object obj=k;                   //装箱转换
   int j=(int ) obj;              //拆箱转换
   Console.WriteLine("k={0}\tobj={1}\tj={2}", k, obj, j);
   }
 }
```

该程序执行后，输出结果如下：

```
k=228          obj=228          j=228
```

3.2 常量与变量

每种编程语言都有自己对常量和变量的命名和使用方式，正确理解常量和变量的使用，会使程序员在编程过程中减少错误，提高程序开发效率。

3.2.1 常量

在 C#中，常量是指在程序的运行过程中其值不能改变的数值，例如，数字 100 就是一个常量，这样的常量一般被称作常数。

可以通过关键字 const 来声明常量，格式如下：

```
const  类型标识符 常量名 = 表达式;
```

常量名必须是 C#的合法标识符，在程序中可以通过常量名来访问该常量。类型标识符指示了所定义的常量的数据类型，而表达式的计算结果是所定义的常量的值，如下例所示：

```
const double PI=3.14159265;
```

上面的语句定义了一个 double 型的常量 PI，它的值是 3.14159265。

常量有如下特点：

（1）在程序中，常量只能被赋予初始值。一旦被赋予了一个常量初始值，这个常量的值在程序的运行过程中就不允许改变，即无法对一个常量赋值。

（2）在定义常量时，表达式中的运算符对象只允许出现常量和常数，不能有变量存在。

例如：

```
int b=30;
const int a=60;
const int k=b+20;              //错误，表达式中不允许出现变量
const int d=a+60;              //正确，因为 a 是常量
a=100;                         //错误，不能修改常量的值
```

3.2.2 变量

变量是在程序运行过程中用于存放数据的存储单元。计算机程序设计语言中的变量可以被通俗地理解为代数式 x+y 中的 x 和 y，给 x 和 y 赋予不同的值，就能得到不同的"x+y"的值，也就是说，变量的值在程序的运行过程中是可以改变的。

1. 变量的定义

可以在程序中定义任意多个变量，以适应程序功能的需要。在定义变量的时候，必须先给每一个变量起名，称为变量名，以便区分不同的变量。在计算机中，变量名代表存储地址。C#的变量名必须是合法的 C#标识符。如 av 和 Index 都是合法的变量名。

为了保存不同类型的数据，除变量名外，在定义变量时，还必须为每个变量指定类型，变量

的类型决定了存储在变量中的数值的类型。有了变量名和变量类型，一个变量的定义才是完整的。在 C#中，通常采用如下格式定义一个变量：

类型标识符 变量名1,变量名2,……;

下面是一些定义变量的例子：

```
float fsum;
string strName;
char a;
int j;
```

注意：C#规定，任何变量在使用前，必须先定义，后使用。

虽然 C#对变量的命名规则没有太多限制，但是，为了保证程序具有良好的编程风格（思路清晰，容易阅读），变量名最好使用具有实际意义的英文单词进行组合，每个单词的第一个字母采用大写，其他字母用小写。比如，使用 Counter、UserName 和 FinalResult 等作为变量名就比使用 A. ub 和 ddd 作为变量名要好。

2. 变量的赋值

变量本身只是一个能保存某种类型的具体数据的内存单元（这里所说的"内存单元"不一定以字节为单位），对于程序而言，可以使用变量名来访问这个具体的内存单元。变量的赋值，就是将数据保存到变量中的过程。

在 C#中，给一个变量赋值的格式如下：

变量名=表达式;

这里的表达式与数学中的表达式是类似的。如 6+8、8+a–b 都是表达式。在各种计算机语言中，单个常数或者变量，也可以构成表达式。由单个常数或者变量构成的表达式的值，就是这个常数或者变量本身。例如：

```
2+3                      //这个表达式的值是 5
18                       //这个表达式由单个常数构成，值是 18
sName                    //这个表达式由单个变量构成，它的值等于 sName 的值
```

变量赋值的格式的意义是：计算表达式的值，然后将这个值赋予变量。例如，事先定义了一个 double 型的变量 nAverage 和一个 int 型的变量 nAgeSum：

```
double  nAverage;
int  nAgeSum;
```

如果要给 nAgeSum 变量赋予数值 210，应该写成：

```
nAgeSum=210;
```

如果要让 nAverage 的值等于 nAgeSum 的值除以 10，应该写成：

```
nAverage=nAgeSum/10;          //注意：这里的"/"代表除法符号
```

在程序中，可以给一个变量多次赋值。变量的当前值等于最近一次给变量所赋的值。例如：

```
nAgeSum=120;                 //这时 nAgeSum 等于 120
nAgeSum=100+80;              //这时 nAgeSum 等于 180
nAgeSum=nAgeSum+18;          //这时 nAgeSum 等于 198
```

在对变量进行赋值时，表达式的值的类型必须同变量的类型相同。如果有如下的字符串类型的变量 sName 和 int 型变量 nScore：

```
string  sName;
int  nScore;
```

则以下赋值是正确的：

```
sName="Jack";
sName="Tom";
nScore=98;
```

但是，以下赋值是错误的：

```
sName=5;                          //不能将整数赋予字符串对象
nScore="Hello";                   //不能将字符串赋予整型变量
```

此外，对于数值类型的赋值，如果表达式的值的类型所能表示的数值范围，正好落在被赋值变量的类型所表示的范围之内，则允许这样赋值。例如，可以将整数 8 赋予一个 double 型变量，将一个 byte 型变量的值赋予一个 long 型变量等，这是由于 double 类型能表示的范围覆盖了 int 类型；long 类型所能表示的范围覆盖了 byte 类型。但是反之则不允许。例如，以下程序段在编译的时候 C#编译器将给出"Cannot implicity convert type 'double' to 'int'"错误信息：

```
double  a;
int  b;
a=12;
b=a;
```

这是由于 double 类型能表示的数的范围要高于 int 类型，所以不能将一个 double 类型的变量的值赋予一个 int 型变量。

当将一个数值范围小的类型的值赋给数值范围大的类型的变量时，C#在内部实际上要进行一次数值类型转换，这种转换为隐式转换。所有可能的隐式数据转换已在 3.1.3 节中进行了介绍。对于没有列出的数值类型转换，如果要进行赋值，编译器会报错。但是，如果在不得不进行这样的赋值时，可以通过 C#提供的显式类型转换来实现。

3．变量的初始化

在定义变量的同时，可以给变量赋值，称为变量的初始化。在 C#中，对变量进行初始化的格式如下：

```
类型标识符   变量名=表达式；
```

例如：

```
double  nScore=98.5;
```

这代表定义一个 double 型变量 nScore，并将其赋予初始值 98.5。

⟹ 3.3　运算符和表达式

运算符是表示各种不同运算的符号。表达式由变量、常数和运算符组成，是用运算符（如加号、减号、乘号、除号）将运算对象（如变量、常数或另一个表达式）连接起来的运算式，是各种程序设计语言中最基本的对数据进行运算和加工的表示形式。单个常数或变量是表达式的特殊情况。

表达式的计算结果是表达式的返回值。使用不同的运算符连接运算对象，其返回值的类型是不同的。

3.3.1 运算符

C#提供了丰富的运算符。根据运算的类型，C#运算符可以分为以下几类：算术运算符、赋值运算符、关系运算符、逻辑运算符、位运算符、条件运算符和其他运算符。

1. 算术运算符

算术运算符用于对操作数进行算术运算。C#的算术运算符与数学中的算术运算符很相似。表3-3列出了C#中允许使用的算术运算符。

表 3-3　C#算术运算符

运 算 符	意　　义	运算对象数目	运算对象类型	运算结果类型	实　　例
+	取正或加法	1 或 2			+5、6+8+a
−	取负或减法	1 或 2			−3、a−b
*	乘法	2			3*a*b、5*2
/	除法	2	任何数值类型	数值类型	7/4、a/b
%	模（求整数除法的余数，如 7 除以 3 的余数为 1，则 7%3 等于 1）	2			a%(2+5)、a%b、3%2
++	自增运算	1			a++、++b
− −	自减运算	1			a--、--b

尽管+、−、*和/这些运算符的意义和数学中的运算符的意义是一样的。但是在一些特殊的环境下，有一些特殊的解释。当对整数进行"/"运算时，余数都被舍去了。例如，10/3 在整数除法中等于 3。可以通过模运算符%来获得这个除法的余数。运算符%可以应用于整数和浮点类型，例如，10%3 的结果是 1，10.0%3.0 的结果也是 1。

【例 3-5】　%运算符的示例。

```
using System;
class ModDemo
{
  static void Main( )
  {
    int iresult,irem;
    double dresult,drem;
    iresult=10/3;
    irem=10%3;
    dresult=10.0/3.0;
    drem=10.0%3.0;
    Console.WriteLine("10/3={0}\t 10%3={1}", iresult, irem);
    Console.WriteLine("10.0/3.0={0}\t 10.0%3.0={1}", dresult, drem);
  }
}
```

程序的输出如下所示：

```
10/3=3          10%3=1
10.0/3.0=3.33333333333333          10.0%3.0=1
```

除+、-、*、/和%这些基本的运算符以外，C#还有两种特殊的算术运算符：++（自增运算符）和——（自减运算符），其作用是使变量的值自动增加 1 或者减少 1。因此，x=x+1 和 x++是一样的，x=x-1 和 x——是一样的。

自增和自减运算符既可以在操作数前面（前缀），也可以在操作数后面（后缀）。例如，x=x+1; 可以被写成

```
++x;              //前缀格式
```

或者

```
x++;              //后缀格式
```

在前面的例子中，自增运算符用于前缀或后缀是没有任何区别的。但是，当自增或自减运算符用在一个较大的表达式中时，就存在着重要的区别。当一个自增或自减运算符在它的操作数前面时，C#将在取得操作数的值前执行自增或自减操作，并将其用于表达式的其他部分。如果运算符在操作数的后面，C#将先取得操作数的值，然后进行自增或自减运算。如下面的例子：

```
x=16;
y=++x;
```

在这种情况下，y 被赋值为 17，但是，如果代码如下所写：

```
x=16;
y=x++;
```

则 y 被赋值为 16。在这两种情况下，x 都被赋值为 17，不同之处在于自增运算符或自减运算符发生的时机。自增运算符和自减运算符发生的时机有非常重要的意义。

【例 3-6】 演示自增运算符。

```
using System;
class Test
{
 static void Main( )
 {
   int x=2;
   int y=x++;
   Console.WriteLine("y={0}", y);
   y=++x;
   Console.WriteLine("y={0}", y);
 }
}
```

该程序的运行结果为：

```
y=2
y=4
```

程序说明：第一次先使用后自增，所以输出 2，第二次先自增后使用，所以输出 4。

注意：++、——只能用于变量，而不能用于常量或表达式，例如，12++或——(x+y)都是错误的。

2. 赋值运算符

赋值运算符用于将一个数据赋予一个变量，赋值操作符的左操作数必须是一个变量，赋值结果是将一个新的数值存放在变量所指示的内存空间中。表 3-4 列出了常用的赋值运算符。

表 3-4　C#的赋值运算符

类　　型	符　　号	说　　明
简单赋值运算符	=	x=1
复合赋值运算符	+=	x+=1 等价于 x=x+1
	-=	x-=1 等价于 x=x-1
	*=1	x*=1 等价于 x=x*1
	/=1	x/=1 等价于 x=x/1
	%=	x%=1 等价于 x=x%1
	&=	x&=1 等价于 x=x&1
	| =	x|=1 等价于 x=x|1
	^=	x^=1 等价于 x=x^1
	>>=	x>>=1 等价于 x=x>>1
	<<=	x<<=1 等价于 x=x<<1

其中"="是简单的赋值运算符，它的作用是将右边的数据赋值给左边的变量，数据可以是常量，也可以是表达式。例如，x=8 或者 x=9-x 都是合法的，它们分别执行了一次赋值操作。

除简单的赋值运算符外，其他的赋值运算符都是在"="之前加上其他运算符，这样就构成了复合的赋值运算符。复合赋值运算符的运算非常简单，例如，x*=5 就等价于 x=x*5，它相当于对变量进行一次自乘操作。复合赋值运算符的结合方向为自右向左。同样，也可以把表达式的值通过复合赋值运算符赋予变量，这时复合赋值运算右边的表达式是作为一个整体参加运算的，相当于表达式有括号。例如，a%=b*2-5 相当于 a%=(b*2-5)，它与 a=a%(b*2-5)是等价的。

C#语言可以对变量进行连续赋值，这时赋值操作符是右关联的，这意味着从右向左运算符被分组。如 x=y=z 等价于 x=(y=z)。

3．关系运算符

关系运算符用于在程序中比较两个值的大小，关系运算的结果类型是布尔型，也就是说，结果不是 true 就是 false。C#语言的关系运算符如表 3-5 所示。

表 3-5　C#的关系运算符

符　　号	意　　义	运算结果类型	运算对象个数	实　　例
>	大于	布尔型。如果条件成立，结果为 true，否则结果为 false	2	3>6,x>2,b>a
<	小于			3.14<3,x<y
>=	大于等于			3.26>=b
<=	小于等于			PI<=3.1416
==	等于			3= =2, x= =2
!=	不等于			x!=y, 3!=2

一个关系运算符两边的运算对象如果是数值类型的对象，则比较的是两个数的大小；如果是字符型对象，则比较的是两个字符的 Unicode 编码的大小，比如：字符 x 的 Unicode 编码小于 y，则关系表达式'x'<'y'的结果为 true。

如果关系运算符两边的运算对象是字符串，则比较的是两个字符串的大小。比较两个字符串

x 和 y 的大小的规则如下：

（1）按照从左到右的顺序逐个比较 x 和 y 中的每个字符；

（2）如果在当前被比较的两个字符中，字符串 x 中的字符大于字符串 y 中的字符，则字符串 x 大于 y；如果字符串 x 中的字符小于字符串 y 中的字符，则字符串 x 小于 y；如果字符串 x 中的字符等于字符串 y 中的字符，则继续比较下一个字符；

（3）如果 x 中的每个字符同 y 中的每个字符都相等，则字符串 x 和 y 相等；

（4）在依照上面的规则进行比较时，如果当前 x 中已经没有字符可比较，而 y 中尚有未比较的字符，则 y 大于 x；如果当前 y 中已经没有字符可比较，而 x 中尚有未比较的字符，则 x 大于 y。

以下是字符串大小比较的实例：

```
"a">"c"                          （结果是 false）
"How are you! "= ="How are you! "  （结果是 true）
"36812">"368"                    （结果是 true）
"abcde"= ="abCde"               （结果是 false）
"abCde"<"abcde"                 （结果是 true）
```

如果关系运算符两边的运算对象是布尔类型的对象，则依据如下规则进行：

（1）true 等于 true，false 等于 false

（2）true 大于 false

关系运算可以同算术运算混合，这时，关系运算符两边的运算对象可以是算术表达式的值，C#先求表达式的值，然后将这些值做关系运算。比如：

```
3+6>5–2          （结果是 true）
```

【例 3-7】 在程序中使用算术运算和关系运算，程序代码如下。

```csharp
using System;
class RelaOpr
{
  static void Main( )
   {
    int a=100;
    int x=60;
    int y=70;
    int b;
    b=x+y;
    bool j;
    j=a>b;
    Console.WriteLine("a>b is {0}", j);
   }
 }
```

该程序运行后，输出结果为：

```
a>b is False
```

在上面的代码中，b=x+y 执行的是算术运算，而 a>b 则执行的是关系运算，可以通过声明一个布尔型变量 j，来判断 a 是否大于 b。

4. 逻辑运算符

逻辑运算符用于表示两个布尔值之间的逻辑关系，逻辑运算结果是布尔类型。C#提供了几种逻辑运算符，如表3-6所示。

表3-6　C#的逻辑运算符

符　号	意　义	运算对象类型	运算结果类型	运算对象个数	实　例
!	逻辑非	布尔类型	布尔类型	1	!(i>j)
&&	逻辑与			2	x>y&&x>0
||	逻辑或			2	x>y||x>0

逻辑非运算的结果与原先的运算结果相反，即如果原先运算结果为 false，则经过逻辑非运算后，结果为 true；原先为 true，经过逻辑非运算后，结果为 false。

逻辑与运算含义是，只有两个运算对象都为 true，结果才为 true；只要其中有一个运算的结果是 false，结果就为 false。

逻辑或运算含义是，只要两个运算对象中有一个是 true，结果就为 true，只有两个条件均为 false，结果才为 false。

逻辑运算的这些规律如表3-7所示。

表3-7　逻辑运算的真值表

运算对象 x 的值	运算对象 y 的值	!x 的结果	x&&y 的结果	x||y 的结果
false	false	true	false	false
false	true	true	false	true
true	false	false	false	true
true	true	false	true	true

当需要多个判定条件时，可以很方便地使用逻辑运算符将关系表达式连接起来。例如，在表达式 x>y&&x>0 中，只有当 x>y 并且 x>0 两个条件都满足时，结果才为 true，否则结果就为 false；在表达式 x>y\|\|x>0 中，只要 x>y 或者 x>0 两个条件中的任何一个条件成立，结果就为 true，只有在 x>y 并且 x>0 都不成立的条件下结果才为 false；在表达式!(x>y)中，如果 x>y 则返回 false；如果 x<=y 则返回 true，即表达式!(x>y)同表达式 x<=y 是等同的。

如果表达式中同时存在着多个逻辑运算符，逻辑非的优先级最高，逻辑与的优先级高于逻辑或。

5．位运算符

位运算符表示对运算对象进行的位运算。位运算是指进行二进制位的运算，每个二进制位可以取值 0 或 1。位运算的意义是：依次取被运算对象的每个位，进行位运算。表 3-8 列出了 C#的位运算符。

（1）按位取反运算符（～）。"～"运算符是一元运算符，即只有一个运算对象。"～"运算符是对二进制数进行按位取反，即将二进制数的 0 转换为 1，1 转换为 0。

表3-8　C#的位运算符

符　号	意　义	运算对象类型	运算结果类型	运算对象个数	实　例
～	按位取反	整型或者是可以转换成整数类型的其他类型	整型	1	～x
&	按位与			2	x&y
|	按位或			2	x|y

续表

符　号	意　义	运算对象类型	运算结果类型	运算对象个数	实　例
<<	左移	整型或者是可以转换成整数类型的其他类型	整型	2	x<<1
>>	右移			2	x>>2
^	按位异或			2	x^y

例如，对整数 12 进行按位取反运算，结果可表示为：

12 的二进制表示：00001100
~12 的结果：　　11110011

（2）按位与运算符（&）。"&"运算符是二元运算符，即有两个运算对象。如果两个运算对象相应的二进制位都为 1，运算结果就是 1，否则结果为 0。"&"运算的规则如下：

```
0&0=0
0&1=0
1&0=0
1&1=1
```

例如，对整数 6 和 10 进行按位与运算，结果可表示为：

6 的二进制表示：　00000110
10 的二进制表示：　00001010
─────────────────
与运算的结果是：　00000010

也就是说，6&10 运算结果是 2。

（3）按位或运算符（|）。"|"运算符是二元运算符，如果两个运算对象相应的二进制位中有一个是 1，对应位的结果就是 1，否则为 0。"|"运算的规则如下：

```
0|0=0
0|1=1
1|0=1
1|1=1
```

例如，对整数 6 和 10 进行按位或运算，结果可表示为：

6 的二进制表示：　00000110
10 的二进制表示：　00001010
─────────────────
或运算的结果是：　00001110

也就是说，6|10 运算结果是 14。

（4）按位异或运算符（^）。"^"运算符是二元运算符，如果两个运算对象相应的二进制位相同，那么相应位的结果为 0，否则为 1。"^"运算的规则如下：

```
0^0=0
0^1=1
1^0=1
1^1=0
```

例如，对整数 6 和 10 进行按位异或运算，结果可表示为：

6 的二进制表示：　00000110
10 的二进制表示：　00001010

异或运算的结果是：00001100

也就是说，6^10 运算结果是 12。

（5）左移运算符（<<）。"<<" 运算符是将一个运算对象的二进制位除符号位外全部按位左移，高位被丢弃，低位顺序补 0。例如，12 的二进制表示是 00001100，12<<1（左移一位）的结果是 00011000（十进制是 24），12<<2（左移二位）的结果是 00110000（十进制是 48）。

（6）右移运算符（>>）。">>" 运算符是将一个运算对象的二进制位全部按位右移，如果运算对象是无符号数，右移时左边高位移入 0。对于有符号的数，如果原来符号位为 0（该数为正数），则左边也是移入 0。如果原来符号位是 1（该数为负数），则左边移入 0 还是 1，移入后的数取决于所用的计算机系统。有的系统移入 0，有的系统移入 1。移入 0 的称为"逻辑右移"，移入 1 的称为"算术右移"。

例如，12 的二进制表示是 00001100，12>>1（右移一位）的结果是 00000110（十进制是 6），12>>2（右移二位）的结果是 00000011（十进制是 3）。

6．条件运算符

条件运算符由"?"和":"组成，条件运算符是一个三元运算符。条件运算符的一般格式为：

操作数 1?操作数 2:操作数 3

其中操作数 1 的值必须为布尔值。进行条件运算时，要先判断问号前面的布尔值是 true 还是 false，如果是 true，则条件运算表达式的值等于操作数 2 的值；如果为 false，则条件表达式的值等于操作数 3 的值。例如，条件表达式"6>8?15+a:39"，由于 6>8 的值为 false，所以整个表达式的值是 39。

7．其他运算符

（1）字符串连接符（+）。字符串连接是最常用的字符串运算。所谓字符串的连接，就是将两个字符串连接在一起，形成新的字符串。C#提供了字符串连接运算符"+"，用于连接两个字符串。比如：

```
"abc"+"efg"              结果是 abcefg
"36812"+"3.14"           结果是 368123.14
```

（2）is 运算符。is 运算符用于检查表达式是否是指定的类型，如果是，结果为 true，否则结果为 false。

例如：

```
int  k=2;
bool isTest=k is int;       //isTest=true
```

（3）sizeof 运算符。sizeof 运算符获得值类型数据在内存占用的字节数。sizeof 运算符的使用方法如下：

```
sizeof(类型标识符)
```

它的结果是一个整数，这个整数代表字节数。例如：

```
sizeof(int)        //结果是 4。因为每个 int 型变量占用 4 字节。
```

（4）new 运算符。new 运算符用于创建对象和调用对象的构造函数，将在后面详细介绍。

（5）typeof 运算符。typeof 运算符用于获得一个对象的类型。

（6）checked 和 unchecked 运算符。这两个运算符用于控制整数算术运算中当前环境的溢出情况。checked 用于检测某些操作的溢出条件，下面代码试图分配不符合 short 变量范围的值，引发系统错误：

```
short val1=20000, val2=20000;
```

```
short myshort=checked((short)(val1+val2));          //出现错误
```

借助于 uncheked 运算符，就可以保证即使溢出，也会忽略错误，接受结果，例如：

```
short val1=20000, val2=20000;
short myshort=unchecked((short)(val1+val2));        //出现错误，但是被忽略
```

3.3.2 表达式

表达式是运算符、常量和变量等组成的符号序列。根据运算符类型的不同，表达式可以分为算术表达式、赋值表达式、关系表达式、逻辑表达式及条件表达式等。表达式在经过一系列运算后会得到一个结果，这就是表达式的结果。结果的类型由参加运算的操作数据的数据类型决定。

1. 算术表达式

算术表达式是用算术运算符将运算对象连接起来的符合语法规则的式子，其中运算对象可以是常量、变量，也可以是函数。

在一个算术表达式中，算术运算有一定的优先运算顺序。在求表达式的值时，要按照运算符的优先级别进行计算。由于乘法、除法运算的优先级别高于加法和减法运算，所以在求算术表达式的结果时，先要进行乘除运算，然后进行加减运算。如果一个表达式中包含连续两个或两个以上级别相同的运算符，则要遵循自左向右的顺序进行运算。

自增运算符和自减运算符的优先级别高于其他的算术运算符。例如，对于表达式 8+x++，由于 "++" 运算符的优先级别高于 "+" 运算符，所以表达式应看作 8+(x++)。如果 x 的原值是 6，则表达式 8+x++的值是 14，运算结束后 x 的值是 7。

2. 赋值表达式

由赋值运算符将变量和表达式连接起来的式子称为赋值表达式，它的一般格式为：

变量 赋值运算符 表达式

对赋值表达式求解的过程就是将表达式的结果赋给变量。例如，赋值表达式 a=15，就是把 15 这个常数赋值给变量 a。

在赋值表达式中，表达式又可以是赋值表达式。例如：

```
y=x=8*8+3
```

这个赋值表达式的值是 67。由于赋值运算符的结合性是自右至左的，所以 y=x=8*8+3 和 y=(x=8*8+3)是等价的。

3. 关系表达式

用关系运算符将两个表达式连接起来的式子称为关系表达式。关系表达式的值是布尔类型，即真（true）或假（false）。对关系表达式进行运算，也就是对参加运算的两个操作数进行比较，判断比较的结果是否满足关系运算符所描述的关系。如果满足，则关系表达式的结果为真，如果不满足，则结果为假。关系运算符的结合方向为自左向右。

例如：

```
x=8;
y=6;
z=x>y+3;          //结果为false
a=x>y&&z;         //结果为false
```

所有关系运算符的优先级别都高于赋值运算符而低于算术运算符。

4．逻辑运算符

用逻辑运算符将关系表达式或者逻辑值连接起来的式子称为逻辑表达式。逻辑表达式的值应该是一个布尔类型的值，它只能取 true 或 false。

三个逻辑运算符的运算顺序为"逻辑非"最高，其次是"逻辑与"，最后为"逻辑或"。例如，逻辑表达式：

```
!(3>6)||(5<8)&&(2>=9)||(7>=1)
```

其结果为 true，因为上面的关系式等价于 "!false||true&&false||true"，按照逻辑运算符优先顺序进行运算，得到的结果为 true。

5．条件表达式

由条件运算符和表达式组成的式子称为条件表达式。例如：

```
8>3?5:2;
```

其结果为 5，因为 8>3 为 true，则整个表达式的值为 ":" 前面表达式的值，这里是常数 5。

6．多种运算符组成的表达式的运算

在对包含多种运算符表达式求值时，如果有括号，先计算括号里面的表达式。在运行时各运算符执行的先后顺序需要根据各运算符的运算优先级和结合性确定。先执行运算优先级别高的运算，然后执行运算优先级别低的。C#运算符的优先级（从高到低）如表 3-9 所示。

当运算符两边的运算对象的优先级别一样时，由运算符的结合性来控制运算执行的顺序。除赋值运算符外，所有的二元运算符都是左结合，即运算按照从左到右的顺序来执行。赋值运行符和条件运算符是右结合的，即运算按照从右到左的顺序来执行。

表 3-9　C#运算符的优先级（从高到低）

类　　别	运　　算　　符
基本	(x) x.y　f(x) a[x] x++ x-—　new typeof　sizeof checked unchecked
一元	+ - ! ~　++x -—x　(T)x
乘除	* / %
加减	+ -
移位	<< >>
关系	< > <= >= is as
等式	== !=
按位与	&
按位异或	^
按位或	|
逻辑与	&&
逻辑或	||
条件	?:
赋值	= *= /= += -= <<= >>= &= ^= |=

例如，表达式 3+9+(2+(8-3)*4%3)-5 的计算步骤为：

```
!(3>6)||(5<8)&&(2>=9)||(7>=1)
3+9+(2+20%3)-5
```

```
3+9+(2+2)-5
3+9+4-5
12+4-5
16-5
```

其结果为 11。这里乘法运算符和取模运算符、加法运算符和减法运算符的运算级别相同，计算表达式的方式是按照从左向右的顺序计算。

再如，2>8?5:3<6?7:13 的计算步骤为：

```
2>8?5:(3<6?7:13)
2>8?5:7
```

其结果为 7。运算顺序是从右到左的。

习　　题

3-1　选择题

（1）以下标识符中，正确的是（　　）。

    A．_nName　　　　　B．typeof　　　　　C．6b　　　　　　　D．x5#

（2）以下标识符中，错误的是（　　）。

    A．_b39　　　　　B．x345　　　　　C．6_321　　　　　D．nAverage

（3）以下类型中，不属于值类型的是（　　）。

    A．整数类型　　　B．布尔类型　　　C．字符类型　　　D．类类型

3-2　求以下表达式的值，要求同时写出值的类型。

```
sizeof(int)*10/3.2
8>6+3
5-2<=3
6>2&&8>9
"Computer"=="Games"
"hello "+"world"
@"This is " "a book "!= "This is \ "a book "
```

3-3　设 x=true，y=true，c=false，a=6，求下列表达式的值。

```
!x||y&&y||c
x&&6<=9||a>=7&&c
```

3-4　在 C#语言中如何定义常量？常量的定义是否一定要初始化？为什么？

3-5　简述在 C#中常用的运算符及其功能。

结构化程序设计

本章将介绍结构化程序设计的概述、三大结构，以及 C#中的基本流程控制语句。程序设计语言是由语句构成的，只有很好地掌握程序设计语言的各种语句，才能编写出正确的、结构良好的程序。

4.1 结构化程序设计的概念

结构化程序设计方法，是使用比较广泛的程序设计方法。用这种方法编制的程序具有结构清晰、可读性强、易查错等特点，使得程序设计的效率和质量都能得以提高。结构化程序设计有 3 种基本结构，即顺序结构、选择结构、循环结构。每种基本结构可以包含若干条语句。

4.1.1 结构化程序设计的概念及算法的概念

程序设计的任务不仅是编写出一个能得到正确结果的程序，还应当考虑程序的质量，以及用什么方法能得到高质量的程序。计算机硬件价格逐步下降，而软件成本（包括软件的生产费用和维护费用）却不断上升，这一现状促使人们考虑怎样才能降低成本，提高软件生产和维护的效率。这就是结构化程序设计方法出现的背景。

为了提高程序的易读性（容易理解），保证程序质量，降低软件成本，荷兰学者 Dijkctra 等提出了"结构化程序设计方法"。它的要点是：

（1）程序的质量标准是"清晰第一，效率第二"。

（2）要求程序设计者按一定规范书写。

（3）规定用 3 种基本结构来组成程序。

（4）自顶向下、逐步细化、模块化的程序设计方针。

一个综合型的复杂软件，被分为若干个相对独立的部分，每个部分又称为一个模块。根据具体情况，各个模块还可以再细分为几个小部分，每个小部分又称为一个子模块。这样一层层分解，逐步细化，使整个程序结构层次清晰，各个子模块的任务简单明确。软件编写人员可以按模块进行分工合作，互相之间容易接口，不易发生遗漏。为编写程序和调试程序都带来方便。特别是在查找程序错误方面，缩小了范围，节省了时间和精力。

程序设计的主要步骤：

（1）分析问题。即分析用户需求，给定的有哪些数据，需要输出什么样的数据，需要进行哪种处理，需要用到哪些硬件和软件，即分析运行环境，进行可行性分析，做到心中大体有数。

（2）确定算法。算法是解题的过程。先要将一个物理过程或工作状态用数学形式表达出来，即确定解题最合适的过程，或者确定合适的处理方案。对同一个问题处理方案的不同，决定了处理步骤的不同，而不同的处理步骤又决定了效率的不同。

（3）画出程序流程图。用规定的基本图形来描述解题步骤。它表达了算法，是编写程序的依据。

（4）编写程序。根据流程图表达的步骤，用程序设计语言逐句逐行地写出程序。

（5）调试程序。主要包括排错和测试两部分，排错是指查出在程序执行过程中出现的语法错误和逻辑错误，并加以改正；测试是指确认程序在各种可能的情况下正确、可靠地运行，输出结果准确无误。排错和测试常常是交叉进行的，直到结果满意为止。

（6）建立健全的文档资料。文档资料是计算机软件的重要组成部分，从接受用计算机解题任务开始就应注意加强文档资料的建立，解题任务完成时，文档资料也应建立完毕。

在上面介绍的 6 个步骤中，最关键的是第 2 个步骤，即"算法设计"。只要算法是正确的，写程序就不会有太多困难。一个程序员应该掌握如何设计一个问题的算法或者采用已有的现成算法。

所谓"算法"，粗略地讲，是为解决一个特定问题而采取的确定的有限的步骤。广义地说，做任何事都需要先确定算法，然后去实现这个算法以达到目的。这里所说的算法，是指计算机能执行的算法。

计算机算法可以用流程图来表示。

4.1.2　流程图

流程图（Flowchart），也称框图，它是用一些几何框图、流向线和文字说明表示各种类型的操作。

计算机算法可以用流程图来表示，图 4-1、图 4-2、图 4-3、图 4-4 是用传统流程图表示的结构化程序设计的 3 种基本结构。

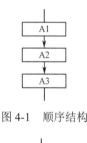

图 4-1　顺序结构

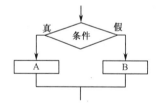

图 4-2　选择结构

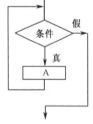

图 4-3　当型循环结构

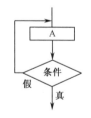

图 4-4　直到型循环结构

4.2 顺序结构

顺序结构模块是最简单的结构，其中的语句由简单语句组成。

4.2.1 顺序结构的概念

有些简单的程序是按程序语句的编写顺序依次执行的，这种结构称为顺序结构。顺序结构简单易懂，符合人们的编写和阅读习惯。在编写一些简单的程序时比较适用，顺序结构的程序流程图如图4-5所示。

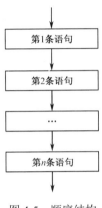

图 4-5 顺序结构

4.2.2 顺序结构的实例

本节将借助具体实例介绍编写顺序结构程序的方法。

【例4-1】 编写程序计算圆的周长和面积。

```
using System;
class Circle
{
  static void Main( )
  {
   const  double  PI= 3.142;
double  R, L, S;
  Console.Write("请输入圆的半径值: ");
  R=double.Parse(Console.ReadLine( ));
   L=2*PI*R;
   S=PI*R*R;
   Console.WriteLine("圆的周长为:{0}", L);
   Console.WriteLine("圆的面积为:{0} ", S);
  }
}
```

上面这段程序就是一个顺序执行结构，在 Circle 类的 Main( )方法中，程序依据语句出现的顺序依次执行：先在程序中输入一个半径值，后依据公式依次计算圆的周长和面积，最后将周长和面积的值输出。这是一个典型的顺序程序结构。

在上例中，有一条语句需要说明：

```
R=double.Parse(Console.ReadLine( ));
```

在该语句中，Console.ReadLine( )用于从控制台界面上读入一行字符串，但它是 string 类型的，所以需要将其显式转换为 double 型，而 Parse( )方法就用于把 string 型的字符串转换为其他基本类型。该语句中用 double 调用该方法，就表示将读入的字符串显示转换为 double 型。如果要转换为 int 型，语句就应该为 int.Parse(Console.ReadLine( ))。

为了易于用户理解，语句 R=double.Parse(Console.ReadLine( ))也可用如下 3 条语句代替：

```
string  str;
str=Console.ReadLine( );
R=double.Parse(str);
```

▐▶ 4.3 选择结构

4.3.1 选择结构的概念

用顺序结构能编写一些简单的程序，以进行简单的运算。但是，人们对计算机运算的要求并不是仅限于一些简单的运算，经常需要计算机进行逻辑判断，即给出一个条件，让计算机判断是否满足条件，并按不同的情况让计算机进行不同的处理。

例如，从键盘上输入一个数，如果它是正数，把它输出来，否则不输出；或者比较两个数的大小，输出其中较大的值；又或者输入一个考试成绩，判断它是优、良、中、及格或不及格等。这些问题都需要由计算机按给定的条件进行分析、比较和判断，并按判断后的不同情况进行处理，这就是选择结构。

选择结构是一种常用的主要基本结构，是计算机根据所给定选择条件为真与假，而决定从各实际可能的不同操作分支中执行某一分支的相应操作。图 4-6 是用选择结构流程图来表示从键盘上输入一个数，如果它是正数，就把它输出来，否则不输出。

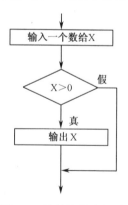

图 4-6 选择结构流程图

4.3.2 条件语句

本节将介绍如何用条件语句来实现选择结构。在 C#中，条件语句有以下几种语法规则。

1. if 语句

if 语句是基于布尔表达式的值来选择执行的语句，其语法形式如下：

```
if（表达式）
 {
  语句；
 }
```

说明：如果表达式的值为 true（即条件成立），则执行后面 if 语句所控制的语句；如果表达式的值为 false（即条件不成立），则不执行 if 语句控制的语句，而直接跳转执行控制语句后面的语句。if 语句的程序流程图如图 4-7 所示。

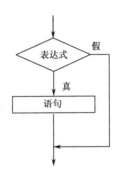

图 4-7 if 语句程序流程图

注意：如果 if 语句只控制一条语句，则大括号"{ }"可以省略。

下面是两个使用 if 语句的例子。

【例 4-2】 从键盘上输入一个数，输出它的绝对值。

```
using System;
class AbsDemo
{
 static void Main( )
 {
  int x, y;
  string str;
  Console.WriteLine("请输入 x 的值：");
  str=Console.ReadLine( );
  x=int.Parse(str);
  y=x;
  if(x<0)
   y=-x;
  Console.WriteLine("|{0}|={1} ", x, y);
 }
}
```

在上例中，if 条件表达式用于判断 x 的取值是否小于 0，如果 x 小于 0，则执行 if 语句的控制语句"y=-x"，即将 y 赋值为 x 的相反数；否则，不执行该控制语句，而保持 y 为 x 的输入值。

该程序在执行后，将提示用户输入 x 的值，当用户输入 5 并按下 Enter 键后，屏幕上输出结果如下：

```
|5|=5
```

关闭该输出窗口，再执行一遍该程序，用户可再次输入"-5"并按下 Enter 键后，屏幕上输出结果如下：

```
|-5|=5
```

注意：编译器必须在 if 表达式后面找到一个作为语句结束符的分号（；），以标志 if 语句的结束。在上例中，如果在语句"if(x<0)"后面加上一个分号，即让语句变为"if(x<0);"，则 if 语句会将其控制语句作为空语句对待，这样，不管输入的 x 值是正还是负，程序都会执行"y=-x"这条语句，即将 x 的相反数赋值给 y。这显然不符合题目的要求，许多初学者容易犯这样的错误。

2．if…else 语句

事实上，在平常编写程序的过程中，if…else 语句比 if 语句更常用，也更实用。if…else 语句的语法如下：

```
if （表达式）
 {
  语句块 1；
 }
else
 {
  语句块 2；
 }
```

说明：如果表达式的值为 true（即条件成立），则执行后面 if 语句所控制的语句块 1；如果表达式的值为 false（即条件不成立），则执行 else 语句所控制的语句块 2；然后再执行下一条语句。if…else 语句的程序流程图如图 4-8 所示。

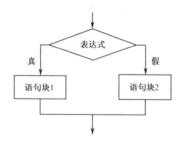

图 4-8　if…else 语句的程序流程图

下面举一个实例来说明 if…else 语句的用法。

【例 4-3】　输入一个数，对该数进行四舍五入。

```
using System;
class Value
{
static void Main( )
 {
```

```
Console.WriteLine("请输入 a 的值: ");
double  a=double.Parse(Console.ReadLine( ));
int  b;
if(a-(int)a>=0.5)
  {
  b=(int)a+1;
  }
else
  {
  b=(int)a;
  }
Console.WriteLine("{0}进行四舍五入后的值为: {1} ", a, b);
  }
}
```

说明: 在上例中,if 语句和 else 语句后的大括号“{ }”可以省略,因为它们都只控制一条语句。

在 if…else 语句中可以嵌套使用多层 if…else 语句,其一般形式如下:

```
if (表达式1)
if(表达式2)
if(表达式3)
    :
    语句1;
  else
    语句2;
else
  语句3;
else
 语句4;
```

在使用这种结构时,要注意 else 和 if 的配对关系,其原则是:从第 1 个 else 开始,一个 else 总和它上面离它最近的可配对的 if 配对。例如:

```
if (i==10)
{
    if(j<20)
      a=b;
    if (k>100)
      c=d;
    else
     a=c;                  //这个 else 与 if (k>100)相配
  }
else
   a=d;                  //这个 else 与 if (i==10)相配
```

下面这个实例是 if…else 嵌套的用法。

【例 4-4】 猜数字游戏。

```
using System;
```

```
class Guess
 {
static void Main( )
{
 int  a, answer=6;
    Console.WriteLine("要猜的数字在 0 到 9 之间。");
    Console.Write("请输入你猜的数字：");
    a=int.Parse(Console.ReadLine( ));
    if (a==answer)
      Console.WriteLine("**正确** ");
    else
      {
        Console.Write("…抱歉，你的数字");
        if (a<answer)                          //if 嵌套
          Console.WriteLine("太小了");
        else
          Console.WriteLine("太大了");
      }
    }
  }
```

该程序运行结果如下：

要猜的数字在 0 到 9 之间。
请输入你猜的数字：3
…抱歉，你的数字太小了

3．else if 语句

else if 语句是 if 语句和 if…else 语句的组合，其一般形式如下：

```
if (表达式 1)
  语句 1；
else if (表达式 2)
  语句 2；
:
else if (表达式 n−1)
  语句 n−1；
else
  语句 n；
```

说明：当表达式 1 为 true 时，执行语句 1，然后跳过整个结构执行下一条语句；当表达式 1 为 false 时，将跳过语句 1 去判断表达式 2。若表达式 2 为 true，则执行语句 2，然后跳过整个结构去执行下一条语句，若表达式 2 为 false 则跳过语句 2 去判断表达式 3，以此类推，当表达式 1、表达式 2、…、表达式 $n−1$ 全为假时，将执行语句 n，再转而执行下一条语句。else if 语句的程序流程图如图 4-9 所示。

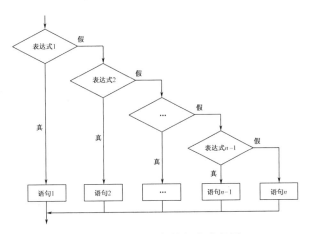

图 4-9 else if 语句的程序流程图

下面是 else if 语句的例子。

【例 4-5】 先输入一个成绩，然后判断该成绩是优、良、中、及格还是不及格。

```
using System;
class Test
{
static void Main( )
  {
Console.Write("请输入考试成绩: ");
   double score=double.Parse(Console.ReadLine( ));
   if (score>=90)
     Console.WriteLine("成绩为优");
    else if (score>=80)
     Console.WriteLine("成绩为良");
else if (score>=70)
     Console.WriteLine("成绩为中");
else if (score>=60)
     Console.WriteLine("成绩为及格");
else if (score<60)
     Console.WriteLine("成绩为不及格");
}
  }
```

该程序运行结果如下：

```
请输入考试成绩: 75
成绩为中
```

4.3.3 分支语句

当判断的条件相当多时，使用 else if 语句会让程序变得难以阅读，而分支语句（switch 语句）能提供一个相当简洁的语法，以处理复杂的条件判断。

switch 语句的一般格式如下：

```
switch （表达式）
 {
case 常量表达式 1:
    语句 1;
    break;
case 常量表达式 2:
    语句 2;
    break;
    :
case 常量表达式 n:
    语句 n;
    break;
[default:
    语句 n+1;
    break; ]
 }
```

说明：

（1）先计算 switch 后面的表达式的值。

（2）如果表达式的值等于"case 常量表达式 1"中常量表达式的值，则执行语句 1，然后通过 break 语句（该语句将在下一节介绍）退出 switch 结构，执行位于整个 switch 结构后面的语句；如果表达式的值不等于"case 常量表达式 1"中常量表达式 1 的值，则判断表达式的值是否等于常量表达式 2 的值，以此类推，直到最后一个语句。

（3）如果 switch 后的表达式与任何一个 case 后的常量表达式的值都不相等，如果有 default 语句，则执行 default 后的语句 n+1，在执行完毕后退出 switch 结构，然后执行位于整个 switch 结构下面的语句；如果没有 default 语句则直接退出 switch 结构，执行位于整个 switch 结构下面的语句。

switch 语句的程序流程图如图 4-10 所示。

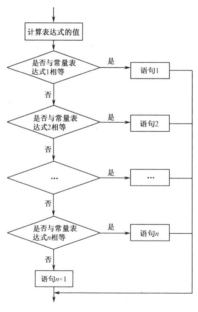

图 4-10 switch 语句的程序流程图

【例4-6】 输入一个字母，判断其为元音字母还是辅音字母。

```
using System;
class vowcon
  {
    static void Main( )
      {
        char ch;
        Console.Write("请输入一个字母: ");
        ch=(char) Console.Read( );
        switch (ch)
          {
            case 'a':
              Console.WriteLine("字母{0}是元音字母", ch);
              break;
            case 'e':
              Console.WriteLine("字母{0}是元音字母", ch);
              break;
            case 'i':
              Console.WriteLine("字母{0}是元音字母", ch);
              break;
            case 'o':
              Console.WriteLine("字母{0}是元音字母", ch);
              break;
            case 'u':
              Console.WriteLine("字母{0}是元音字母", ch);
              break;
            default:
              Console.WriteLine("字母{0}是辅音字母", ch);
              break;
          }
      }
  }
```

下面结合上例，针对C#中的switch语句做几点说明。

（1）case后面的常量表达式的类型必须与switch后面的表达式的类型相匹配，如在本例中，两个表达式的类型都是字符类型。

（2）如果在同一个switch语句中有两个或多个case后面常量表达式具有相同的值，将会出现编译错误。

（3）在switch语句中，至多只能出现一个default语句。

（4）在C#中，switch语句中的各条case语句及default语句的出现次序不是固定的，它们出现次序的不同不会对执行结果产生任何影响。

（5）在C#中，多个case可以共用一组执行语句。以上面的程序代码为例，如果将switch语句中的代码改为：

```
switch (ch)
  {
```

```
  case 'a':
  case 'e':
  case 'i':
  case 'o':
  case 'u':
   Console.WriteLine("字母{0}是元音字母", ch);
    break;
 default:
   Console.WriteLine("字母{0}是辅音字母", ch);
    break;
  }
```

对程序没有丝毫影响，反而使程序看起来更简洁。

但是，上面的语句不能写成下列形式：

```
 ...
case 'a', 'e', 'i', 'o', 'u';
  Console.WriteLine("字母{0}是元音字母", ch);
   break;
   ...
```

否则，程序在编译时会报错。

4.3.4 选择结构的实例

【**例 4-7**】 编制一个程序，从键盘上输入两个操作数和一个运算符，由计算机输出运算结果（运算符为：+、−、*、/）。

分析：设从键盘上输入的两个操作数为 a 和 b，从键盘上输入的运算符为 op。当输入的运算符为 "+" 时，输出 a+b 的结果；当输入的运算符为 "−" 时，输出 a−b 的结果；当输入的运算符为 "*" 时，输出 a*b 的结果；当输入的运算符为 "/" 时，输出 a/b 的结果。可以用 switch 语句编写程序，也可以用 if 语句的嵌套编写程序，这里给出用 switch 语句编写的程序，至于 if 语句的嵌套请读者自己完成。

程序代码为：

```
using  System;
class  Operator
{
static void Main( )
  {
    Console.Write("请输入操作数 a: ");
    double a=double.Parse(Console.ReadLine( ));
    Console.Write("请输入操作数 b: ");
    double b=double.Parse(Console.ReadLine( ));
    Console.Write("请输入运算符: ");
    char ch=(char)Console.Read( );
    switch (ch)
    {
```

```
    case '+':
        Console.WriteLine("{0}+{1}={2} ", a, b, a+b);
        break;
    case '-':
        Console.WriteLine("{0}-{1}={2}", a, b, a-b);
        break;
    case '*':
        Console.WriteLine("{0}*{1}={2}", a, b, a*b);
        break;
    case '/ ':
        Console.WriteLine("{0}/{1}={2} ", a, b, a/b);
        break;
    }
  }
}
```

【例 4-8】 假设邮局规定：

（1）凡不超过 20 千克的邮包，按每千克 0.85 元计算邮费；凡超过该重量者，每千克增收 0.15 元。

（2）每个邮包收手续费 0.50 元。

（3）需做快件投递者，增收平常邮费的 20%。

据此，设计该邮局的邮包计费程序。

分析：假设所需邮费为 x 元，邮包重量为 w 千克，邮包个数为 n 个，是否快递 t。根据题意，共有 3 项规定。

第（1）项规定，是进行单条件双分支选择，如果 $w \leq 20$，则 $x=w*0.85$，否则 $x=20*0.85+(w-20)*(0.85+0.15)$;

第（2）项规定，是在第（1）项的基础上累加收费，即 $x=x+n*0.50$;

第（3）项规定，也是进行单条件双分支选择，若 t 为"y"，则 $x=x*(1+0.2)$，否则 x 的值不变。

程序代码为：

```
using System;
class PostMoney
{
  static void Main( )
  {
        double x;
  Console.Write("请输入邮包重量: ");
    double w=double.Parse(Console.ReadLine( ));
    Console.Write("请输入邮包个数: ");
    int  n=int.Parse(Console.ReadLine( ));
    Console.Write("是否需做快件投递（y|n）? ");
    string  t=Console.ReadLine( );
    if (w<=20)
      x=w*0.85;
    else
      x=20*0.85+(w-20)*(0.85+0.15);
    x=x+n*0.5;
```

```
  if (t=="y")
    x=x*(1+0.2);
  Console.WriteLine("应付邮费：{0}元", x);
  }
}
```

4.4 循环结构

程序设计中的循环结构（简称循环）是指在程序设计中，从某处开始有规律地反复执行某一操作块（或程序块）的现象，并称重复执行的操作块（或程序块）为它的循环体。

4.4.1 循环结构的概念

循环结构是一种常见的重要基本结构。循环结构按其循环体是否嵌套从属的子循环结构，可分为单循环结构和多重循环结构。循环结构可以在很大程度上简化程序设计，并解决采用其他结构而无法解决的问题。例如，计算 1+2+3+…+10 的和，采用顺序结构的程序代码如下：

```
using  System;
class  Sum
{
 static void Main( )
 {
  int sum=0;
  sum=sum+1;
  sum=sum+2;
  sum=sum+3;
  sum=sum+4;
  sum=sum+5;
  sum=sum+6;
  sum=sum+7;
  sum=sum+8;
  sum=sum+9;
  sum=sum+10;
  Console.WriteLine("1+2+…+10 的和是：{0}", sum);
 }
}
```

在上例中，采用顺序结构依次计算累加值，当要累加的数字很少时，还比较方便，如果数字很多，例如 100 甚至更多的数字累加时，就要执行 100 甚至更多的累加语句，这给编程人员带来了极大的不方便。如果采用循环结构来编制这种程序，就相当简单了，只需要几条语句。C#提供了 4 种类型的循环结构，分别适用于不同的情形。

4.4.2　while 语句和 do-while 语句

while 语句和 do-while 语句在循环次数不固定时，相当有用。

1. while 语句

while 语句的一般语法格式为：

```
while （条件表达式）
｛
循环体
｝
```

说明：while 语句在执行时，先要判断条件表达式的值。如果 while 后面括号中的条件表达式的值为 true，即执行循环体，然后再回到 while 语句的开始处，再判断 while 后面括号中的条件表达式的值是否为 true，只要表达式一直为 true，就重复执行循环体，一直到 while 后面括号中的条件表达式的值为 false 时，才退出循环，并执行下一条语句。while 循环结构的程序流程图如图 4-11 所示。

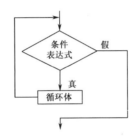

图 4-11　while 循环结构的程序流程图

【例 4-9】　使用 while 语句，计算 1+2+…+10 的和，程序代码如下。

```
using  System;
class  Sumw
｛
 static void Main( )
   ｛
    int  i=1, sum=0;
    while (i<=10)
    ｛
    sum+=i;
    i++;
    ｝
   Console.WriteLine("1+2+…+10 的和为：{0} ", sum);
  ｝
｝
```

该程序执行后的结果为：

```
1+2+…+10 的和为：55
```

分析：该程序在执行 while 语句时，先要判断表达式 i<=10 的值是否为 true，这个 i 被称为循环变量，它已经先被赋初值为 1，因此第一次循环 i<=10 的值为 true，则执行循环体中的语句：sum+=i，并通过语句 i++改变循环变量的值，循环体执行完后，又回到 while 语句的开始处，重复执行直到

i 等于 11 时，表达式的值为 false，跳出 while 循环，执行下一条语句输出累加的结果。

提示：

（1）如果 while 循环体中只包含一条语句，则 while 语句中的大括号"{ }"可以省略。如上例循环体中的语句可以改写成"sum+=i++"，此时就可以省略大括号。

（2）循环体中改变循环变量的语句应该是使循环趋向结束的语句，如果没有该语句或该语句没有使循环结束的趋势，则可能导致循环无法中止。

（3）在循环体中如果包含 break 语句，则程序执行到 break 语句时，就会结束循环。

2．do-while 语句

do-while 语句与 while 语句其实差不多，但和 while 语句不同的是，do-while 语句的判断条件在后面，而 while 语句的判断条件在前面，也就是说，在 do-while 循环中，不论条件表达式的值是什么，do-while 循环都至少要执行一次。do-while 语句的一般语法格式如下：

```
do
{
  循环体；
}
while（条件表达式）；
```

说明： 当循环执行到 do 语句后，接下来就执行循环体语句；在执行完循环体语句后，再对 while 语句括号中的条件表达式进行测试。如果表达式的值为 true，则转向 do 语句继续执行循环体语句；如果表达式的值为 false，则退出循环，执行程序的下一条语句。

do-while 语句的程序执行流程图如图 4-12 所示。

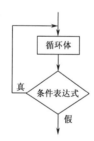

图 4-12　do-while 语句的程序执行流程图

【例 4-10】 下面的示例利用 do-while 语句实现 100 以内的偶数累加。

```
using  System;
class  EvenSum
{
 static void Main( )
  {
   int  i=0, esum=0;
   do
   {
    esum+=i;
    i+=2;
   }while(i<=100);
   Console.WriteLine("esum={0} ", esum);
```

```
    }
  }
```

该程序执行的结果为：

```
esum=2550
```

分析：该程序先将循环变量 i 的值初始化为 0，然后执行循环体中的语句 esum+=i，接下来执行 i+=2 语句，改变循环变量。将循环变量加上 2 后，再测试 while 语句中的条件表达式的值是否为 true，如果表达式的值为 true，则转到 do 语句重复执行循环体，直到 i=102 时，while 条件表达式为假，则跳出循环。

注意：在 do-while 循环语句中，while（条件表达式）后面的分号不能丢掉。

4.4.3 for 语句和 foreach 语句

for 语句和 foreach 语句都是有固定循环次数的循环语句。

1. for 语句

for 语句比 while 语句和 do-while 语句都要灵活，是一种功能更强大、更常用的循环语句。它的一般语法格式为：

```
for（表达式1；表达式2；表达式3）
{
  循环体；
}
```

for 语句的执行过程为：

（1）先计算表达式 1 的值。

（2）判断表达式 2 的值是 true 还是 false，如果表达式 2 的值为 false，则转而执行步骤（4）；如果表达式 2 的值是 true，则执行循环体中的语句，然后求表达式 3 的值。

（3）转回步骤（2）。

（4）结束循环，执行程序的下一条语句。

for 语句的程序执行流程图如图 4-13 所示。

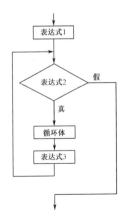

图 4-13 for 语句的程序执行流程图

【例 4-11】 使用 for 循环语句，编程输出 1～10 的每个整数的平方，程序代码如下。

```
using System;
```

```
class  square
{
  static void Main( )
  {
   int s;
   for (int i=1;i<=10;i++)
    {
      s=i*i;
      Console.Write("{0}\t ", s);
    }
  }
}
```

该程序运行后的结果如下：

```
1    4    9    16    25    36    49    64    81    100
```

分析：该程序在 for 循环语句中，先将循环变量 i 赋初值为 1，然后判断 i<=10 是否为 true，当 i<=10 的值为 true 时，执行循环体中的语句，然后执行 i++，再判断 i<=10 是否成立，直至 i=11，for 语句中的条件表达式的值为 false，则跳出循环。

下面结合上例，对 for 语句做几点说明。

（1）如果循环变量在 for 语句前已赋初值，则在 for 语句中可省略表达式 1，但要保留其后的分号。

```
...
int i=1;
for( ;i<=10;i++)
...
```

（2）在 for 语句中，可以省略表达式 2，即不判断表达式条件是否成立，循环将一直进行下去，但应保留表达式 2 后面的分号。此时，需要在循环体中添加跳出循环的控制语句。

上例中的 for 语句可以用下面的方式表示：

```
for(int i=1; ;i++)
{
  s=i*i;
  Console.Write("{0}\t ", s);
  if (i==10)
break;
}
```

（3）在 for 语句中，可以省略表达式 3。此时应在循环体中添加改变循环变量值的语句，以结束循环。

上例中的 for 语句可以用下面的方式表示：

```
for( int i=1; i<=10; )
{
  s=i*i;
  Console.Write("{0}\t ", s);
  i++;
}
```

（4）for 语句中的 3 个表达式可同时省略。此时要对循环变量赋初值，在循环体中添加跳出循环的控制语句和改变循环变量值的语句，否则，循环将一直进行下去。在同时省略 3 个表达式后，要保留表达式 1 和表达式 2 后面的分号。

上例中的 for 语句可以用下面的方式表示：

```
int i=1;
for( ; ; )
    {
    s=i*i;
    Console.Write("{0}\t ", s);
      i++;
    if (i==11)
      break;
    }
```

（5）循环语句都可以嵌套。在 C#语言中，一个循环体内可以包含一个或多个完整的循环，这样的循环称为循环的嵌套。

【例 4-12】　利用 for 循环嵌套语句，求 1!+2!+3!+…+10!的和，程序代码如下。

```
using System;
class  MultiSum
{
 static void Main( )
    {
    long  s=0, m=1;
    for (int i=1; i<=10; i++)
    {
    for (int j=1;j<=i; j++)
          m*=j;
    s=s+m;
    m=1;
    }
        Console.WriteLine("1!+2!+3!+…+10!={0} ", s);
    }
}
```

分析： 该程序是一个包含嵌套循环的二重循环，内层 for 循环用于计算某个数的阶乘；外层循环用于将 1～10 的每个数的阶乘累加起来。在内层 for 循环中，循环体中只有一条语句：m*=j，因而不需用花括号将其括起来。

2. foreach 语句

foreach 语句是 C#中新增的循环语句，它对于处理数组及集合等数据类型特别简便。foreach 语句用于列举集合中的每一个元素，并且通过执行循环体对每一个元素进行操作。foreach 语句只能对集合中的元素进行循环操作。

foreach 语句的一般语法格式如下：

```
foreach (数据类型 标识符 in 表达式)
  {
    循环体
```

```
    }
```

说明：foreach 语句中的循环变量是由数据类型和标识符声明的，循环变量在整个 foreach 语句范围内有效。在 foreach 语句执行过程中，循环变量就代表当前循环所执行的集合中的元素。每执行一次循环体，循环变量就依次将集合中的一个元素带入其中，直到把集合中的元素处理完毕，跳出 foreach 循环，转而执行程序的下一条语句。

【例 4-13】 利用 foreach 语句计算数组中的奇数与偶数的个数，程序代码如下。

```csharp
using System;
class Number
{
 static void Main( )
  {
  int evenNum=0, oddNum=0;
  int[ ] arr=new int[ ]{13,16,15,78, 26,65,39};   //定义并初始化一个一维数组
  foreach (int k in arr)                           //提取数组中的整数
  {
    if ( k%2==0)                                   //判断是否为偶数
      evenNum++;
    else
      oddNum++;
  }
  Console.WriteLine("偶数个数为：{0} 奇数个数为：{1}",evenNum, oddNum);
 }
}
```

该程序执行后的结果为：

偶数个数为：3   奇数个数为：4

上例很清楚地说明了使用 foreach 语句操作数组元素的用法。该程序在执行过程中，使用 foreach 语句遍历给定数组中的元素，对每一个数组元素使用一条 if…else 语句判断其是奇数还是偶数，以便分别统计奇数元素和偶数元素的个数，最后输出统计的结果。

在上例中，用到了数组，有关数组的概念及用法，将在本书第 5 章做详细介绍。

4.4.4 跳转语句

在 C#中还可以用跳转语句来改变程序的执行顺序。在前面介绍循环语句时，在程序代码中曾借助 break 语句跳出循环。当程序执行到 break 语句时，就会自动跳出循环，转而执行循环后的下一条语句。在程序中采用这种跳转语句，可以避免可能的死循环。C#中的跳转语句主要有 break 语句、continue 语句、goto 语句等。

1．break 语句

break 语句常用于 switch、while、do-while、for 或 foreach 等语句中。在 switch 语句中，break 语句用来使程序流程跳出 switch 语句，继续执行 switch 后面的语句；在循环语句中，break 用来从当前所在的循环内跳出。

break 语句的一般语法格式如下：

```
break;
```

break 语句通常和 if 语句配合，以在达到某种条件时从循环体内跳出的目的。在多重循环中，则是跳出 break 语句所在的循环。

【例 4-14】 计算一个整数的阶乘值，每计算一次，i 的值减 1，当 i 的值为 0 时，阶乘计算完毕，利用 break 语句使循环中止，程序代码如下。

```
using  System;
class Multi
{
  static void Main( )
   {
int   i=10;
long  mul=1;
while (true)
   {
mul*=i;
i—;
if (i==0)
{
      break;
}
}
Console.WriteLine("mul={0}", mul);
}
  }
```

该程序执行后的结果为：

```
mul=3628800
```

分析： 该程序的循环语句 while 语句的括号内直接为布尔值 true，即为永真条件，说明循环不会自行终止，在循环体内应有中止循环的语句，这里通过 if 语句和 break 语句配合，当 i 的值为 0 时，则执行 break 语句，跳出循环。

2. continue 语句

continue 语句用于 while、do-while、for 或 foreach 循环语句中。在循环语句的循环体中，当程序执行到 continue 语句时，将结束本次循环，即跳过循环体中下面尚未执行的语句，并进行下一次表达式的计算与判断，以决定是否执行下一次循环。continue 语句并不是跳出当前的循环，它只是终止一次循环，接着进行下一次循环是否执行的判定。

continue 语句的一般语法格式如下：

```
continue;
```

【例 4-15】 输出 100 以内所有能被 5 整除的数，程序代码如下。

```
using  System;
class  Output
{ static void Main( )
  {
    for (int i=1;i<=100;i++)
     {
       if (i%5!=0)
```

```
       continue;
       Console.Write("{0}\t", i);
    }
  }
}
```

该程序执行后的结果为：

5	10	15	20	25	30	35	40	45	50
55	60	65	70	75	80	85	90	95	100

分析：在执行该程序时，如果 i 不能被 5 整除，则执行 continue 语句，结束本次循环，从而不再执行后面的输出语句 Console.Write("{0}\t", i);，然后再执行下一次循环。只有当 i 能被 5 整除时，才输出 i 的值。

3. goto 语句

在 C#中，goto 语句是无条件跳转语句。当程序流程遇到 goto 语句时，就跳到它指定的位置。在操作时，goto 语句需要一个标签，标签是其后跟冒号（:）的合法的 C#标识符。标签一般放在 goto 语句要跳转到的那一条语句的前面，例如 end: a=i+8。标签在实际的程序代码中并不参与运算，只起到标记的作用。而且，标签必须和 goto 语句用在同一个方法中。

goto 语句的一般语法格式为：

```
goto 标签;
```

【例 4-16】 下面的示例会利用 goto 语句退出三重循环。

```
using  System;
class Use_goto
{
  static void Main( )
  {
    int  i, j=0, k=0;
for (i=0 ; i<10; i++)
 {
for (j=0 ; j<10; j++)
  {
for(k=0 ; k<10; k++)
   {
Console.WriteLine("i, j, k: "+i+"  "+j+"  "+k);
    if(k==3)
    goto stop;
 }
   }
  }
stop:  Console.WriteLine("Stopped! i, j, k: "+i+"  "+j+"  "+k);
  }
}
```

程序执行后的输出结果如下：

```
i, j, k: 0  0  0
i, j, k: 0  0  1
```

```
i, j, k: 0 0 2
i, j, k: 0 0 3
Stopped! i, j, k: 0 0 3
```

分析：在上例中，与 goto 语句配合使用的标签是 stop，当 k 的值为 3 时，就会通过 goto 语句跳出所有的 for 循环，而执行 stop 标签后面的语句。如果去掉 goto 语句，就要被迫使用 3 个 if 和 break 语句。

注意：goto 语句这种无条件跳转程序执行流程的功能，破坏了程序的可读性。在现在的程序设计中，已不提倡使用 goto 语句，用户在平时开发和编写程序的过程中，也应当尽量避免或严格控制使用 goto 语句。

4.4.5　循环语句的算法——循环结构的实例

【**例 4-17**】　关于百钱买百鸡问题的程序(这是个经典的老程序，当然现在早已涨价)。

某人有 100 元钱，欲买 100 只鸡。公鸡 5 元一只，母鸡 3 元一只，小鸡一元钱 3 只。问可买到公鸡、母鸡、小鸡各为多少只。

分析：设公鸡 x 只，母鸡 y 只，小鸡 z 只，可以列出两个方程：

```
x+y+z=100
5x+3y+z/3=100
```

此题用代数方法是无法求解的，因为 3 个未知数，只有 2 个方程式。可用"穷举法"来解决此问题。所谓"穷举法"就是将各种组合的可能性全部一一考虑到，对每一组合检查它是否符合给定的条件，将符合条件的输出即可。

先设 $x=0$，$y=0$，则 $z=100-x-y=100$，再检查这一组的价钱加起来是否是 100 元，经过验算，这一组的值不等于 100，所以这一组不符合要求。再看下一组，保持 x 仍为 0，而 $y=1$，则 $z=100-0-1=99$，价钱加起来为 36 元，也不符合要求。接着做下去，保持 $x=0$，使 y 依次变到 100。然后使 x 变成 1，y 再由 0 变到 100，直到 $x=100$，y 再由 0 变到 100。这样就把全部可能的组合一一测试过了。据此编出程序代码如下：

```csharp
using System;
class Test
{
static void Main( )
 {
  double x, y ,z;
  Console.WriteLine("公鸡\t 母鸡\t 小鸡");
  for ( x=0;x<=100;x++)
  {
   for (y=0;y<=100;y++)
    {
     z=100-x-y;
     if (5*x+3*y+z/3==100)
       Console.WriteLine("{0}\t{1}\t{2}",x, y, z);
    }
  }
 }
}
```

```
}
```

该程序执行后的结果为：

公鸡	母鸡	小鸡
0	25	75
4	18	78
8	11	81
12	4	84

有 4 组符合要求。这个程序无疑是正确的，但实际上不需要使 x 由 0 变到 100，y 由 0 变到 100。因为公鸡每只 5 元，100 元最多只能买 20 只公鸡，而如果 100 元全买了 20 只公鸡就买不了母鸡和小鸡，因此不符合"百钱买百鸡"的要求。所以公鸡最多只能买 19 只。同理，母鸡每只 3 元，100 元最多买 33 只。请读者将上述程序加以改进，然后将两个程序上机运行并比较它们运行的时间。

【例 4-18】 有一个数列，前两个数是 1，1，第三个数是前两个数之和，以后的每个数都是其前两个数之和。要求输出此数列的前 40 个数。

分析：此题没有任何现成的公式能直接求出第 40 个数。可用"递推法"来解决此问题。所谓"递推法"，是指在前面一个（或几个）结果的基础上推出下一个结果。设 3 个变量 $f1, f2, f3$。开始时 $f1$ 的值为数列中第一个数 1，$f2$ 为第二个数 1。显然第三个数 $f3 = f1 + f2$。在求出第三个数后，使 $f1$ 和 $f2$ 分别代表数列中的第二个数和第三个数，以便求出第四个数，以此类推，据此编出程序代码如下：

```csharp
using System;
class Next
{
 static void Main( )
 { int f1=1;
   int f2=1;
   int f3;
   Console.Write("{0}\t{1}\t ", f1, f2);
   for (int i=3 ; i<= 40; i++)
    {
      f3=f1+f2;
      Console.Write("{0}\t ", f3);
      f1=f2;
      f2=f3;
    }
  }
}
```

该程序执行后的结果如下：

1	1	2	3	5	8	13	21	34	55
89	144	233	377	610	987	1597	2584	4181	6765
10946	17711	28657	46368	75025	121393	196418	317811	514229	
	832040								
1346269		2178309		3524578		5702887		9227465	
14930352		24157817		39088169		63245986		102334155	

【例 4-19】　编制程序，求解数学灯谜。有 A．B、C、D 四个一位非负整数，它们符合下面的算式，请找出 A．B、C、D 的值。

```
    A B C D
  -   C D C
    ─────────
    A B C
```

分析：该题如果用解析法很难计算 A．B、C、D 的值，可利用计算机速度快的特点，采用"穷举法"来解决。也就是使 A．B、C、D 这 4 个数都分别从 0 变到 9，逐一检查各种组合，将满足题中所给式子的一组数输出即可。但是考虑到 A．B、C、D 这 4 个数都为 0 时，也能满足式子，但不符合题意，应使 A 由 1 变到 9，使 B、C、D 从 0 到 9。据此编出程序代码如下：

```csharp
using System;
class guess
{
 static void Main( )
  { int i, j, k;
    for (int A=1;A<=9;A++)
      for(int B=0;B<=9;B++)
        for(int C=0;C<=9;C++)
          for(int D=0;D<=9;D++)
          {
            i=A*1000+B*100+C*10+D;
            j=C*100+D*10+C;
            k=A*100+B*10+C;
            if (i-j==k)
            Console.WriteLine("A={0}\tB={1}\tC={2}\tD={3} ", A, B, C, D);
          }
  }
}
```

该程序执行后的结果如下：

```
A=1      B=0      C=9      D=8
```

4.5　异常处理

异常处理是 C#的一大特点，它吸取了 Java 在处理程序异常情况时所采取的程序结构和语法特点，使 C#也具有了异常处理能力。

4.5.1　异常处理的概念

异常就是在程序运行时发生的错误或某种意想不到的状态，如溢出、被零除、数组下标超出界限以及内存不够等。通过使用 C#异常处理系统就可以处理这些错误。C#为常见的程序错误定义了许多标准的异常（类），如除 0 错误（divide-by-zero）、访问越界（index-out-of-range）等。要对这些错误做出反应，就必须在程序中监视并处理这些异常。

在 C#中，异常是以类的形式出现的。所有异常类都必须继承自 C#内建的位于 System 命名空间中的 Exception 异常类。因此所有异常类都是 Exception 的子类。

下面简单介绍几个异常类。

（1）OutOfMemoryException：当通过 new 运算符分配内存失败时，程序将会抛出该异常。

（2）StackOverflowException：当执行栈中包含太多的待执行方法而导致空间耗尽时，程序将会抛出该异常。

（3）NullReferenceException：当 null 引用在造成引用的对象被需要的情况下使用时，程序将会抛出该异常。

（4）InvalidCastException：在执行从基类型向派生类型显式转换失败时，程序将会抛出该异常。

（5）ArrayTypeMismatchException：当向数组中保存一个与元素类型不兼容的值时，程序将会抛出该异常。

（6）IndexOutOfRangeException：当使用超出数组边界的索引时程序，程序将会抛出该异常。

（7）DivideByZreoException：当除数为 0 时，程序将会抛出这个异常。

（8）SecurityException：当检测到一个安全错误时，程序将会抛出该异常。

C#通常在两种情况下产生异常。

（1）在 C#语句和表达式的处理过程中激发了某个异常的条件，使得操作无法正常结束，引发异常。

（2）throw 语句抛出异常。

例如，当除数是 0 时，程序中就会产生一个 DivideByZeroException 异常。当程序有异常发生时，C#运行系统会捕获到它，这时 C#运行系统会报告错误并结束程序运行。

【例 4-20】 程序发生异常时的运行情况。

```
using System;
class NotHandled
  {
    static void Main()
      {
          int a=0, b=5;
          Console.WriteLine("Before exception is generateD. ");
            //产生除 0 异常
           b=b/a;
        }
    }
```

程序停止执行，并显示如下错误信息：

未处理的异常：System.DivideByZeroException：试图除以零。

当有异常发生时，程序应当合理地处理异常，如果可能，还要消除产生异常的原因，然后继续运行。在 C#中，异常处理机制将使程序运行得更稳定，并且使程序代码更清晰、简洁，增强了程序的可读性。

C#中的异常处理就是通过 throw、try、catch 和 finally 语句来实现结构化的、统一的和类型安全的异常处理机制。

4.5.2 异常的处理

C#用 4 个关键字：try、throw、catch 和 finally 管理异常处理。把可能出现异常的程序语句包含在一个 try 块中，如果 try 块中出现异常，此异常就会被抛出，使用 catch 块就可以捕获到此异常，并可以合理地处理异常。C#运行系统会自动抛出系统产生的异常，而使用关键字 throw 可以人为抛出异常。如果发生一个异常，一些善后操作（如关闭文件）可能不会被执行。这时，用户可以使用 finally 块来避免这个问题。不管是否抛出异常，finally 块中的代码都将被执行。

1. 使用 try/catch 语句来捕获异常

为了捕获并处理异常，用户可以把可能异常的语句放到 try 子句中。当这些语句在执行过程中出现异常时，try 子句就会捕获这些异常，然后转移到相应的 catch 子句中。如果在 try 子句中没有异常，就会执行 try…catch 语句后面的代码，而不会执行 catch 子句中的代码。在通常情况下，try 子句伴随着多个 catch 子句，每一个 catch 子句对应一种特定的异常，就好像 switch…case 子句一样。

try…catch 语句的一般语法格式为：

```
try
{
  语句块
}
catch(异常对象声明 1)
{
  语句块 1
}
catch (异常对象声明 2)
{
  语句块 2
}
  ⋮
```

try…catch 语句的执行过程是：当位于 try 子句中的语句产生异常时，系统就会在它对应的 catch 子句中进行查找，看是否有与抛出的、与异常类型相同的 catch 子句，如果有，就会执行该子句中的语句；如果没有，则到调用当前方法的方法中继续查找，该过程会一直继续下去，直至找到一个匹配的 catch 子句为止；如果一直没有找到，则在程序运行运行时将会产生一个未处理的异常错误。

catch 语句也可以不包含参数，即不包含异常对象声明，在这种情况下，它将捕获所有类型的异常，这就好比 switch…case 语句中的 default 语句。

【例 4-21】 下面所示的程序不仅捕获了除 0 错误，也捕获了数组访问越界错误。

程序代码如下：

```
using System;
class ExceDemo2
{
 static void Main( )
  {
    int[ ] arr1={2, 5 , 8, 3, 13, 32, 56, 61};        //这里，数组 arr1 比 arr2 长
```

```
        int[ ] arr2={1,0, 2, 3, 0, 4};
        for (int j=0; j<arr1.Length; j++)
          {
    try{
            Console.WriteLine("{0}/{1}={2}", arr1[j], arr2[j], arr1[j]/arr2[j]);
          }
        catch( DivideByZeroException e)              //捕获异常
          {
            Console.WriteLine("除数不能为0");
          }
        catch( IndexOutOfRangeException e)           //捕获异常
          {
            Console.WriteLine("数组访问越界");
          }
          }
        }
      }
```

该程序的执行结果如下：

```
2/1=2
除数不能为0
8/2=4
3/3=1
除数不能为0
32/4=8
数组访问越界
数组访问越界
```

在上例中，每个 catch 语句只响应类型相匹配的异常。

有时，需要捕获所有的异常，而不管它是什么类型的异常。使用不带参数的 catch 语句就可以做到这一点。

【例 4-22】　在本例中，只有一个"捕获所有异常"的 catch，它能捕获程序中产生的 DivideByZeroException 异常和 IndexOutOfRangeException 异常。

```
    using System;
    class  ExceDemo2
    {
     static void Main( )
      {
        int[ ] arr1={2, 5 , 8, 3, 13, 32, 56, 61};        //这里，数组 arr1 比 arr2 长
        int[ ] arr2={1,0, 2, 3, 0, 4};
        for (int j=0; j<arr1.Length; j++)
          {
    try{
            Console.WriteLine("{0}/{1}={2}", arr1[j], arr2[j], arr1[j]/arr2[j]);
          }
        catch                                              //捕获所有异常
```

```
            {
                Console.WriteLine("一些异常发生");
            }
        }
    }
}
```

该程序的执行结果如下：

```
2/1=2
一些异常发生
8/2=4
3/3=1
一些异常发生
32/4=8
一些异常发生
一些异常发生
```

2. 使用 throw 语句抛出异常

前面的程序一直捕获由 C#自动产生的异常。但使用 throw 可以人为抛出异常。

throw 的一般语法格式为：

```
throw 异常对象
```

这里，异常对象必须是 System.Exception 类型派生的类的实例。

【例 4-23】　下面的程序演示了如何人为抛出 DivideByZeroException 异常。

```
using System;
class ThrowDemo
{
    static void Main( )
    {
        try
        {
            Console.WriteLine("Before throw. ");
            throw new DivideByZeroException( );       //抛出异常
        }
        catch(DivideByZeroException e)                //捕获异常
        {
            Console.WriteLine("Exception caught. ");
        }
        Console.WriteLine("After try/catch block. ");
    }
}
```

该程序的执行结果如下：

```
Before throw.
Exception caught.
After try/catch block.
```

要注意，在 throw 语句中如何使用 new 来创建 DivideByZeroException 异常。因为 throw 抛出

的是对象，因此必须创建一个用于抛出的对象。

3. 使用 finally 语句

使用 finally 语句可以构成 try…finally 或 try…catch…finally 的形式。当与 try 块一起使用时，不管是否发生了异常，都将执行 finally 块中的语句。因此，用户可以在 finally 语句中执行一些清除资源的操作。

在 finally 语句块中不能使用 break、continue 或 goto 等语句把控制转移到 finally 语句之外。

【例 4-24】　下面程序代码演示了 finally 语句的用法。

```
using  System;
class  finallyDemo
{
 static void Main( )
  {
    try
     {
        Console.WriteLine("在 try 语句中抛出一个异常");
        throw new NullReferenceException( );
     }
    catch
    {
     Console.WriteLine("捕获所有类型的异常");
    }
    finally
    {
     Console.WriteLine("执行 finally 语句块中的语句");
    }
  }
}
```

该程序运行后的结果如下：

```
在 try 语句中抛出一个异常
捕获所有类型的异常
执行 finally 语句块中的语句
```

从上例中可以看出，finally 语句块确实得到了执行。

习　　题

4-1　选择题

（1）结构化程序设计的 3 种结构是（　　）。

　　A. 顺序结构、if 结构、for 结构　　　　　　B. if 结构、if…else 结构、else if 结构

　　C. while 结构、do…while 结构、foreach 结构　　D. 顺序结构、分支结构、循环结构

（2）已知 A. b、c 的值分别是 4、5、6，执行下面的程序段后，判断变量 n 的值为（　　）。

```
if (c<b)
```

```
    n=a+b+c;
else if (a+b<c)
    n=c-a-b;
else
    n=a+b;
```

    A. 3   B. -3   C. 9   D. 15

（3）while 语句循环结构和 do…while 语句循环结构的区别在于（   ）。

    A. while 语句的执行效率较高

    B. do…while 语句编写程序较复杂

    C. 无论条件是否成立，while 语句都要执行一次循环体

    D. do…while 循环是先执行循环体，后判断条件表达式是否成立，而 while 语句是先判断条件表达式，再决定是否执行循环体

（4）下面有关 for 语句的描述有错的是（   ）。

    A. 在使用 for 语句时，可以省略其中的某个或多个表达式，但不能同时省略全部 3 个表达式

    B. 在省略 for 语句的某个表达式时，如果该表达式后面原来带有分号，则一定要保留它所带的分号

    C. 在 for 语句的表达式中，可以直接定义循环变量，以简化代码

    D. for 语句的表达式可以全部省略

（5）下面有关 break、continue 和 goto 语句描述正确的是（   ）。

    A. break 语句和 continue 语句都是用于中止当前整个循环的

    B. 使用 break 语句可以一次跳出多重循环

    C. 使用 goto 语句可以方便地跳出多重循环，因而编程时应尽可能多地使用 goto 语句

    D. goto 语句必须和标识符配合使用，break 和 continue 语句则不然

（6）假设给出下面的代码：

```
try{
    throw new OverflowException( );
}
catch( FileNotFoundException e ) { }
catch( OverflowException e ) { }
catch( SystemExcetion e ) { }
catch{ }
finally{ }
```

则下面哪些语句会得到执行（   ）。

    A. catch(FileNotFoundException e){ }

    B. catch(OverflowException e){ }

    C. catch(SystemExcetion e){ }

    D. catch{ }

    E. finally{ }

4-2 程序阅读题

（1）指出下列程序代码中的错误。

```
do
{
j=i*3+1;
Console.WriteLine("{0} ", n);
i+=3;
}while (i<100)
```

（2）指出下列程序中的错误。

```
using System;
class  Test
{
static void  main
{
int  k;
Console.Write("请输入整数 k 的值：");
k=int.Parse(Console.ReadLine( ));
if (k<=10 )
  k=k+1;
else if (10<k<=20)
  k-=10;
else if(k>30)
  k=k*2-20;
Console.WriteLine("k={0} ", k)
}
 }
```

（3）给出下列程序的运行结果。

```
using  System;
class Demo
{
  static void Main( )
  {
    int i, j, k;
    for (i=1; i<=8; i++)
    {
      for (j=1; j<i+5; j++)
       Console.Write(" ");
      for( k=1; k<=18-i; k++)
       Console.Write(" * ");
      Console.WriteLine( );
    }
  }
}
```

4-3   编程题

（1）编程输出 1 到 100 中能被 3 整除但不能被 5 整除的数，并统计有多少个这样的数。

（2）编程输出 1000 以内的所有素数。

（3）编写一个程序，对输入的 4 个整数，求出其中的最大值和最小值。

（4）分别用 for，while，do…while 语句编写程序，实现求前 n 个自然数之和。

（5）编程：输出如下所示的九九乘法表。

```
1*1=1
2*1=2   2*2=2
3*1=3   3*2=6   3*3=9
4*1=4   4*2=8   4*3=12   4*4=16
5*1=5   5*2=10  5*3=15   5*4=20   5*5=25
6*1=6   6*2=12  6*3=18   6*4=24   6*5=30   6*6=36
7*1=7   7*2=14  7*3=21   7*4=28   7*5=35   7*6=42   7*7=49
8*1=8   8*2=16  8*3=24   8*4=32   8*5=40   8*6=48   8*7=56   8*8=64
9*1=9   9*2=18  9*3=27   9*4=36   9*5=45   9*6=54   9*7=63   9*8=72   9*9=81
```

第5章

数组、结构和枚举

数据结构和算法是程序设计的基石。本章重点介绍 C#中的 3 种主要的数据结构类型：数组、结构和枚举。深入理解这些 C#提供的强大数据结构可以使程序编写事半功倍。本章还将介绍一些常用算法，如搜索算法、排序算法的 C#实现。

⇒ 5.1 数组

数组的作用非常强大，几乎所有的编程语言都提供了数组类型，数组也是数据结构编程实现过程中必不可少的要素之一。

5.1.1 数组的概念

数组是一种数据结构，它包含大量相同类型的变量，这些变量可以通过一个数组名和数组下标来访问。包含在数组中的变量，也称为数组元素，其类型也可被称为数组元素类型。

在 C#中，数组是一维（只有一个下标）或者多维（有多个下标）的，但一维数组应用最普遍。在每一维中，数组元素的个数叫这个维的数组长度。无论是一维数组还是多维数组，每个维的下标都是从 0 开始的，结束于这个维的数组长度减 1。数组被用于各种目的，因为它提供了一种方便的手段将相关变量合成一组。例如，可以用数组保存一个月中每天的温度记录、货物平均价格的清单，或者收集的程序设计书籍。

数组的主要优点是，通过这样的一种方式组织数据使得数据容易被操纵。例如，有一个数组，它包括选定的一组家庭收入，遍历该数组，很容易计算其平均收入。而且数组以这样的方式组织数据，使得数据排序变得容易。

在实际使用数组的过程中，一般是先确定数组类型，然后根据实际情况确定数组的长度。数组长度不宜比实际中可能用到的数据大很多，数组长度太大会造成大量空间的浪费。数组长度也不宜太小，数组长度太小会导致使用过程中的数组空间不够用而溢出。

5.1.2 一维数组

由具有一个下标的数组元素所构成的数组就是一维数组。一维数组是简单的数组，例如，为了记录 30 个网上在线用户的账号，就可以使用一个长度为 30 的一维数组来处理。一维数组比较直观，使用起来相对容易。

1．一维数组的定义

数组在使用前必须先定义。定义一维数组的格式如下：

```
数组类型[ ]　数组名;
```

其中数组类型为本书前面介绍过的各种数据类型（如 double 型或类类型），它表示数组元素的类型；数组名可以是 C#合法的标识符；在数组名与数据类型之间是一组空的方括号。

例如：

```
char[ ]　CharArr;              //定义了一个字符型的一维数组
int[ ]　IntArr;               //定义了一个整型一维数组
string[ ]　StringArray;       //定义了一个字符串型一维数组
```

在定义数组后，必须对其进行初始化才能使用。初始化数组有两种方法，即动态初始化和静态初始化。

2．动态初始化

动态初始化需要借助 new 运算符，为数组元素分配内存空间，并为数组元素赋初值。动态初始化数组的格式如下：

```
数组名=new 数据类型[数组长度];
```

其中，数据类型是数组中数据元素的数据类型，数组长度可以是整型的常量或变量。

事实上，可以将数组定义与动态初始化合写在一起，格式如下：

```
数据类型[ ]　数组名=new 数据类型[数组长度];
```

例如：

```
int[ ]　IntArr=new int[5];
```

上面的语句定义了一个整型数组，它包含从 IntArr[0]到 IntArr[4]这 5 个元素。new 运算符用于创建数组，并用默认值对数组元素进行初始化。在本例中，所有数组元素的值都被初始化为 0。用户也可以为其赋予其他初始化值，程序代码如下：

```
int[ ]　IntArr=new int[5]{3,6,9,2,18};
```

此时数组元素的初始化值就是花括号中列出的元素值。

定义其他类型的数组的方法是一样的，如下面的语句用于定义一个存储 8 个字符串元素的数组，并对其进行初始化：

```
string[ ]　StringArr=new string[8];
```

3．静态初始化

如果数组中包含的元素不多，而且初始元素可以穷举时，可以采用静态初始化的方法。静态初始化数组时，必须与数组定义结合在一起，否则程序就会报错。静态初始化数组的格式如下：

```
数据类型[ ]　数组名={元素 1[，元素 2…]};
```

用这种方法对数组进行初始化时，无须说明数组元素的个数，只需按顺序列出数组中的全部元素即可，系统会自动计算并分配数组所需的内存空间。

例如：

```
int[ ]　IntArr={3,6,9,2,18};
string[ ]　StringArr={"English", "Computer", "Maths", "Chinese"};
```

4．关于一维数组初始化的几点说明

在 C#中，数组初始化是程序设计中经常容易出错的部分，为加深读者对 C#中的数组的理解，下面列出一些需要读者注意的方面。

（1）在动态初始化数组时，可以把定义与初始化操作分开在不同的语句中进行，例如：

```
int[ ]  IntArr;                        //定义数组
IntArr=new int[5];                     //动态初始化，初始化元素的值均为0
```

或者

```
IntArr=new int[5]{3,6,9,2,18};         //动态初始化，元素值为花括号中列出的值
```

此时，在 new int[5]{3,6,9,2,18}这条语句中，方括号中表示数组元素个数的"5"可以省略，因为后面的花括号中已列出了数组中的全部元素。

（2）静态初始化数组必须与数组定义结合在一条语句中，否则程序就会出错。例如：

```
int[ ]  IntArr;                        //定义数组
IntArr={3,6,9,2,18};                   //错误，定义与静态初始化分别在两条语句中
```

（3）在数组初始化语句中，如果花括号中已明确列出了数组中的元素，即确定了元素个数，则表示数组元素个数的数值（即方括号中的数值）必须是常量，并且该数值必须与数组元素个数一致。例如：

```
int  j=3;                              //定义一个整型变量j，并为j赋初值为3
int[ ]  x=new int[3]{2, 6, 8};         //正确
int[ ]  y=new int[j]{2, 6, 8};         //错误，j不是一个常量
int[ ]  z=new int[3]{2, 6, 8,13};      //错误，数组元素个数与方括号中的数值不一致
```

5．访问一维数组中的元素

定义一个数组，并对其进行初始化后，就可以访问数组中的元素了。在 C#中是通过数组名和下标值来访问数组元素的。

数组下标就是元素索引值，它代表了要被访问的数组元素在内存中的相对位置。在 C#中，数组下标从 0 开始，到数组长度减去 1 结束。在访问数组元素时，其下标可以是一个整型常量或整型表达式，例如，下面的数组元素的下标都是合法的：

```
IntArr[2], StringArr[0], IntArr[j], StringArr[2*i-1]
```

在实际的程序设计工作中，有时会由于各种原因致使下标值超越正常取值范围。在 C#中，执行程序时为了安全考虑，将检查数组下标是否越界，如果下标越界，将会抛出一个 System.IndexOutOfRangeException 的异常。

【例 5-1】 给定 10 个数：5，2，8，36，12，24，99，1，105，66，将这些数存储在数组中，并将其按从小到大的顺序输出。

解题思路与步骤：

（1）定义一个数组，如数组名为 QueArray，并将其用给定的数进行初始化。

（2）遍历数组，将 10 个数中最小的数找出来，与第 1 个位置上的数对调。其方法是：先找出存放最小的数组元素的下标，将其存放在变量 k 中，然后将 QueArray[0]和 QueArray[k]中的数对调，使 QueArray[0]中存放的是 10 个数中最小的数。

（3）再从第 2 个数到第 10 个数中找出最小的数，并按步骤（2）中的方法，将最小的数与第 2 个位置上的数对调，使 QueArray[1]中存放的是第 2 小的数。

（4）以此类推，完成整个排序过程，并输出结果。

程序代码如下：

```
using System;
class Arraysort
{   public static void Main( )
```

```
      {int i,j,k,m;
       int[ ] QueArray=new int[]{5,2,8,36,12,24,88,1,105,66};
       for(j=0;j<QueArray.Length;j++)
        {
k=j;
         for(i=j+1;i<10;i++)                   //从 j 的下一个元素起开始比较
          {
            if(QueArray[i]< QueArray[k])       //比较数组元素
              k=i;                             //使 k 为较小的数的下标
          }
          if(k!=j)
          {
           m= QueArray[j];                     //交换QueArray[k]和QueArray[j]的
           QueArray[j]= QueArray[k];           //值，从而可以从所比较的数组元素
           QueArray[k]=m;                      //中获得较小的数赋给QueArray[j]
          }
        }
       Console.WriteLine("输出排序后的结果：");
       for(j=0;j<10;j++)
         Console.Write("{0}   ", QueArray[j]); //通过 for 循环，输出数组元素值
        }
}
```

执行该程序后，程序输出结果如下：

```
输出排序后的结果：
1  2  5  8  12  24  36  66  99  105
```

在 C#中，数组下标从 0 开始，到数组长度减 1 结束。除了可以显式地指出数组长度之外，更好的做法是使用 System.Array 类的 Length 属性。数组的 Length 属性用于获取数组所包含的全部元素的个数，下面借助一个实例，说明使用 Length 属性的方法。

【例 5-2】 定义一个数组，使其元素值为其对应下标数的平方，并输出数组中的元素。

程序代码如下：

```
using System;
class ArrayLength
{
  static void Main( )
   {
    int[ ] numbers;                      //定义一个一维数组
    numbers=new int[6];                  //动态初始化数组
    for(int j=0;j< numbers.Length;j++)
      numbers[j]=j*j;                    //为数组赋值
    for(int k=0;k<numbers.Length;k++)
      Console.WriteLine("numbers[{0}]={1}", k, numbers[k]);
   }
}
```

执行该程序后，输出结果如下：

```
numbers[0]=0
numbers[1]=1
numbers[2]=4
numbers[3]=9
numbers[4]=16
numbers[5]=25
```

在上例中，使用 Length 属性省去了要确切知道数组长度的麻烦。

6. 用一维数组模拟栈操作

数组之所以在程序设计中占有很重要的地位，是因为不但数组本身就是程序设计语言中的一个重要的数据结构，而且利用数组还可以完成对其他的数据结构的实现。

栈是一种数据结构，它是一种操作受限的数组，因为它只允许用户从数组的一头进行操作，其操作原则是先进后出，或者说是后进先出。栈这种数据结构的操作主要有两个方面，一个操作叫入栈（push）操作，它的作用是把当前数据保存到栈顶，另一个操作是出栈（pop）操作，它的作用是取出栈顶的数据。

下面的例子是通过字符类型数组来模拟栈操作的。本程序能够完成对用户输入的数据按相反的顺序显示出来。在程序实现中，模拟了数据结构中栈的部分操作。程序先把用户输入的数据按顺序一个个进行入栈操作，然后再一个个地进行出栈操作并输出，由于栈的特点，先入栈的后出栈，后入栈的反而先出栈，所以输出的顺序将是输入的相反顺序。栈的操作除入栈操作和出栈操作外，还有另外一些操作，但由于这里主要讲述数组的使用，所以不讨论过多操作，只对栈定义了入栈操作和出栈操作。

【例 5-3】 用一维数组模拟栈操作。

```
using  System;
class  StackSpace
{
 static void Main( )
  {
   string Test;
   int  MaxLength=50;
   char[ ]  str=new char[MaxLength];       //定义字符数组，用于存储栈的数据
   int i;
   int CurrentPos=0;                      //栈顶指针
   Console.Write("输入要测试的字符串：");
   Test=Console.ReadLine( );              //读入字符串
   for( i=0; i<Test.Length; i++)          //将输入字符串依次入栈
    {
      if( CurrentPos>=MaxLength)          //防止栈溢出
        break;
      str[CurrentPos]=Test[i];
      CurrentPos++;
    }
   Console.Write("输入字符串的反序是：");
   for (i=0; i<Test.Length; i++)          //将栈中的字符出栈后输出
    {
```

```
        if (CurrentPos<=0)
          break;
        Console.Write(str[CurrentPos-1] );
      CurrentPos--;
      }
    }
}
```

在执行该程序后，输出结果如下：

输入要测试的字符串：How are you!

输入字符串的反序是：!uoy era woH

5.1.3 二维数组

与一维数组对应的是多维数组，在C#中，多维数组可看作数组的数组，即高维数组中的每一个元素本身也是一个低维数组，因此多维数组的定义、初始化和元素访问与一维数组都非常相似。在多维数组中，二维数组是最简单也是最常用的数组，本节主要介绍二维数组。

1．二维数组的定义

二维数组的定义与一维数组很相似，其一般语法格式如下：

数据类型[,] 数组名;

其中数据类型为数组中元素的类型，可以是前面介绍过的各种数据类型；数组名是C#中合法的标识符；数组的每一维用逗号隔开。

例如：

```
char[ , ] CharArr;              //定义一个字符型二维数组
int[ , ] IntArr;               //定义一个整型二维数组
```

定义多维数组与定义二维数组的方法相同，只是要根据定义数组的维数确定方括号中的逗号的个数，一般定义一个n(n≥2)维数组，需要的逗号个数是n−1，例如，下面语句定义的是一个三维数组：

```
string[ , , ] StringArr;          //定义一个字符串型三维数组
```

与一维数组一样，定义二维数组并不为数组元素分配内存空间，同样必须为其分配内存后才能使用。

2．二维数组的初始化

二维数组的初始化与一维数组很相似，它也包括两种初始化方法，即动态初始化和静态初始化，其初始化格式也非常相似。

动态初始化二维数组的格式如下：

数组名=new 数据类型[数组长度1，数组长度2];

其中，数组长度1和数组长度2可以是整型的常量或变量，它们分别表示数组第一维和第二维的长度。

在程序设计中，也可以将二维数组的定义与动态初始化合并在一条语句中，格式如下：

数据类型[,] 数组名=new 数据类型[数组长度1，数组长度2];

例如：

```
int[ , ] IntArr=new int[3,2];
```

在上例中，new 运算符用于创建数组，并默认对数组元素进行初始化。在上例中，所有数组元素的值都被初始化为 0。

上面的语句定义了一个二维数组，其中第 1 维的长度为 3，第 2 维的长度为 2。在二维数组中，第 1 维常常称为行，第 2 维常常称为列。这样，一个二维数组就同一个二维表格对应起来，如表 5-1 所示。

表 5-1   二维数组行列对应关系

列 行	0	1
0	IntArr[0,0]	IntArr[0,1]
1	IntArr[1,0]	IntArr[1,1]
2	IntArr[2,0]	IntArr[2,1]

可以这样理解二维数组：如果只给出二维数组的第一维下标，以一维数组来看二维数组，则这样的数组中所代表的是另一个一维数组。如 IntArr[0]代表由 2 个 int 类型的元素组成的另一个一维数组。不难算出，在 IntArr 中共有 3×2=6 个 int 型元素，这 6 个元素在内存中其实也是按顺序存放的：先存放 IntArr[0]的两个元素，接着再存放 IntArr[1]的两个元素，最后存放 IntArr[2]的两个元素。

二维数组常常用于存放矩阵，其行和列就同矩阵的行和列对应起来了。

在动态初始化二维数组时，也可以直接为其赋予初始化值，如下所示：

```
int[ , ] IntArr=new int[ , ]{{2, 3}, {5, 8}, {6,11}};
```

它所表示的数组元素的值如表 5-2 所示。

与一维数组一样，二维数组也可以进行静态初始化。例如，下面的语句定义了一个 2 行 3 列的 double 类型二维数组，并对其进行静态初始化：

```
double[ , ] DoubleArr={{1.2, 2.3, 3.4}, {4.5, 5.6, 6.7}};
```

表 5-2   数组元素值

IntArr[0,0]=2	IntArr[0,1]=3
IntArr[1,0]=5	IntArr[1,1]=8
IntArr[2,0]=6	IntArr[2,1]=11

在静态初始化二维数组时，必须与数组定义结合在一条语句中，否则程序就会报错。而动态初始化数组时，它们可以分开在不同的语句中，如下面的代码所示：

```
int[ ,] IntArr;                          //定义二维数组
IntArr=new int[ , ]{{1,3},{5,7},{9,11}}; //正确，动态初始化定义的二维数组
IntArr={{1,3},{5,7},{9,11}};             //错误，静态初始化必须与数组定义结合在一条语句中
```

在 5.1.2 节中关于一维数组初始化的几点说明同样适用于二维数组，用户只需将一维数组推广到二维数组的情形即可。

3．访问二维数组的元素

与一维数组类似，二维数组也是通过数组名和下标值来访问数组元素的，二维数组的下标值也是从 0 开始。与一维数组不同的是，二维数组需要两个下标才能唯一标识一个数组元素，其中第 1 个下标表示该元素所在的行，第 2 个下标表示该元素所在的列。如 IntArr[2,0]代表数组名为

IntArr 的二维数组中位于第 3 行、第 1 列的元素。

根据二维数组的特点，访问二维数组中的元素通常需要一个二重循环，下面通过几个实例介绍访问二维数组的方法。

【例 5-4】　本例通过二重循环，将 1 到 12 的数赋给二维数组，然后显示数组的内容。

程序代码如下：

```
using System;
class TwoArr
{
  static void Main( )
  {
    int t, i;
    int[ ,] table=new int[3,4];
    for( t=0; t<3; t++)
    {
      for (i=0; i<4; ++i)
      {
        table[t, i]=(t*4 )+i+1;
        Console.Write( table[t,i]+ " ");
      }
      Console.WriteLine( );
    }
  }
}
```

在该程序执行后，输出如果如下：

```
1  2  3  4
5  6  7  8
9  10  11  12
```

【例 5-5】　已知 5 个考生 4 门功课的考试成绩为：

考生 1	88	75	62	84
考生 2	96	85	75	92
考生 3	68	63	72	78
考生 4	95	89	76	98
考生 5	76	65	72	63

试求每位考生的平均成绩。

分析： 可以用一个二维数组存储考生的成绩，二维数组的每一行存储的是一个考生各门功课的成绩，每一列表示某一门功课的各个考生的考试成绩。将某个考生各门功课的成绩相加，然后除以课程数，即为该考生的平均成绩。可以定义一个一维数组，用于存储考生的总成绩，然后输出考生号及与其对应的平均成绩。

程序代码如下：

```
using System;
class AveGD
{    public static void Main( )
     {
```

```
        int[ ]  Ave=new int[5];                 //定义一个一维数组存储考生的总成绩
        int[ , ]  grade={{88,75,62,84},{96,85,75,92}, //定义二维数组存储考生成绩
               {68,63,72,78},{95,89,76,98},
               {76,65,72,63}};
        for(int i=0; i<5; i++)
          {
              for(int j=0; j<4; j++)
               {
                Ave[i]+=grade[i,j];              //累加考生成绩
               }
          }
        for(int k=0;k<5;k++)
            Console.WriteLine("考生{0} 平均成绩={1}  ",k+1, Ave[k]/4.0);
      }
}
```

在该程序执行后，输出结果如下：

```
考生1  平均成绩=77.25
考生2  平均成绩=87
考生3  平均成绩=70.25
考生4  平均成绩=89.5
考生5  平均成绩=69
```

5.1.4 "冒泡排序"算法——数组的实例

利用数组对存储在其中的数据进行排序是非常重要的应用之一。数据排序可以按从小到大或从大到小的规则进行。排序的方法有很多种，本节主要介绍冒泡排序法。

冒泡排序法是一种简单而又经典的排序方法。其基本思想是：将待排序序列中的数据存储在数组中，从第 1 对相邻元素开始，依次比较数组中相邻两元素的值，如果两个相邻元素是按升序排列，就保持原有位置不变；如果不是按升序排列，则交换它们的位置。这样经过第 1 轮比较后，值最大的元素就会交换到数组底部。再进行第 2 轮比较，就会使值次大的元素交换到数组倒数第 2 个元素的位置上，依次这样进行比较，就会使待排序序列中较小的元素像气泡一样冒出来，逐渐"上浮"到数组的顶部，使较大的元素逐渐"下沉"到数组的底部，这就是冒泡排序法。

【例 5-6】　给定一组数据序列：68、65、56、79、218、112、5、16、86，要求用冒泡排序法将其按升序排列。

分析：该序列中共有 9 个数据，按规则要进行 8 轮比较，其中第 1 轮两相邻元素要比较 8 次，第 2 轮则需比较 7 次，依次类推，最后的一轮即第 8 轮仅需要比较一次。

下面利用数组来存储待排序序列中的元素，并给出冒泡排序法的具体程序。
程序代码如下：

```
using System;
class sort
{
 static void Main( )
  {
```

```
int[ ] sortarray=new int[ ]{ 68, 65, 56, 79, 218, 112, 5, 16, 86};
Console.WriteLine("待排序序列: ");
for (int i=0;i<sortarray.Length; i++)          //输出待排序序列
    Console.Write("{0} ", sortarray[i]);
Console.WriteLine( );
for( int i=sortarray.Length-1;i>=0; i--)       //共进行元素个数-1轮排序
  for (int j=0; j<i; j++)                       //比较一轮
    {
      if (sortarray[j]>sortarray[j+1])          //交换排序元素
      {
        int temp= sortarray[j];
        sortarray[j]= sortarray[j+1];
        sortarray[j+1]= temp;
      }
    }
Console.WriteLine("排序完后的序列: ");
for (int i=0; i<sortarray.Length; i++)          //输出排完序后的序列
  Console.Write("{0} ", sortarray[i]);
  }
}
```

在执行该程序后，输出结果如下：

待排序序列:
68 65 56 79 218 112 5 16 86
排序完后的序列:
5 16 56 65 68 79 86 112 218

通过上面实例，可以看出用冒泡排序法编写排序程序相对容易些。

⏩ 5.2 结构类型

结构类型是指把各种不同类型数据信息组合在一起形成的组合类型。结构是用户自定义的数据类型。使用结构类型可以方便地存储多条不同类型的数据，极大地方便了编程人员对大量信息的管理。

在C#中可以使用数组来存储许多相同类型和意义的相关信息，但是如果有些数据信息由若干不同数据类型和不同意义的数据所组成（如一个学生的个人记录可能包括：学号、姓名、性别、年龄、籍贯、家庭住址、联系电话等），这些信息的类型不完全一样，就不能通过定义一个数组来存储一个学生的所有信息了，这时，就可以用C#提供的结构类型有组织地把这些不同类型的数据信息存放到一起。

5.2.1 结构的声明

结构类型也需要先声明后使用。结构类型的声明与类类型的声明很类似，不同的是声明类时要使用 class 关键字，而声明结构类型时要使用 struct 关键字，声明结构类型的一般语法格式如下：

```
struct  标识符
{
   //结构成员定义
}
```

说明：

（1）struct 关键字表示声明的是一种结构类型，就像声明类时要使用 class 关键字一样。

（2）标识符必须是 C#合法的标识符，它用来在程序中确定唯一所定义的结构。

（3）由一对花括号括起来的部分称为结构体，它定义了结构中所包含的各种成员。

【例 5-7】 定义一个学生结构类型 Student，包括：学号、姓名、年龄和所在系等信息。用一个结构类型的变量可以存放所有这些相关信息。程序代码如下：

```
struct Student                    //定义名为 Student 的结构
{
   long  no;
   string  name;
   int  age;
   string  university;

                                  //定义结构的方法成员
   void structmethod( )
   {

                                  //方法可执行代码

   }
}
```

在上面定义的结构语句中，结构体定义了结构的数据成员及方法成员。

5.2.2 结构成员的访问

结构成员可分为两类，一是实例成员，一是静态成员。若成员名前有 static 关键字，则该成员为静态成员，否则为实例成员。静态成员通过结构名来访问，而实例成员的访问是通过创建结构类型的变量来实现的。结构成员前面通常加上修饰符 public，表示该成员为公有成员，可以被外界访问。

创建结构类型的变量的一般形式如下：

```
结构名  标识符;
```

说明：结构名为已声明的结构类型的名称，标识符必须是 C#合法的标识符，它用来表示结构类型的变量。

下面将通过例 5-8，介绍访问结构成员的方法。

【例 5-8】 定义一个学生结构类型，用于存储某大学计算机系的学生信息，包括：学号、姓名和入学时间等，由学生学号计算学生考试时的准考证号，其计算规则是：准考证号=学生学号乘以 2 再减去 1000。程序代码如下：

```
using System;
struct Student                    //定义名为 Student 的结构
{
```

```
//定义结构的成员
public long  number;                                  //定义实例成员
public string  name;
public int age;
public static string department="Computer";           //定义静态成员
public long testnumber( )                             //定义实例方法成员
{
  return (number*2-1000);
  }
}
class  StruDemo
{
 static void Main( )
  {
   Student  studExap;                                //创建结构类型变量
   studExap.number=2101;
   studExap.name= "王一";
   studExap.age=18;
   Console.WriteLine("学生的个人信息如下: ");
  //通过结构类型变量访问实例成员，通过结构名访问静态成员
  Console.WriteLine("学生学号={0}  学生姓名={1}  年龄={2}  所在系={3}",
  studExap.number, studExap.name, studExap.age, Student.department);
 //通过结构类型变量访问实例方法
  Console.WriteLine("准考证号是: {0}", studExap.testnumber( ));
  }
  }
```

在该程序执行后，输出结果如下：

```
学生的个人信息如下:
学生学号=2101 学生姓名=王一  年龄=18    所在系=Computer
准考证号是: 3202
```

5.2.3　顺序查找算法——结构的实例

在各种系统软件或应用软件中，查找也是一种常见的操作。所谓"查找"，就是指在一个含有众多数据元素的集合中找出某个特定的数据元素。由于查找操作往往需要访问所有给定的数据元素以获得查找结果，所以通常也把这个过程称为"遍历"。

顺序查找的操作过程为：在一组顺序排列的数据中从第 n 个数据开始，逐个与要查找的给定数据进行比较，如果符合查找条件，则查找成功，否则继续比较，直至第一个数据。

【例 5-9】　按学号查找学生数据。本例先建立一个存储 10 个学生数据的数组，该数组的数据元素类型为结构类型 student。在 student 结构中定义了两个 string 类型的成员和一个 int 类型的成员，分别用来保存学生的学号、姓名、成绩。其中学号是可以唯一标识一个数据记录的主关键字。所谓关键字，是指用数据记录中某个数据项的值可以唯一识别一个数据记录。

为了方便验证查找结果，在实施查找操作之前将所有数据（10 个记录）全部输出显示。从控

制台接收要查找的学号，执行查找操作，如果找到目标数据，就输出对应的学号、姓名、成绩；否则输出查找失败信息。程序代码如下：

```csharp
using System;
//声明 student 结构，用于表示一个学生的完整信息
public struct student
{
  public string no, name;          //no 表示学号，name 表示姓名
  public int score;                //score 表示成绩
}
class findDemo
{
 static void Main( )
 {
  //声明数组 stu，其数据类型为结构类型 student，用于表示所有学生的数据
  student[ ]  stu=new student[10];
  //对数组元素赋值
  stu[0].no= "02";
  stu[0].name= "张三";
  stu[0].score=95;
stu[1].no= "05";
  stu[1].name= "王一";
  stu[1].score=85;
stu[2].no= "03";
  stu[2].name= "李莉";
  stu[2].score=90;
stu[3].no= "09";
  stu[3].name= "杨光";
  stu[3].score=91;
stu[4].no= "07";
  stu[4].name= "刘梅";
  stu[4].score=88;
stu[5].no= "01";
  stu[5].name= "邓芳";
  stu[5].score=98;
stu[6].no= "04";
  stu[6].name= "赵青";
  stu[6].score=86;
stu[7].no= "06";
  stu[7].name= "马里";
  stu[7].score=99;
stu[8].no= "08";
  stu[8].name= "孙琴";
  stu[8].score=87;
stu[9].no= "10";
```

```
    stu[9].name= "兰天";
    stu[9].score=96;
    //输出所有学生数据
for (int i=0;i<stu.Length; i++)
  {
    Console.WriteLine(stu[i].no+ "  "+stu[i].name+ "  "+stu[i].score);
  }
  //要求用户从控制台输入要查找的学号并用 sn 接收
  Console.Write("请输入要查找学生的学号：");
  string sn=Console.ReadLine( );
  int n=-1;
  for ( int i= stu.Length-1;i>=0; i—)
  {
    if (stu[i].no==sn)
    {
      n=i;
      break;
    }
  }
  if (n==-1)
  {
    Console.WriteLine("没有找到，查找失败！");
  }
  else
  {
    Console.Write(stu[n].no+"  ");
    Console.Write(stu[n].name+"  ");
    Console.WriteLine(stu[n].score);
  }
 }
}
```

由于本例侧重叙述顺序查找的实现方法，故涉及数据较少且数据类型较简单。在实际应用中，一个数据记录所包含的数据信息一般不止三个，而要查找的数据范围也远不止十条数据记录，查找依据的条件也往往由多个信息组合而成。无论数据结构如何复杂，基本的查找操作都是一样的。

5.3　枚举

枚举类型是用户自定义的数据类型，是一种允许用符号代表数据的值类型。枚举是指程序中某个变量具有一组确定的值，通过"枚举"可以将其值一一列出来。这样，使用枚举类型，就可以将一年的四季分别用符号 Spring、Summer、Autumn 和 Winter 来表示，将一个星期的 7 天分别用符号 Monday、Tuesday、Wednesday、Thursday、Friday、Saturday 和 Sunday 来表示，有助于用户更好地阅读和理解程序。

5.3.1　枚举类型的定义

枚举类型是一种用户自己定义的由一组指定常量集合组成的独特类型。定义枚举类型时必须使用 enum 关键字，其一般语法形式如下：

```
enum 枚举名
{枚举成员表}[;]
```

说明：

（1）说明枚举类型时，必须带上 enum 关键字。

（2）枚举名必须是 C#中合法的标识符。

（3）枚举类型中定义的所有枚举值都默认为整型。

（4）由一对花括号"{"和"}"括起来的部分是枚举成员表，枚举成员通常用用户易于理解的标识符字符串表示，它们之间用逗号隔开。与定义结构类型一样在花括号"}"后，可以选择带或不带";"符号。

下面是一个定义枚举类型的例子：

```
enum WeekDay
{Sun, Mon, Tue, Wed, Thu, Fri, Sat};
```

在上面的语句中定义了一个名称为 WeekDay 的枚举类型，它包含 Sun、Mon、Tue、Wed、Thu、Fri、Sat 这 7 个枚举成员。有了上述定义，WeekDay 本身就成了一个类型说明符，此后就可以像常量那样使用这些符号。两个枚举成员不能完全相同。

5.3.2　枚举成员的赋值

在定义枚举类型时，可以定义零个或多个枚举成员，它们实质上是枚举类型的命名常量，任何两个枚举成员都不能具有相同的名称。

在定义的枚举类型中，每一个枚举成员都有一个相对应的常量值，如在上一节定义的名为 WeekDay 的枚举类型中，其枚举成员 Sun、Mon、Tue、Wed、Thu、Fri 和 Sat 在执行程序时，分别被赋予整数值 0、1、2、3、4、5 和 6。对于枚举成员对应的常量值，在默认情况下，C#规定第 1 个枚举成员的值取 0，它后面的每一个枚举成员的值按加上 1 递增。在编写程序时，也可根据实际需要为枚举成员赋值，下面依次讨论几种不同的为枚举成员赋值的情况。

1．为第 1 个枚举成员赋值

在定义枚举类型时，为第 1 个枚举成员赋值，如例 5-10 所示。

【例 5-10】　输出枚举成员对应的整数值。程序代码如下：

```
using System;
class EnumDemo
{
enum color
{
yellow=-1,
brown,
 blue,
black,
```

```
  purple
}
static void Main( )
{
 Console.WriteLine("yellow={0} ", color.yellow);
 Console.WriteLine("yellow={0} ", (int)color.yellow);
 Console.WriteLine("brown={0} ", (int)color.brown);
 Console.WriteLine("blue={0} ", (int)color.blue);
 Console.WriteLine("black={0} ", (int)color.black);
 Console.WriteLine("purple={0} ", (int)color.purple);
}
}
```

执行该程序后，输出结果如下：

```
yellow=yellow
yellow=-1
brown=0
blue=1
black=2
purple=3
```

从上面的输出结果可以看出，为第 1 个枚举成员指定整数值后，其后的枚举成员的值是依次加 1 的。值得注意的是：枚举成员的值在不经过显式转换前，是不会变换成整数值的，这也是本程序中用两条语句输出枚举成员 yellow 的值的用意所在。第 1 条语句输出的依然是枚举成员的标识符字符串，第 2 条语句输出的则是经过显式数据类型转换的常量值。

2．为某一个枚举成员赋值

如果在定义枚举类型时，直接为某个枚举成员赋值，则其他枚举成员依次取值，如下面的代码所示：

```
enum color
{ yellow, brown, blue, black=6, purple};
```

在上面的代码中，为枚举成员 black 直接赋常量值 6，读者可以依照例 5-10 将该段代码补齐，运行程序后，输出的结果如下：

```
yellow=0
brown=1
blue=2
black=6
purple=7
```

由此可知：如果为某一个（不是按第 1 个）枚举成员赋值，则从第 1 个枚举成员到被赋值的枚举成员前的那个枚举成员是按默认方式赋值的，即第 1 个枚举成员 yellow 的值为 0，后面的枚举成员则依次往上加 1。被赋值的枚举成员取赋给它的值，即 black=6，它后面的枚举成员则在所赋值基础上依次加 1。

3．为多个枚举成员赋值

在定义枚举类型时，还可以为所有枚举成员赋值，此时可以不遵从按次序取值的原则。如下面的代码所示：

```
enum color
{ yellow, brown=3, blue, black=-3,  purple};
```

在上面的代码中，为枚举成员 brown 和 black 直接赋常量值 3 和-3，读者可依照例 5-10 将该段代码补齐，运行程序后，输出的结果如下：

```
yellow=0
brown=3
blue=4
black=-3
purple=-2
```

由输出结果可知：如果为某几个枚举成员赋值，则被赋值的枚举成员取所赋给它的值，其后的枚举成员的值依次加 1，在第 1 个被赋值的枚举成员之前的枚举成员，按默认方式赋值。

在编写程序时，也可以根据需要为所有枚举成员赋值，这样每个枚举成员都取赋给它的值，就不会存在默认赋值的情形。

4．为多个枚举成员赋同样的值

每个枚举成员都有一个与之对应的常量值，在定义枚举类型时，可以让多个枚举成员具有同样的常量值，如下面的代码所示：

```
enum color
{ yellow, brown=3, blue, black= blue,  purple};
```

在上面的代码中，通过 black=blue 这个表达式，使枚举成员 black 与 blue 对应相同的常量值，用户可以依照例 5-10 将该段代码补齐，运行程序后，输出结果如下：

```
yellow=0
brown=3
blue=4
black=4
purple=5
```

从上面的输出结果可知：因为 brown=3，所以 blue=4，因此枚举成员 black 与 blue 对应相同的常量值 4。

5.3.3　枚举成员的访问

在 C#中，可以通过枚举型变量和枚举名两种方式来访问枚举成员。

1．通过枚举型变量访问枚举成员

在通过变量访问枚举成员前，先要声明一个枚举型变量，声明枚举型变量的一般形式如下：

```
枚举类型名　变量名；
```

以前面定义的 WeekDay 枚举类型为例，要声明该类型的变量，其格式如下：

```
enum  WeekDay
{Sun, Mon, Tue, Wed, Thu, Fri, Sat};
Weekday  wd1;        //声明一个枚举型变量 wd1
```

声明枚举型变量之后，就可以用该变量访问定义的枚举成员了。上面的代码声明了一个枚举型变量 wd1，用来访问枚举成员的语句如下：

```
wd1=WeekDay.Sun;
```

这与前面介绍的为变量赋值的方式是一样的。

【**例 5-11**】 声明一个枚举类型,通过枚举型变量访问枚举成员,并输出枚举成员的常量值。
程序代码如下:

```
using System;
class EnumDemo
{
 enum color
 {
yellow=-1,
brown,
blue,
black= purple,
purple=5
}
static color color1, color2, color3, color4, color5;       //声明枚举型变量
static void Main( )
{
 color1=color.yellow;
 color2=color.brown;
 color3=color.blue;
 color4=color.black;
 color5=color.purple;
 Console.WriteLine("yellow={0}", color1);
 Console.WriteLine("yellow={0}", (int)color1);
 Console.WriteLine("brown={0}", (int)color2);
 Console.WriteLine("blue={0}", (int)color3);
 Console.WriteLine("black={0}", (int)color4);
  Console.WriteLine("purple={0}", (int)color5);
 }
}
```

在执行该程序后,输出结果如下:

```
yellow=yellow
yellow=-1
brown=0
blue=1
black=5
purple=5
```

在上例中,color1、color2、color3、color4 和 color5 都是声明的枚举型变量,通过这些变量依次访问枚举成员,然后输出变量的值。需要注意的是:赋给变量的依然是枚举成员的标识符字符串,而不是其常量值,要输出其常量值,需要做显式数据类型转换。

2. 通过枚举名访问枚举成员

通过枚举名访问枚举成员的一般形式如下:

枚举名.枚举成员;

通过枚举名访问枚举成员的方法比通过变量访问更简单，代码可读性更好。

【例5-12】 本例是通过枚举名访问枚举成员的例子。

```
using System;
class EnumTest
{
 enum Day1{sat, sun, mon, tue, wed, thu, fri};
 enum Day2{sat=5, sun, mon, tue, wed, thu, fri};
 enum Day3{sat=31, sun=1, mon=0, tue=7, wed=3, thu=0, fri=0};
 static void Main( )
 {
 int x=(int)Day1.sun;
 int y=(int)Day1.fri;
 Console.WriteLine("sun={0}  fri={1}", x, y);
 x=(int)Day2. sun;
 y=(int)Day2.fri;
 Console.WriteLine("sun={0}  fri={1}", x, y);
 x=(int)Day3. sun;
 y=(int)Day3.fri;
 Console.WriteLine("sun={0}  fri={1}", x, y);
 }
}
```

在上述程序中共定义了 3 个枚举类型，通过枚举名访问枚举成员，并把枚举成员的常量值分别赋给 x 和 y。第一个枚举类型 Day1 的枚举成员没有显式赋值，因此都是默认值。第二个枚举类型 Day2 的枚举成员只给第一个枚举元素赋了值 5，因此后面的值将自动按加 1 递增方式赋值。第三个枚举类型 Day3 的每个枚举成员的值都互不相同，因此系统就按用户定义的值给每个常量赋值。

执行该程序后，输出的结果如下：

```
sun=1  fri=6
sun=6  fri=11
sun=1  fri=0
```

枚举类型的出现，使程序的可读性大大增强，特别是当程序规模很大时，利用枚举类型既方便编程人员记忆，又不会用错。

习　　题

5-1 选择题

（1）下面是几条定义初始化一维数组的语句，指出其中正确的语句（　　）。

  A．int arr1[ ]={6,5,1,2,3};   B．int[ ] arr1=new int[ ];

  C．int[ ] arr1=new int[ ]{ 6,5,1,2,3}; D．int[ ] arr1;arr1={ 6,5,1,2,3};

（2）下面是几条动态初始化一维数组的语句，指出其中正确的语句（　　）。

  A．int[ ] arr2=new int[ ];   B．int[ ] arr2=new int[4];

  C．int[ ] arr2=new int[i]{ 6,5,1,2,3}; D．int[ ] arr2=new int[4]{ 6,5,1,2,3};

（3）下面是几条定义并初始化二维数组的语句，指出其中正确的语句（　　）。

    A．int arr3[ ][ ]=new int[4, 5];　　　　B．int[ ][ ] arr3=new int[4, 5];

    C．int arr3[,]=new int[4, 5];　　　　　D．int[,] arr3=new int[4, 5];

（4）下面有关枚举成员赋值说法正确的是（　　）。

    A．在定义枚举类型时，至少要为其中的一个枚举成员赋一个常量值

    B．在定义枚举类型时，直接为某个枚举成员赋值，则其他枚举成员依次取值

    C．在把一个枚举成员的值赋给另一个枚举成员时，可以不考虑它们在代码中出现的顺序

    D．在定义的一个枚举类型中，任何两个枚举成员都不能具有相同的常量值

5-2　程序阅读题

（1）写出下面程序的运行结果。

```
using System;
class ARRAY
{
public static void Main( )
{
  int oddsum=0;
  int evensum=0;
  int[ ] arr={0,1,2,5,7,8,12,13};
  foreach (int k in arr)
   {
    if (k%2= =0)
      evensum+=k;
    else
      oddsum+=k;
   }
  Console.WriteLine("evensum={0} ",evensum);
  Console.WriteLine("oddsum={0} ",oddsum);
  }
}
```

（2）分析下面程序的功能，并指出运行结果。

```
using  System;
public class array1
 {
  public static void Main( )
{
 int[] a={34,91,83,56,29,93,56,12,88,72};
 int i,t=0,temp=100;
 for (i=0;i<a.Length;i++)
   {
    if (a[i] <= temp)
     {
       temp=a[i];
```

```
              t=i;
          }
        }
    Console.WriteLine("该数组中最小的数为：{0} ", temp);
    Console.WriteLine("最小的数的数组下标为：{0} ",t);
  }
}
```

（3）分析下面程序的运行结果。

```
using System;
class Test
{
  static void Main( )
   {
     int[ , ] a=new int[6,6];
     a[0,0]=1;
     for (int i=1; i<=5; i++)
     {
       a[i,0]=1;
       a[i, i]=1;
       for(int j=1; j<i; j++)
        {
          a[i, j]=a[i-1, j-1]+a[i-1, j];
        }
      }
     for (int i=0; i<=5; i++)
     {
       for(int j=0; j<=i; j++)
        {
          Console.Write("{0}  ", a[i, j]);
        }
       Console.WriteLine( );
     }
  }
}
```

（4）写出下面程序的运行结果。

```
using System;
class  EnumTest
{
  enum season { spring , summer=4, autumn, winter=5};
  static void Main( )
   {
   Console.WriteLine("spring={0} ", season.spring);
   Console. WriteLine("spring={0} ", (int)season.spring);
   Console.WriteLine("summer={0} ", (int)season.summer);
```

```
    Console. WriteLine("autumn={0} ", (int)season.autumn);
    Console.WriteLine("winter={0} ", (int)season.winter);
  }
}
```

5-3 编程题

（1）定义一个行数和列数相等的二维数组，并执行初始化，然后计算该数组两条对角线上的元素值之和。

（2）建立一个一维数组，使用该数组列出所学习的课程名称。

（3）编写一个包含学生基本资料的结构类型数据（要求包括姓名、性别、年龄、身高、体重等）。

（4）编写程序，将一年中的 12 个月，建立一个枚举类型数据，并对其进行调用。

第 **6** 章

C#的面向对象程序设计

C#是面向对象的程序设计语言。面向对象的软件开发是当今计算机技术发展的重要成果和趋势之一。本章主要介绍面向对象程序设计中的基本概念及用 C#编写面向对象程序设计的方法。

▶ 6.1 面向对象程序设计的基本概念

早期的计算机是用于数学计算的工具，例如，计算机用于炮弹的飞行轨迹的计算。为了完成计算，就必须设计出计算方法。因此软件设计的主要工作就是设计求解问题。后来随着人们所处理的问题的日益复杂，程序也就越来越复杂庞大。20 世纪 60 年代产生的结构化程序设计思想，为使用面向过程的方法解决复杂问题提供了有力的手段。结构化程序设计采用的是模块分解与功能抽象，以及自顶向下、分而治之的方法，从而有效地将一个复杂的程序设计系统的设计任务分解成了许多易于控制和处理的子任务，便于程序的开发和维护。虽然结构化程序设计方法有很多优点，但它仍然具有面向过程程序设计方法的共有缺点。例如，它把数据和处理数据的过程分离为相互独立的实体。当数据结构改变时，所有相关的处理过程都要进行相应的更改，每一种相对于老问题的新方法都要带来额外的开销，程序的可重用性差。尤其随着计算机应用领域的不断扩大、问题域的不断扩大和问题域复杂性的急剧膨胀，程序的复杂性很快就会达到无法控制的地步。因此必须考虑引入新的软件开发方法。

面向对象的程序设计（Object-Oriented Programming，OOP）方法强调直接以问题域（现实世界）中的事物为中心来思考和认识问题，并按照这些事物的本质特性把它们抽象为对象，以作为构成软件系统的基础。这样，在现实世界中有哪些值得注意的事物，在程序中就有哪些对象与之对应。由于程序与现实世界间具有极强的对应关系，因此，程序可以用对象的概念很自然地进行思考，从而大大减小软件开发的难度。从程序设计本身来看，它将数据及数据的操作方法放在一起，作为一个相互依存、不可分离的整体——对象。对同类型的对象抽象出其共性，形成类。类中的大多数数据，只能用本类的方法进行处理。类通过一个简单的外部接口与外界发生关系，对象和对象之间通过消息进行通信。

这样，程序模块间的关系更为简单，程序模块的独立性、数据的安全性就有了良好的保障。在面向对象的程序设计中，包括类、对象、继承、封装、多态性等基本概念。

1. 类

在现实生活中，人们常给某一类事物冠以同样的名字。如"电子计算机"一词是对所有使用电子电路完成数据采集、运算（加工）和存储的机器的总称。虽然不同的电子计算机可能拥有不同的特征，如家用的计算机是一台装备了 Windows 操作系统的微型计算机，而气象台中用来进行天气分析的计算机可能安装的是 UNIX 操作系统，其运算速度也要比家用的计算机快许多，但是这两台计算机是同属于一种类型的事物："电子计算机"，它们有区别于其他事物的共同特征："使用电子电路完成数据采集、运算（加工）和存储"。

在面向对象理论中，类（class）就是对具有相同特征的一类事物所做的抽象（或者说归纳）。显然，用户绝对不会把掌上电脑和 MP3 播放器混淆，因为它们分别属于两种不同的类："电子计算机类"和"随身听设备类"。

在使用面向对象程序设计语言进行程序设计的过程中，需要依照程序的功能定义各种各样的类，这些类代表着程序中所存在着的各种事物的抽象（也就是归纳出来的共同特征）。

需要指出的是，类是个很抽象的概念，不仅可以用来表示具有相同特征的现实事物，也可以表示具有相同特征的抽象事物。上面所提到的"电子计算机"是一种比较具体的类，但是诸如"复数"这样的用来代表某一类型的数的类，就比较抽象了。

2．对象

类是一种抽象，而对象（object）则是实例（instance），是具体的。

"书"是一种类，它是所有书籍的总称。而"一本书名为《C#程序设计教程》的书"就是"书"这个类的一个对象，它是很具体地存在着的一本书。

在面向对象的程序设计中，类通常被当作一种模板，对象是通过模板生成的。可以简单地理解为：对象是使用类这个"模子"，一个个地"印制"出来的，一个类可以"印制"出多个对象。

如果使用如下格式来代表从一个类中生成一个对象：

```
类名　对象名;
```

则：

```
电子计算机　ComputerA;
电子计算机　ComputerB;
MP3 播放器　MPA;
```

就代表 ComputerA 和 ComputerB 是"电子计算机"类的两个不同对象、MPA 是"MP3 播放器"类的一个对象。显然，对象 ComputerA 和 ComputerB 属于同一个类，而对象 ComputerA 和对象 MPA 则属于不同的类。

3．类的属性

通常，用户不仅可以很容易地将两类事物区分开，对于同一类事物的不同个体，也可以区分。

例如，两张 CD 唱片，一张是《中国民歌集锦》，另一张是《流行歌曲集锦》，尽管它们同属于一种类型："CD 唱片"，但是由于录制了不同的内容，这两张 CD 唱片也就得以区别开来。实际上，即使是两张内容完全相同的 CD 唱片，也可以通过编号的方法来区分它们。

可见，可以通过对象的不同特征来区分同一类的不同对象。类的属性（property）就是用来保存对象的特征的，如"CD 唱片"类可能具备如下属性：

- 曲目数量
- 各个曲目的名称
- 出版者
- 节目长度
- 编号

显然，这些属性的具体值在不同 CD 唱片上是不同的。

再如"计算机"类则可能具备如下属性：

- 计算机的名称
- CPU 类型
- 内存容量
- 硬盘容量
- 主板型号
- 显示适配器型号
- 声卡型号
- 操作系统类型

通过这些属性，就可以将不同的 PC 计算机区分开。

4. 类的方法

类的方法（method）代表了一类事物所具备的动作，可以理解为一种动态的特征。例如，"石英钟"类的方法有：秒针前进一格、分针前进一格、时针前进一格等，而"录像机"类所具备的方法可以有：播放、定格、录像、倒带、快进等。

类的方法（即某类对象所具有的共同的动作）是不会自己自动发生的，而是在某种条件满足（或者说某种事件发生）时才被激发的。

"石英钟"类的"秒针前进一格"动作的发生，是因为石英晶体定时器发出了信号；"分针前进一格"动作的发生，是因为秒针按顺时针方向绕了一圈；而"时针前进一格"动作的发生，则是因为分针按顺时针方向绕了一圈。

"录像机"类的"播放""定格""录像""倒带""快进"等方法，如果操作者不按录像机的相关按钮，这些动作就永远也不会发生。

可见，一个对象通常是静态的，不会有任何动作，只有在某个事件发生时，才会激活该对象所具备的某个方法，实现某种特定功能。

5. 派生和继承

在日常生活中，常常把一些属于同一种类型的事物再细分成不同的类型。例如，乐器可以分为传统乐器和电子乐器，于是，电子键盘乐器和小提琴都是乐器，但是电子键盘乐器属于电子乐器，而小提琴属于传统乐器，这就是类之间的继承和派生关系。继承和派生只是类之间同一种关系的不同表达方法而已。对乐器而言，"乐器类"派生出"传统乐器类"和"电子乐器类"；也可以说，"传统乐器类"和"电子乐器类"是从"乐器类"继承而来的。

面向对象的程序设计允许编程人员对类进行继承（inheritance），继承后的类仍具有被继承类的特点，同时又出现新的特点。在类的继承中，被继承的类称为基类（又称为父类），由基类继承的类称为派生类（又称为子类）。派生类自动获得基类的所有属性和方法，而且可以在派生类中添加新的属性和方法。

如汽车类可以用于描述一辆普通汽车所共有的和必需的所有属性和方法，在需要定义奔驰汽车的个性化属性和方法时，可以通过继承汽车类，添加奔驰汽车专有的属性和方法，从而产生奔驰汽车类；同样的方式还可以构成宝马汽车类。

继承对于软件复用有着重要意义，特殊类继承一般类，本身就是软件复用。而且如果将开发好的类作为构件放到构件库中，当开发新系统时就可以直接使用或继承使用。

6. 多态性

多态性（polymorphy）是指同一个类的对象，在不同的场合能够表现出不同的行为和特征。

多态性主要指在一般类中定义的属性或行为，被特殊类继承之后，可以具有不同数据类型或表现出不同的行为，这使得同一个属性或行为在一般类及其各个特殊类中具有不同的语义。例如，某个属于"笔"基类的对象，在调用它的"写"方法时，程序会自动判断出它的具体类型，如果是毛笔，则调用毛笔对应的"写"方法，如果是铅笔，则调用铅笔对应的"写"方法。

7．封装

封装（encapsulation）就是所谓的信息隐藏。封装提供了外界与对象交互的控制机制，设计和实施者可以公开外界需要直接操作的属性和行为，而把其他的属性和行为隐藏在对象内部。这样可以让软件程序模块化，而且可以避免外界错误地使用属性和行为。

如汽车的例子，厂商可以把汽车的颜色公开给外界，怎么改都可以，但是防盗系统的内部构造最好隐藏起来；更换汽缸可能是可以公开的行为，但是汽缸和发动机的协调方法就没有必要让司机知道了。

6.2　类和对象

在C#中，所有的内容都被封装在类中，类是C#的基础，每个类通过属性和方法及其他一些成员来表达事物的状态和行为。事实上，编写C#程序的主要任务就是定义各种类及类中的各种成员。

6.2.1　类的声明

类是C#中的一种自定义数据类型，其声明格式为：

```
[类修饰符]class 类名[:基类类名]
  {
    类的成员;
  }[; ]
```

其中类名必须是合法的C#标识符，它将作为新定义的类的类型标识符。类的成员定义是可选的。类定义最后的分号"；"也是可选的。

以下语句定义了一个不包含任何成员的类EmptyClass：

```
class EmptyClass
  { };
```

类的修饰符有多个，C#支持的类的修饰符有：new public、protected、internal、private、abstract和sealed，其含义分别如下。

new：新建类，表示隐藏由基类中继承而来的、与基类中同名的成员。

public：公有类，表示外界可以不受限制地访问。

protected：保护类，表示该类或从该类派生的类可以访问。

internal：内部类，表示本程序的类可以访问。

private：私有类，表示只有该类才能访问。

abstract：抽象类，说明该类是一个不完整的类，只有声明而没有具体的实现。一般只能用来做其他类的基类，而不能单独使用。

sealed：密封类，说明该类不能作为其他类的基类，不能再派生新的类。

以上类的修饰符可以组合起来使用，但需要注意下面几点。

（1）在一个类声明中，同一类修饰符不能多次出现，否则会出错。

（2）new 类修饰符仅允许在嵌套类中表示类声明时使用，表明类中隐藏了由基类中继承而来的、与基类中同名的成员。

（3）在使用 public、protected、internal 和 private 这些类修饰符时，要注意这些类修饰符不仅表示所定义类的访问特性，而且还表明类中成员声明时的访问特性，并且它们的可用性也会对派生类造成影响。

（4）抽象类修饰符 abstract 和密封类修饰符 sealed 都是受限类修饰符。具有抽象类修饰符的类只能作为其他类的基类，不能直接使用。具有密封类修饰符的类不能作为其他类的基类，可以由其他类继承而来但不能再派生其他类。一个类不能同时既使用抽象类修饰符又使用密封类修饰符。

（5）省略类修饰符，则默认为私有修饰符 private。

（6）对于具有继承关系的类才有基类。如果一个类没有任何类继承，就不需要基类名选项。在 C#中，一个类只能从另一个类中继承，而不能从多个类中继承；而在 C++及其他面向对象的程序设计语言中，一个类可以从多个其他类中继承。如果一个类想继承多个类的特点，可以采用接口的方法实现。

【例 6-1】 定义一个车辆类（有 3 个变量）。

```
public class Vehicle
    {
        int passengers;            //乘客数
        int fuelcap;               //所耗燃料
        int mpg;                   //每千米耗油量
    }
```

6.2.2 类的成员

类的成员可以分为两大类：类本身所声明的，以及从基类中继承而来的。在 C#中，按照类的成员是否为函数将其分为两种，一种不以函数形式体现，称为成员变量；另一种以函数形式体现，称为成员函数。类的具体成员有以下类型。

常量：代表与该类相关的常数值。

变量：即该类的变量。

方法：实现由该类执行的计算和操作。

属性：定义类的值，并对它们执行读、写操作。

事件：由类产生的通知，用于说明发生了什么事情。

索引器：允许编程人员在访问数组时，通过索引器访问类的多个实例，又称下标指示器。

运算符：定义类的实例能使用的运算符。

构造函数：在类被实例化时先执行的函数，主要是完成对象初始化操作。

析构函数：在对象被销毁之前最后执行的函数，主要是完成对象结束时的收尾工作。

在以上各类型中，方法、属性、索引器、运算符、构造函数、析构函数都是以函数形式体现的，在这里都称为成员函数。它们一般包括可执行代码，在执行时可以完成一定的操作。其他部分都可统称为成员变量。

用户完全可以根据具体需要定义类的成员，但定义时需要注意以下原则。

（1）由于构造函数名需要和类名相同，析构函数名是在类名前加一个"～"（波浪线符号），所以其他成员名就不能命名为和类同名或在类名前加波浪符。

（2）类中的常量、变量、属性、事件等不能与其他类成员同名。

（3）类中的方法名不能和类中其他成员同名，既包括其他非方法成员，又包括其他方法成员。

1. 类成员的访问修饰符

类的每个成员都需要设定访问修饰符，不同的修饰符会造成对成员访问权限不一样。在 C#中，类成员的访问权限主要有以下 5 种。

（1）public：允许类的内部或外界直接访问。这是限制最少的一种访问方式，它的优点是使用灵活，缺点是外界有可能会破坏对象成员值的合理性。

（2）private：只允许类内部访问，不允许外界访问，也不允许派生类访问。如果没有显式指定类成员访问修饰符，默认类型为 private 修饰符。

（3）protected：不允许外界访问，但允许这个类的派生类访问。

（4）internal：允许同一个命名空间中的类访问。

（5）readonly：该成员的值只能读，不能写。也就是说，除了赋予初始值外，在程序的任何一个部分将无法更改这个成员的值。

下面的程序代码说明成员访问修饰符的作用，其中涉及对象的声明和使用，这一内容将在 6.3节中予以说明。

【例 6-2】　成员访问修饰符的作用。

```
class ClassA
{
   public int a;
   private int b;
   protected int c;
   readonly double PI=3.14;
   public void SetA( )
   {
a = 1;                    //正确，允许访问类自身公有成员
b = 2;                    //正确，允许访问类自身私有成员
c = 3;                    //正确，允许访问类自身保护成员
PI=3.1415926;            //错误，不允许修改只读成员的值
   }
}
class ClassB : ClassA
{
public void SerB( )
{
   ClassB BaseA = new ClassB( );
   BaseA.a = 11;          //正确，允许访问基类公有成员
   BaseA.b = 22;          //错误，不允许访问基类私有成员
   BaseA.c = 33;          //正确，允许访问基类保护成员
}
};
class ClassC
{
```

```
public void SetB( )
{
    ClassA BaseA = new ClassA( );
    BaseA.a = 111;              //正确，允许访问类的其他公有成员
    BaseA.b = 222;              //错误，不允许访问类的其他私有成员
    BaseA.c = 333;              //错误，不允许访问类的其他保护成员
}
}
```

2. 静态成员与非静态成员

类的成员要么为静态成员，要么为非静态成员（也叫实例成员）。声明一个静态成员只需要在声明成员的语句前加上 static 保留字。如果类的成员没有这个保留字就默认为非静态成员。二者的区别是：静态成员属于类所有，非静态成员则属于类的对象所有；访问时静态成员只能由类来访问，而非静态成员只能由对象进行访问。

类的非静态成员属于类的实例所有，每创建一个类的实例都在内存中为非静态成员开辟了一块存储区域。而类的静态成员属于类所有，为这个类的所有实例所共享。无论这个类创建了多少个对象（实例），一个静态成员在内存中只占有一块存储区域。

静态成员的访问格式：

类名.静态成员名

【例 6-3】 静态成员的访问。

```
using System;
class Myclass
{
    public  int nIndex=10;
    static public double fphi=45.6;
}
class  classTest
{
    static void Main( )
    {
        int a=Myclass.nIndex;         //错误，因为 nIndex 是非静态成员
        double b= Myclass.fphi;       //正确，因为 fphi 是静态成员
        Console.Write(b);
    }
}
```

6.2.3 对象的声明

C#程序定义类的最终目的是使用它，下面介绍如何创建类的对象，即实例化对象。
分两步：

（1）声明对象名。

格式：类名 对象名;

例：Vehicle minivan;   //定义类 Vehicle 的一个对象

（2）创建类的实例。

使用 new 关键字可以建立类的一个实例。

格式：对象名=new 类名（ ）；
　　例：minivan=new Vehicle（ ）；　　　　//创建一个实例

以上两步也可以合并成一步。

格式：类名 对象名=new 类名（ ）；
　　例：Vehicle minivan =new Vehicle（ ）；

【例6-4】　对象的声明。

```
class ClassA
{
}
class ClassB
{
void Fun( )
{
      ClassA  a;                    //对象的定义
      a = new ClassA( );            //创建一个实例
      //上面两行语句可合并为一个语句：ClassA a = new ClassA( );
}
}
```

在声明对象后，就可以通过对象访问类中的公有类型数据或成员函数，其使用格式为：

对象名.成员函数名

或

对象名.数据

【例6-5】　用对象访问类成员。

```
//类 Pen 的定义
using System;
class Pen
{
    public string Color;
    private int Price;
    public void SetPrice (int newPrice)
    {
        Price = newPrice;
    }
    public int GetPrice ( )
    {
        return Price;
    }
    public void SetColor (string newColor)
    {
        Color = newColor;
    }
    public string GetColor ( )
```

```
    {
        return Color;
    }
}
class Test
{
    public static void Main( )
    {
        Pen MyPen;
        MyPen=new Pen( );
        MyPen.SetPrice (5);
        MyPen.Color = "BLACK";
        Console.WriteLine ("The Price is {0}", MyPen.GetPrice ( ));
        Console.WriteLine ("The Color is {0}", MyPen.Color);
    }
}
```

在上面的代码中，Color 和 Price 都是类 Pen 的成员变量，后面的函数 SetPrice( )、GetPrice( )、SetColor( )和 GetColor( )就是类 Pen 的方法。

注意：为了说明成员变量修饰符的使用，成员变量 Color 设置为 public 类型，Price 设置为 private 类型，所有的成员函数都设置为 public 型。

myPen 就是类 Pen 的实例化。由于类 Pen 和类 Test 不是同一个类，而在类 Pen 中，Color 是个公有变量，Price 是私有变量，所以在类 Test 中访问类 Pen 中的这两个变量时，Color 可以直接使用，而 Price 只能通过类 Pen 提供的方法进行访问，即用 SetPrice( )设置，用 GetPrice( ) 获得 Price。

6.2.4 对象初始化器

在 C#2.0 中，开发者可以使用两种传统的初始化手段来建立对象。

其一，对对象初始化，手动指定每个属性：

```
person myperson = new person( );
myperson.FirstName = "Sott";
myperson.LastName = "Guthrie";
mypersong.Age = 13;
```

其二，调用自定义的构造函数：

```
person myperson = new person( "Scott", "Guthrie",23);
```

C#现在提供了一个初始化对象的新方法，它允许开发者在初始化对象时设定任何属性值。例如，在 C#中，上面的代码块可以写成：

```
var myperson=new person {FirstName= "Scott",LastName= "Guthrie",Age = 13};
person myperson1 = new person{ FirstName= "Scott",LastName= "Guthrie",Age = 13};
```

在上述代码中，第一句是隐式类型变量。这里并没有显式调用 person 的构造函数，仅仅是将值设置给了公共的 FirstName 属性、LastName 属性和 Age 属性。在这背后，类型的默认构造函数被调用，紧跟着将值赋给指定的属性。从这一点来说，这两种方法实际上就是"手动指定每个属性"实例的简化写法。

注意：C#会自动为开发人员生成私有字段变量，要特别注意是私有字段变量。

如果在代码中 person 类中的字段都是 public 类型，例如：

```
public class person
{
  //定义字段
  public string firstName;
  public string lastName;
  public int age;
  ...
}
```

采用新语法特性，还可以写出如下代码：

```
person myperson1 = new person{firstName = "Scott",lastName = "Guthrie",age = 13};
```

注意：在上述代码中，"firstName"是字段，而不是属性。

还有一个新特性与上述特性基本相同，唯一不同之处在于它作用于集合。对象初始化器功能强大，可以帮助开发人员更加容易且简捷地将对象添加到集合中。

在以前的语法中，如果想添加 3 个 people 到一个 person 类型的 mypeople 集合中，就必须用如下代码实现：

```
List people = new List( );
people.Add(new person{FirstName= "Scott",LastName = "Guthrie",Age = 32});
people.Add(new person{FirstName = "Bill",LastName = "Gates",Age = 50} );
people.Add(new person{FirstName= "Susanne",LastName = "Guthrie",Age= 20} );
```

在上述例子中仅使用了对象初始化器这个特性，还可以省略掉 Add( )方法，例如：

```
List<person> people = new List<person>{
new person {FirstName = "Scott",LastName = "Guthrie",Age = 32},
new person {FirstName = "Bill",LastName = "Gates",Age = 50 },
new person {FirstName= "Susanne",LastName = "Guthrie",Age = 20}
};
```

当编译器遇到如上语法时，它将自动产生集合插入代码，就像如上所示的拥有更详尽的 Add 语句的代码段一样。遗憾的是，这种初始化方式只支持用泛型的集合类，也就是说，只有实现了 System.Collections.Generic.ICollection<T>的集合类才可以使用这种初始化方法（泛型的集合类，详见 7.4.1 节）。

总之，作为开发人员，利用对象初始化器可以有更加简洁的方式来定义对象，初始化它们，然后将它们添加到集合中。在运行程序时，对象初始化所表达的语义将和本节所书写的详细语法一样正确，不必担心任何行为上的变化。

▌▶ 6.3 构造函数和析构函数

在 C#中有两个特殊的函数：构造函数和析构函数。构造函数是当类实例化时先执行的函数；析构函数是当实例（即对象）从内存中销毁前最后执行的函数。这两个函数的执行是无条件的，并且不需要程序员手动干预。也就是说，只要定义一个对象或销毁一个对象，不用显式地调用构造函数或析构函数，系统会自动在创建对象时调用构造函数，而在销毁对象时调用析构函数。

6.3.1 构造函数

在介绍构造函数之前，先返回到上面的 Pen 类的定义这个例子。在这个例子中，无论是公有成员变量 Color，还是私有成员变量 Price，在使用时都存在重大的隐患。如果把调用它的 Test 类改写，如例 6-6 所示。

【例 6-6】 例 6-5 中 Test 类的改写。

```
class Test
{ public static void Main( )
   {
    Pen myPen=new Pen( );
    Console.WriteLine("The Price is {0}",myPen.GetPrice( ));
    Console.WriteLine("The Color is {0}",myPen.Color);
   }
}
```

由于类 Pen 中的变量 Color 和 Price 没有赋初始值，随后却直接读取其值，其运行结果将因未给变量赋初始值而出错，这种错误绝对是应该避免的。在实际编程中，不同模块由不同的编程人员来完成，可能编写类 Pen 的程序员和编写类 Test 的程序员不是同一人，而后者并不知道调用类 Pen 需要进行赋值操作，在调用时就会出现错误。那如何在类 Pen 的实例生成时就自动给一些必须有初始值的变量赋值呢？使用构造函数就可以解决这个问题。

在 C#中，构造函数是特殊的成员函数，它主要用于为对象分配空间，完成初始化工作，对于值类型变量自动初始化为本身的默认值（数值类型为 0，布尔类型为 false）。而对于所有引用类型的变量，默认值为 null。

构造函数的特殊性表现在以下 5 个方面。

（1）构造函数的名字必须与类名相同。

（2）构造函数可以带参数，但没有返回值。

（3）构造函数在对象定义时被自动调用。

（4）如果没有给类定义构造函数，则编译系统会自动生成一个默认的构造函数。

（5）构造函数可以被重载，但不可以被继承。

【例 6-7】 一个 Point 类的构造函数。

```
class Point
{
   int x,y;
   public Point(int x,int y)
    {
      this.x=x;
      this.y=y;
    }
}
```

先对上面构造函数中用到的 this 关键字做一个简单介绍。C#中的 this 关键字是用来代表对象自身的，也就是说，如果用上面的构造函数去构建一个目标对象，this 便可以用来代表所构建的对象。this 一般用在构造函数中，以便区别同名的构造函数参数和类成员变量。this 的另外一个重要用途是在传送参数时，如可以用 fun（this）来将对象本身作为一个参数传送给函数 fun。

构造函数的访问修饰符一般为 public，不过如果需要，可以选择其他访问修饰符，甚至于 private。例如，在上面的 Point 类中可以加上一个 private 的构造函数，表示在外部程序中创建一个 Point 类的实例时，不能不带任何参数。

【例 6-8】 具有 private 修饰符的构造函数。

```
class Point
{
  int x,y;
  private Point( )
  {
  }
  public Point(int x,int y)
  {
  this.x=x;
  this.y=y;
  }
}
```

但是，在类 Point 内部，private 类型的构造函数仍然可以被访问。

【例 6-9】 在类 Point 内部，用函数 CreatePoint( ) 调用 private 的构造函数。

```
class Point
{
  int x,y,z;
  private Point( )
  {
    this.z=0;
  }
  public Point(int x,int y)
  {
  this.x=x;
  this.y=y;
  this.z=x+y;
  }
  public Point CreatePoint( )
  {
  Point p=new Point( );
  p.x=0;
  p.y=0;
  return p;
  }
}
```

虽然一个类的构造函数不能有任何返回值，却可以在其内部产生一个异常，以便告知外部程序，这个类类型的对象产生失败了。例如，在上述的 Point 类的例子中，可以对其参数进行检查，一旦发现任何小于零的参数，即产生一个参数非法的异常。

【例6-10】 利用构造函数产生一个异常。

```
class Point
{
    int x,y;
    public Point(int x,int y)
    {
        if ( x < 0 || y < 0 )
        {
            throw new Exception("x or y <0");
        }
        this.x=x;
        this.y=y;
    }
}
```

当然上面的异常 Exception 可以用更确切的 ArgumentException 来取代,并且构造函数可以重载。

【例6-11】 为一个类建立多个构造函数。

```
using System;
class Test
{
    public int x;
    public Test( )
     {
       x=0;
     }
    public Test(int i)
     {
       x=i;
     }
}
class test
{
    public static void Main( )
    {
        Test t0=new Test( );
        Console.WriteLine("不带参数的构造结果: {0}",t0.x);
        Test  t1=new Test(6);
        Console.WriteLine("参数为 6 的构造结果: {0}",t1.x);
    }
}
```

程序的运行结果如下:

不带参数的构造结果：0

参数为 6 的构造结果：6

因此，合理地设计和使用构造函数，能使类的功能、兼容性更加完善。

6.3.2　析构函数

析构函数也是类的特殊的成员函数，它主要用于释放类的实例。析构函数的特殊性表现在以下 4 个方面：

（1）析构函数的名字与类名相同，但它前面需要加一个浪形符号"～"。

（2）析构函数不能带参数，也没有返回值。

（3）当撤销对象时，自动调用析构函数。

（4）析构函数不能被继承，也不能被重载。

【例 6-12】　一个简单的析构函数。

```
class Point
{
  ～Point( )
  {
    System.Console.WriteLine("～Point( ) is being called");
  }
}
```

【例 6-13】　构造函数和析构函数的使用。

```
using System;
class Point
{
  int x,y,z;
  private Point( )
  {
    this.z=0;
  }

  public Point(int x,int y)
  {
    this.x=x;
    this.y=y;
    this.z=x+y;
  }
  ～Point( )
  {
    Console.WriteLine("～Point( ) is being called");
  }

  public static Point CreatePoint( )
  {
    Point p=new Point( );
    p.x=0;
    p.y=0;
    return p;
```

```
    }

public static void Main( )
{
  Point p1=new Point(1,2);
  Point p2=Point.CreatePoint( );
  Console.WriteLine("p1.z ==" +p1.z);
Console.WriteLine("p2.z ==" +p2.z);
  }
  }
```

程序的运行结果如下：

```
p1.z == 3
p2.z == 0
~Point( ) is being called
~Point( ) is being called
```

6.4 方法

类的方法成员是类中最重要的函数成员，是面向对象理论中"类的方法"在 C#中的直接实现。

6.4.1 方法的定义及调用

方法是类中用于执行计算或进行其他操作的函数成员。

1. 方法的定义

方法由方法头和方法体组成，其一般定义的格式为：

```
    修饰符　返回值类型　方法名(形式参数列表)
    {
        方法体各语句;
    }
```

说明：

（1）如果省略"方法修饰符"，默认为 private，表示该方法为类的私有成员。

（2）"返回值类型"指定该方法返回数据的类型，它可以是任何有效的类型，C#通过方法中的 return 语句得到返回值。如果方法不需要返回一个值，其返回值类型必须是 void。

（3）方法名要求满足 C#中标识符的规则，括号( )是方法的标志，不能省略。

（4）"方法参数列表"是用逗号分隔的类型、标识符对。这里的参数是形式参数，本质上是一个变量，它用来在调用方法时接收传给方法的实际参数的值，如果方法没有参数，参数列表为空。

【**例 6-14**】　方法的定义。

```
public void Test( )
    {
```

```
Console.WriteLine("How are you! ");
    }
```

2. 从方法返回

一般来说有两种情况将导致方法返回。

第一种情况：当碰到方法的结束花括号时。

第二种情况：执行到 return 语句时。

有两种形式的 return：一种用在 void 方法中（就是那些没有返回值的方法），另一种用在有返回值的方法中。

【例 6-15】 通过方法的结束花括号返回。

```
using  System;
    class Test{
    public void myMeth( )
     {
         int j;
         for(j=0;j<10;j++)
          {
            if(j%3==0)
            continue;
            Console.Write("{0}\t",j);
          }
       }
    static void Main( )
    {Test lei=new Test( );
      lei.myMeth( );
    }
  }
```

程序的运行结果为：

1	2	4	5	7	8

C#允许在一个方法中，有两个或多个 return 语句，特别是当方法有多个分支时。

【例 6-16】 通过 return 语句返回。

```
using  System;
    class Test
     {
         public void myMeth( )
          {
            int j= 8;
            if(j>=5)
             {
                j=j*2;
                Console.WriteLine(j );
              return;
             }
            else
```

```
        {
            j=j*3;
            Console.WriteLine(j );
            return;
        }
    }
    static void Main( )
    {
        Test lei=new Test( );
        lei.myMeth( );
    }
}
```

使用下述形式的 return 语句来从方法返回一个值给调用者。

格式： return value;

【例 6-17】 用 return 语句返回值。

```
public int myMeth( )
{
    int j= 8;
    if(j>=5)
    {
        return  j*2;
    }
    else
    {
        return  j*3;
    }
}
```

6.4.2 方法的参数类型

在调用方法时，可以给方法传递一个或多个值。传给方法的值叫作实参（argument），实参在方法内部，接收实参的变量叫作形参（parameter），形参在紧跟着方法名的括号中声明。形参的声明语法与变量的声明语法一样。形参只在方法内部有效，除了接收实参的值外，它与一般的变量没什么区别。

C#方法中的参数类型主要有：值参数、引用参数和输出参数。

1．值参数

未用任何修饰符声明的参数为值参数。值参数在调用该参数所属的函数成员时创建，并用调用中给定的实参值初始化。当从该函数返回时值参数被销毁。对值参数的修改不会影响原自变量。值参数通过复制原自变量的值来初始化。

【例 6-18】 使用值参数。

```
using System;
class Test
```

```
{
   public void Swap(int x,int y)
    {
       int k;
       k=x;
       x=y;
       y=k;
    }
   static void Main( )
    {
     int a=8, b=68;
     Console.WriteLine("a={0}, b={1}", a, b);
     Test  sw=new Test( );
     sw.Swap(a, b);
     Console.WriteLine("a={0}, b={1}", a, b);
    }
}
```

程序的运行结果为：

```
a=8, b=68
a=8, b=68
```

2. 引用参数

用 ref 修饰符声明的参数为引用参数。引用参数本身并不创建新的存储空间，而是将实参的存储地址传递给形参。可以认为引用参数就是调用方法时给出的变量，而不是一个新变量。在函数调用中，引用参数必须被赋初值。在调用时，传送给 ref 参数的必须是变量，类型必须相同，并且必须使用 ref 修饰。

【例 6-19】　使用引用参数。

```
using System;
class Test
 {
  public void Swap(ref int x,ref int y)
   {
      int k;
      k=x;
      x=y;
      y=k;
   }
   static void Main( )
   {
     int a=8, b=68;
     Console.WriteLine("a={0}, b={1}", a, b);
     Test  sw=new Test( );
     sw.Swap(ref a,  ref b);
     Console.WriteLine("a={0},b={1}", a, b);
```

```
    }
  }
```

程序的运行结果为：

```
a=8, b=68
a=68, b=8
```

在例 6-19 的方法 Swap( )中有 2 个引用参数 x 和 y，在方法内交换 x 和 y 的值同时也交换了原自变量 a 和 b 的值。

3．输出参数

用 out 修饰符定义的参数称为输出参数。如果希望方法返回多个值，可使用输出参数。输出参数与引用参数类似，它也不产生新的存储空间。重要的差别在于：out 参数在传入之前，可以不赋值；在方法体内，out 参数必须被赋值。在调用时，传送给 out 参数的必须是变量，类型必须相同，并且必须使用 out 修饰。

【例 6-20】 使用输出参数。

```
using System;
  public class MyClass
  {
    public string TestOut(out string i)
    {
    i="使用 out 关键字";
    return "out 参数";
  }
  public static void Main( )
  {
    string x;
    MyClass app=new MyClass( );
    Console.WriteLine(app.TestOut(out x));
    Console.WriteLine(x);
  }
}
```

程序的输出结果如下：

```
out 参数
使用 out 关键字
```

在上面的程序中，用 x 作为传递给形参 i 的实参。在声明变量 x 时，并未对 x 进行初始化。在执行方法调用后，将实参的存储地址赋予形参，从而将形参的值赋予实参，就得到了程序运行后的结果。

6.4.3　方法的重载

类中两个以上的方法（包括隐藏的继承而来的方法）取的名字相同，只要使用的参数类型或参数个数不同，编译器便知道在何种情况下应该调用何种方法，这就叫作方法的重载。

重载是面向对象编程语言的一个重要特征。通过重载，可以使多个具有相同功能但参数不同的方法共享同一个方法名。在 C#中，除了方法重载外，还可以重载构造函数与运算符，本节介绍的是方法重载。

方法重载必须遵守一个重要的约束：每一个被重载方法的参数类型或个数必须不同。当调用重载方法时，将执行形参与实参相匹配的那个方法。

【例6-21】 方法重载。

```
using System;
  class TestoverLoad
  {
    public void print(int i)
    {
      Console.WriteLine("输出的整数={0}", i);
    }
    public void print(string s)
    {
      Console.WriteLine("输出的字符串={0}", s);
    }
    public void print(double d)
    {
      Console.WriteLine("输出的双精度数={0}", d);
    }
  }
  class test
  {
    public static void Main( )
    {
      TestoverLoad app=new TestoverLoad( );
      app.print(6);
      app.print("理解方法重载了吗? ");
      app.print(3.14);
    }
  }
```

程序的运行结果为：

```
输出的整数=6
输出的字符串=理解方法重载了吗?
输出的双精度数=3.14
```

在本例中，该类有3个重载方法print，这3个重载方法的区别在于参数类型不同。

6.4.4 静态方法与非静态方法

类的成员类型有静态和非静态两种，因此方法也有静态方法和非静态方法（也叫实例方法）两种。使用static修饰符的方法称为静态方法，没有使用static修饰符的方法称为非静态方法。

静态方法和非静态方法的区别是：静态方法属于类所有，非静态方法属于用该类定义的对象（实例）所有。

【例 6-22】　使用静态方法和非静态方法。

```
using System;
class TestMethod
{
    public int a;
    static public int b;
    void Fun1( )                //定义一个非静态方法
    {
      a = 10;                   //正确，直接访问非静态成员
      b = 20;                   //正确，直接访问静态成员
    }
    static void Fun2( )         //定义一个静态成员方法
    {
      a = 10;                   //错误，不能访问非静态成员
      b = 20;                   //正确，可以访问静态成员，相当于 TestMethod.b = 20
    }
}
class Test
{
    static void Main( )
    {
        TestMethod  A = new TestMethod ( );
        A.a = 10;               //正确，访问类 TestMethod 的非静态公有成员变量
        A.b = 10;               //错误，不能通过实例访问类中静态公有成员
        TestMethod.a = 20;      //错误，不能通过类名访问类中非静态公有成员
        TestMethod.b = 20;      //正确，可以通过类名访问类 TestMethod 中的静态
                                //公有成员
    }
}
```

6.4.5　运算符的重载

在本书 3.3 节中，详细介绍了在 C#中所使用的运算符，这些运算符所针对的是基本数据类型。本节所讲述的运算符与之前介绍的运算符有些不同，这种运算符可以直接在类的实例中进行运算。例如：

```
Player person=new Player( );    //建立实例
person++;                       //实例运算
```

为类定义自己的运算符的操作，称为运算符重载（Operator Overloading）。

1. 运算符重载的声明

在 C#中，运算符重载总是在类中进行声明。实际上一个运算符重载不过是一个方法罢了，比较特别的是它的名称需要遵守一个特殊的格式来定义。所有的重载运算符的名称都是以 operator 开始，加上欲重载的运算符，而且重载运算符的方法一定是公有的且为静态的。

声明重载运算符的一般格式如下：

```
public static 返回类型  operator  运算符(参数列表)
    {
        //可执行语句
    }
```

【例6-23】　重载运算符++。

```
using System;
class a
{   int c=3;
public static a operator ++(a b)
{
    b.c=b.c+2;
    return b;
    }
  static void Main( )
  { a k=new a( );
    k++;
    Console.WriteLine(k.c);
    }
}
```

程序的运行结果为：

```
5
```

从程序的运行结果可以看出，使用的运算符++实现的不再是原有的自身加1的功能，而是将类a的成员c的值加2，这是通过运算符重载实现的。

在C#中，下列运算符都是可以重载的：

```
一元运算符: +   -   !   ~   ++   --   true   false
二元运算符: +   -   *   /   %   &   |   ^   <<   >>   ==   !=   >   <
>=   <=
```

其中，比较运算符重载必须成对出现，如果重载==，也必须重载!=，反之亦然。对于>和<，以及<=和>=同样如此。true与false也必须成对出现。

在C#中还有一些运算符是不允许重载的，如下所示：

```
=   &&   ?:   new   typeof   sizeof   is
```

2. 一元运算符重载

一元运算符重载必须使用类T的单个参数，其中+、-、! 可以返回任何类型；++或--的返回类型必须是类T，而且重载之后的++或--无法区分前缀与后缀；true和false要求返回类型是布尔类型。

【例6-24】　重载运算符true和false。

```
using System;
  public class Test
  {
    public int x;
    public static bool operator true(Test t)
    {
```

```
        return t.x!=0;
    }
    public static bool operator false(Test t)
    {
        return t.x==0;
    }
    static void Main( )
    {
      Test a=new Test( );
      a.x=5;
      if(a)
        Console.WriteLine("T is Ok! ");
      else
        Console.WriteLine("T is Bad! ");
    }
  }
```

程序的运行结果为：

```
T is Ok!
```

3．二元运算符重载

二元运算符重载必须有两个参数，而且其中至少有一个必须是声明运算符的类类型。一个二元运算符可以返回任何类型。

【例 6-25】 重载二元运算符+。

```
using System;
public class Point
{
  public int x,y,z;
    public Point(int x,int y,int z)
    {
      this.x=x;
      this.y=y;
      this.z=z;
    }
    public static Point operator +(Point d1,Point d2)
    {
      Point d=new Point(0,0,0);
      d.x=d1.x+d2.x;
      d.y=d1.y+d2.y;
      d.z=d1.z+d2.z;
      return d;
    }
}
class Test
{
static void Main( )
```

```
    {
        Point d1=new Point(1,2,3);
        Console.WriteLine("第一点坐标为:{0},{1},{2}",d1.x,d1.y,d1.z);
        Point d2=new Point(4,6,9);
        Console.WriteLine("第二点坐标为:{0},{1},{2}",d2.x,d2.y,d2.z);
        Point d3=d1+d2;
        Console.WriteLine("相加后的点坐标为:{0},{1},{2}",d3.x,d3.y,d3.z);
    }
}
```

程序的运行结果为:

第一点坐标为:1, 2, 3
第二点坐标为:4, 6, 9
相加后的点坐标为:5, 8, 12

从程序的运行中,可以看出通过重载"+"运算符,实现坐标相加的功能。

6.4.6　递归

递归是计算机科学和数学中一个很重要的工具。递归较难理解,但在编程时用好递归,有时可以大大简化程序代码,特别是对于某些问题,用常规编程方法编写程序很困难,但采用递归却能达到意想不到的效果。

在类的任何方法成员间不能嵌套定义,但允许相互调用,也可以自己调用自己。类的方法如果在方法体内直接或间接地自己调用自己(即方法的嵌套调用)就称为递归方法。

数学上有一个很典型的计算阶乘的例子,其定义与计算都是递归的。

例如,下面是计算阶乘的公式,其定义是:

$$n!= \begin{cases} 1 & \text{当 } n=0 \text{ 时} \\ n(n-1)! & \text{当 } n>0 \text{ 时} \end{cases}$$

对于上面的求解公式,可以定义下面的方法采用递归过程来求解。

【例 6-26】　采用递归过程来求解。

```
public long Fac(long n)
{
    if(n==0)                //递归结束条件
        return 1;
    else
        return n*Fac(n-1);      //递归步骤
}
```

在这段代码中,利用 if…else 语句把递归结束条件与其他表示继续递归的情况区别开来。if 语句块用来判断递归结束的条件,而 else 语句块则用来处理递归的情况。在计算 $n!$ 时,if 语句块判断唯一的递归结束条件 $n==0$,并返回值 1;else 语句块通过计算表达式 $n*Fac(n-1)$ 并返回计算结果以完成递归。

采用递归方法解决问题时分为两个步骤:先是求得范围缩小的同性质问题的结果;然后利用这个结果和一个简单的操作求得问题的最后解答。这样一个问题的解答将依赖于一个同性质问题的解答，而解答这个同性质的问题实际就是用不同的参数（体现范围缩小）来调用递归方法自身。

在执行递归操作时，C#语言把递归过程中的信息保存在堆栈中。如果无限循环地递归，或者递归次数太多，则会产生"堆栈溢出"错误。

【例 6-27】 求菲波那契（Fibonacci）数列的第 10 项。已知该数列的前两项都为 1，即 $F(1)=1$，$F(2)=1$；而后面各项满足：$F(n)=F(n-1)+F(n-2)$。

```
using System;
public class Fibnoacci
{
  public static void Main( )
  {
    Console.WriteLine("Fibonacci(10)  is "+Fib(10));
  }
static long Fib(int n)
{
  if(n==1||n==2)
    return 1;
  else
    return  Fib(n-1)+Fib(n-2);
}
}
```

以上方法是用递归方法来实现的，程序的运行结果如下：

```
Fibonacci(10) is 55
```

可以看出，用递归方法能使程序结构简单、清晰。

6.4.7 基于 Tuple 的"多"返回值

数据临时分组的最常用场景就是方法的返回值。在 C#中，如何使一个方法可返回"多个"返回值？

作为 C#7.0 新特性，在 C#7.0 中有几种不同的方式可以满足这种场景。

在 C#7 中 Tuple return types 就是多返回值的情形，示例如下。

【例 6-28】 基于 Tuple 的"多"返回值。

```
static void Main(string[] args)
{
    int int1 = 25;
    int int2 = 28;
    var result = Add_Multiply(int1, int2);
    Console.WriteLine($"Add: {result.add}, Multiply: {result.multiply}");
    //(var add, var multiply) = Add_Multiply(int1, int2);
    //Console.WriteLine($"Add: {add}, Multiply: {multiply}");
}
public (int add, int multiply) Add_Multiply(int int1, int int2)
```

```
            => (int1 + int2, int1 * int2);
```

比起 6.0 及更早的 C#，C#7.0 其实只是基于 Tuple 做了语法简化罢了，只是给人一种多个返回值的错觉。

内联 tuples：

可以如下创建 tuples。

```
var ll = new (double lat, double lng) { lat = 0, lng = 0 };
```

tuple 解构：

因为将数据捆绑作为概念不是那么重要，所以可能不想通过捆绑获取数据，而是直接获取。所以可以直接结构多返回值而不是通过捆绑的 tuple（即返回的变量 ll）。

```
(var lat, var lng) = GetLatLng("some address");
Console.WriteLine($"Lat: {lat}, Long: {lng}");
```

▌▶ 6.5 属性

属性是对现实世界中实体特征的抽象，它提供了一种对类或对象性质的访问。例如，用户姓名、文件大小、窗口标题等都可以作为属性。属性所描述的是状态信息，在类的某个实例中，属性的值表示该对象相应的状态值。

C#中的属性更充分地体现了对象的封装性：不直接操作类的数据内容，而是通过访问器进行访问（使用 get 和 set 对属性的值进行读写）。这样就为读写对象的属性的相关行为提供了某种机制，并且在访问器的编写过程中允许对类的属性进行处理。

6.5.1 属性的声明

由于属性是表达事物的状态的，因此，属性的存取方式可以是读，也可以是写。读、写属性分别用 get 及 set 进行表示。

类中的属性采用如下方式进行声明：

```
[修饰符]  属性的类型名   属性名
{
    get
    {
      //可执行语句;
    }
    set
    {
      //可执行语句;
    }
}
```

属性修饰符有 new、public、protected、internal、private、static、virtual、override 和 abstract 共 9 种。其中读、写属性的过程分别用 get 访问器及 set 访问器来表示。

【例 6-29】　在 Student 类中定义一个 No 属性。

```
class Student
```

```
{ private string myNo;
    public string No
    {
      get
      {
       return myNo;
    }
    set
    {
     myNo=value;
    }
    }
    }
```

在属性的 get 访问器中，用 return 来返回一个事物的属性值。在属性的 set 访问器中可以使用一个特殊的隐含参数 value，该参数包含用户指定的值，通常用在 set 访问器中，将用户指定的值赋值到一个类变量中。如果没有 set 访问器，则表示属性是只读的；如果没有 get 访问器则表示属性是只写的。

【例 6-30】　只读访问器和只写访问器。

```
class Circle
    {
    double pi=3.14;
    double  r;
      public double  PI
      {
        get                        //只读属性
        {
          return  pi;
        }
      }
      public double R
      { set
        {
         r=value;                  //只写属性
        }
      }
    }
```

6.5.2　属性的访问

类的属性成员的访问方法，同类的变量成员完全一样，如果属性是静态成员，则通过"类名.属性成员名"访问；如果属性是非静态成员，则通过"对象名.属性成员名"访问。虽然可以像操作变量一样操作一个属性成员，但是在属性成员内部需要向外界提供某个表达式的值，或者接受外界的值以便修改某个变量成员。

【例 6-31】　对例 6-29 中的 No 属性进行访问。

```
Student  s=new  Student( );
s.No="0851108";
Console.WriteLine(s.No);
```

对属性的访问，实际上是调用相应的 set 或 get 访问器。如在上面的代码中，s.No="0851108"表示对 s 对象的属性进行设置，相当于调用 set_No 方法；而 Console.WriteLine(s.No)表示对 s 对象的属性进行获取，相当于调用 get_No 方法。

实际上，编译器将自动产生相应的方法，如对于上面的 No 属性，产生的方法如下。

【例 6-32】　上例中的 No 属性产生的方法。

```
void set_No(string value)
   {
      myNo=value;
   }
   string get_No( )
   {
      return myNo;
   }
```

既然可以将一个变量成员定义为具有 public 权限，从而在类的外界直接修改它的值，为什么还需要定义属性成员呢？这主要是因为 public 成员没有任何安全措施。例如，如果一个类中的某个变量成员的值不允许为 0，若直接将其定义为具有 public 权限，则外界就可以将它赋值为 0，这是不安全的。通过属性来设置变量成员的值，就可以在访问器中加入代码，以判断数据的合法性。

【例 6-33】　以下是使用条件运算符进行运算，从而保证类 Person 的 myAge 不为负数。

```
   using  System;
   class  Person
   {
      private  int  myAge;
      public  int  Age
      {
      get
        {
          return  myAge;
        }
        set
        {
          myAge=value>=0?value:0;
        }
      }
   }
class Test
   {
   static void Main( )
   {
     Person p=new Person( );
```

```
        p.Age=-9;
        Console.WriteLine(p.Age);
    }
}
```

程序的运行结果为：

```
0
```

由于属性能实现只读或只写，可对用户指定的值进行有效性检查以及可以返回一些经过计算或处理过的数据。所以，在 C#中一般采取以下原则：

（1）若在类的内部记录事件的状态信息，则用类变量。

（2）类变量一般用 private 修饰，以防止对外使用。

（3）在对外公布事物的状态信息时，使用属性。

（4）属性一般与某个或某几个类变量有对应关系。

▌▶ 6.6 索引指示器

对于一个类的众多对象，如果能为对象标注下标，访问对象就会很方便。C#语言提供了索引指示器（indexer），通过给对象编写索引指示器，就能像访问数组元素一样访问对象。它的引入也是为了使编写的程序更加直观、简洁、易于理解，它以访问数组的方法来访问类的数据成员，而实际的读/写操作则是通过 get 和 set 来完成的。尤其对于一些特殊类型，其核心的数据结构包含数组，通过索引指示器可以把类的对象直接当作数组来访问，所以索引指示器也被称为"聪明数组（smart array）"。

6.6.1 定义索引指示器

在使用索引指示器前，先要定义一个索引指示器，定义索引指示器的一般格式如下：

```
[修饰符]    类型名    this[参数列表]
        {
        get
        {
          //可执行语句;
          }
        set
        {
          //可执行语句;
          }
        }
```

说明：在 set 方法中，可以使用一个特殊的隐含参数 value，用以表示用户指定的值，而 get 方法使用 return 返回所得到的值，这与属性相似，但这里没有属性名，而是用 this 表示索引。使用参数列表来表示索引的参数，这与方法相似，但与方法不同的是，索引至少需要一个参数，用方括号[ ]，而不是圆括号（），同时没有方法名，只用一个关键字 this。

【例 6-34】 定义索引指示器。

```
class MyIndexer
 {
 private string [ ] myArray=new string[4];
 public string this[int index]
  {
    get
     {
       if(index<0||index>=4)
        return null;
       else
        return myArray[index];
     }
    set
    {   if(!(index<0||index>=4))
         myArray[index]=value;
    }
  }
}
```

注意： 属性可以是静态成员，而索引指示器只能是实例成员。

6.6.2　使用索引指示器访问对象

使用索引指示器，可以像数组一样访问类的对象，只不过通过数组下标访问的是存储在数组中的数组元素，而索引指示器访问的是类的对象。

【例 6-35】 对上例中的索引指示器的使用。

```
class Test
 {
    static void Main( )
     {
        MyIndexer idx=new MyIndexer( );
        idx[0]="vivid";
        idx[1]="Miles";
        for(int i=0; i<=3; i++)
            Console.WriteLine("Element #{0}={1}",i,idx[i]);
     }
}
```

程序运行的结果如下：

```
Element #0=vivid
Element #1=Miles
Element #2=
Element #3=
```

使用"常规的"C#数组，下标数字必须是整型值。索引指示器的一个优点就是程序员可以定义整型和非整型两种下标。

【例 6-36】　使用非整型下标。

```
using System;
class Index
 {
    string[] name=new string[]{"A","B","C","D"};
    int i;
 public int this[string idx]
    {
      get
       {
         for(i=0;i<name.Length;i++)
         {
          if(idx==name[i])
            break;
         }
         if(i==name.Length)
          return -1;
         else
          return i+1;
       }
    }
    static void Main( )
    {
      Index a=new Index( );
      if(a["A"]!=-1)
        Console.WriteLine("字符 A 是序列中的第{0}个字符",a["A"]);
      else
        Console.WriteLine("序列中没有该字符");
    }
 }
```

程序的运行结果如下：

字符 A 是序列中的第 1 个字符

索引指示器能够被重载，这意味着可以声明多个索引指示器，只要它们的参数个数或类型不同。

▌▶ 6.7　委托与事件

委托，顾名思义，就是中间代理人的意思。通俗地说，委托是一个可以引用方法的对象，创建了一个委托，也就创建了一个引用方法的对象，进而就可以调用那个方法，即委托可以调用它所指向的方法。

事件是建立在委托基础上的另一个重要特性。从本质上说，事件就是当某个事情发生时，程序会自动去执行一些语句。事件是特殊化的委托，委托是事件的基础。

6.7.1　委托

使用委托可以将方法应用（不是方法）封装在委托对象内，然后将委托对象传递给调用方法的代码，这样编译的时候代码就没有必要知道调用哪个方法。通过使用委托程序能够在运行时动态地调用不同的方法，而且委托引用的方法可以改变，这样同一个委托就可以调用多个不同的方法。

在 C#中，使用委托的具体的步骤是：

（1）声明一个委托，其参数形式一定要和想要包含的方法的参数形式一致。

（2）定义所有要定义的方法，其参数形式和第一步中声明的委托对象的参数形式必须相同。

（3）创建委托对象并将所希望的方法包含在该委托对象中。

（4）通过委托对象调用包含在其中的各个方法。

步骤 1：声明一个委托。

格式：

```
[修饰符] delegate 返回类型　委托名(参数列表);
```

【例 6-37】　委托的声明。

```
public delegate void MyDelegate1(string input);
public delegate double  MyDelegate2( );
```

声明一个委托的对象，与声明一个普通类对象的方式一样：

```
委托名　　委托对象名;
```

委托对象的声明。

```
MyDelegate1    a;
MyDelegate2    b;
```

步骤 2：定义方法，其参数形式和步骤 1 中声明的委托对象必须相同。

【例 6-38】　定义方法。

```
class MyClass1
{
    public void dMethod1(string input)
    {
     Console.WriteLine("Method1 传递的参数是 {0}",input);
    }
    public void dMethod2(string input)
    {
    Console.WriteLine(" Method2 传递的参数是 {0}",input);
    }
}
```

步骤 3：创建一个委托对象并将上面的方法包含其中，如下例。

【例 6-39】　在委托对象中包含方法。

```
MyClass1 c2=new MyClass1( );
MyDelegate1 d1;
d1 = new MyDelegate1(c2.dMethod1);
MyDelegate1 d2 = new MyDelegate1(c2.dMethod2);
```

步骤 4：通过委托对象调用包含在其中的方法。

【例6-40】 调用委托对象包含的方法。

```
d1("abc");
d2("123");
```

【例6-41】 将上面的4个步骤合在一起。

```
using System;
delegate int MyDelegate( );
class  MyClass
  {
  public int M1( )
    {
    Console.WriteLine("调用的是实例的方法");
    return 0;
    }
  public static int M2( )
    {
    Console.WriteLine("调用的是静态的方法");
    return 0;
    }
  }
class Test
  { static  void Main( )
    {
    MyClass w=new MyClass( );
    MyDelegate p=new MyDelegate(w.M1);
    p( );
    p=new MyDelegate(MyClass.M2);
    p( );
    }
}
```

程序的运行结果如下：

```
调用的是实例的方法
调用的是静态的方法
```

委托对象可以封装多个方法，这些方法的集合称为调用列表。委托使用"+""+=""–"和"–="运算符向调用列表中增加或移除方法。委托加减运算后的结果，如果其中不包含方法，则结果为null。

【例6-42】 在委托对象中封装多个方法。

```
MyClass w=new MyClass( );
MyDelegate  a=new MyDelegate(w.M1);
MyDelegate  b=new MyDelegate(MyClass.M2);
MyDelegate    c=a+b;
c( );                 //先调用M1( )方法,再调用M2( )方法
c–=a;
c–=b;                 //这时 c 的值为 null
```

6.7.2　事件

事件是对象发送的消息，发送信号通知客户触发了操作。这个操作可能是由鼠标单击引起的，也可能是由某些其他的程序逻辑触发的。事件的发送方不需要知道是哪个对象或者方法接收它引发的事件，发送方只需要知道在它和接收方之间存在的中介（Delegate）。

事件工作过程如下：关心某事件的对象向事件中注册事件处理程序，当事件发生时，会调用所有已注册的事件处理程序。事件处理程序要用委托来表示。

1．事件的声明

事件是类成员，以关键字 event 声明。

格式：

[修饰符]　　event　　委托名　　事件名；

所有的事件是通过委托来激活的，其返回值类型一般是 void 型。

例：delegate void MyEventHandler( );

事件的声明为：

```
class MyEvent
{  public event MyEventHandler activate;    //activate 就是一个事件名
    …

}
```

2．事件的预订与取消

事件的预订就是向委托的调用列表中添加方法，是通过为事件加上运算符+=来实现的。

格式：

事件名+=new　委托名(方法名)；

例：MyEvent　evt=new　MyEvent( );

　　　evt.activate+=new　MyEventHandler(handler);

又例：

　　　OkButton.Click += new EventHandler(OkButtonClick);

这样，只要事件被触发，所预定的方法就会被调用。

与之相对的是，事件的撤销则采用左运算符–=来实现。

格式：

事件名–=new　委托名(方法名)；

例：OkButton.Click -= new EventHandler(OkButtonClick);

值得注意的是，在声明事件的类的外部，对于事件的操作只能用+=及–=，而不能用其他任何运算符，如赋值"="、判断是否为空"=="等。但在声明事件的类型的上下文中（即所在类的程序内部），用这些运算符是可以的。

3．事件的发生

事件的发生就是对事件相对应的委托的调用，也就是委托的调用列表中所包含的各个方法的调用。

格式：

　　事件名(参数)；

【例6-43】　演示事件的声明、事件的预订、事件的发生。

```
using System;
```

```
delegate void MyEventHandler( );              //为事件建立一个委托
class  MyEvent
{
    public event MyEventHandler activate;     //声明一个事件
    public void fire( )                       //调用这个方法来触发事件
    {
        if(activate!=null)
            activate( );                      //事件发生
    }
}
class Test
{
    static void handler( )

    Console.WriteLine("事件发生");
    }
    static  void Main( )
    {
        MyEvent evt=new MyEvent( );
        //把方法 handler( )添加到事件列表中
        evt.activate+=new MyEventHandler(handler);
        evt.fire( );                          //调用触发事件的方法
    }
}
```

在 C#中，允许各种委托应用于事件中，但在典型的应用中，委托的常用格式如下：

```
delegate void  委托名(object  sender, EventArgs e);
```

其中，返回类型为 void，委托名中有两个参数，分别表示事件的发出者及事件发生时的一些参数，这种典型的情况广泛应用于窗体中处理的各种事件。

【例 6-44】 事件的典型应用。

```
public delegate  void  EventHandler(object  sender, EventArgs e);
  …
public event EventHandler  Click;
  …
Button    okButton=new  Button( );
okButton.Click+=new  EventHandler(okButton_Click);
  …
void  okButton_Click(object  sender, EventArgs  e)
  {
      …
  }
…
```

在上面的代码中，okButton 是 Button 类的实例。Button 类中有一个事件 Click。使用预订事件符号 "+=" 为 okButton 这个实例指定相应的事件处理程序。这样，只要触发了 Button 实例的 Click 事件，就会调用预订的事件处理程序。

6.8 C#常用的基础类

C#程序设计就是定义类的过程，但是在 C#程序设计时还需要用到大量系统已定义好的类。本节将介绍几个在 C#程序设计中常用到的系统已定义好的类。

6.8.1 Math 类与 Random 类

System.Math 类用来完成一些常用的数学运算，它提供了若干实现不同标准数学函数的方法。这些方法都是 static 的方法，所以在使用时不需要创建 Math 类的对象，而直接用类名做前缀，就可以很方便地调用这些方法。表 6-1 列出了一些常用 Math 类的成员。

表 6-1 Math 类的常用成员

方　　法	描　　述
Abs( )	返回指定数的绝对值
Sin( ), Cos( ), Tan( )	标准三角函数
Max( ), Min( )	返回两个数中的最大值或者最小值
ACos( ), ASin( ), ATan( )	标准反三角函数
Ceiling( ),	返回大于或等于指定的双精度浮点数的最小整数值
Cosh( ), Sinh( ), Tanh( )	标准的双曲函数
Exp( )	返回指定的指数
Floor( )	返回小于或等于指定的双精度浮点数的最大整数值
Log( ), Log10( )	返回指定数字指定底数的对数或以 10 为底的对数
Pow( )	返回指定数字的指定次幂
Round( )	将小数值按指定的小数位数舍入
Sign( )	返回指定数的符号
Sqrt( )	返回指定数的开方

【例 6-45】 使用 Math 类。

```
using System;
class TestMath
{
  public static void Main( )
   {
      Console.WriteLine("ceiling(3.1416)="+Math.Ceiling(3.1416));
      Console.WriteLine("floor(3.1416)="+Math.Floor(3.1416));
      Console.WriteLine("round(518.63)="+Math.Round(518.63));
      Console.WriteLine("Max(518.63,518)="+Math.Max(518.63,518));
      Console.WriteLine("sqrt(9)="+Math.Sqrt(9));
```

```
      }
   }
```

程序的运行结果如下：

```
ceiling(3.1416)=4
floor(3.1416)=3
round(518.63)=519
Max(518.63,518)=518.63
sqrt(9)=3
```

System.Random 类用于产生随机数。Random 类的 Next( )方法用于返回非负随机数；Next(int)方法用于返回一个小于所指定最大值的非负随机数；Next(int, int)方法用于返回一个指定范围内的随机数；NextDouble( )方法用于返回一个介于 0.0 和 1.0 之间的随机数。

【例 6-46】 随机产生 7 个数，每个数在 1～36 范围内，要求每个数不同。

```
using System;
   class Rnd_36_7
      {
      static void Main( )
       {
         int[] a=new int[7];
         Random ran=new Random( );
         for(int i=0;i<a.Length;i++)
         {
           one_num:  a[i]=(int)ran.Next(36)+1;
           for(int j=0;j<i;j++)
           {
             if(a[i]==a[j])
               goto one_num;
           }
         }
       foreach(int n in a)
        {
           Console.Write("{0}\0",n);
        }
       }
     }
```

6.8.2 字符串

字符串是字符的序列，在 C#中，有一个字符串（string）类型专门用于处理字符串。它是直接从 object 类派生的，封装了很多字符串常用的操作。本节主要介绍一些字符串类型 string 的常用方法。

1. 判断一个字符串的长度

在 C#中，利用字符串的 Length 属性可以得到一个字符串变量或字符串常量的长度。例如：

```
string str= "1234567890";
int b=str.Length;                                    //b=10
```

2．比较两个字符串是否相等

C#直接重载了"=="和"!="两个运算符来处理两个字符串是否相等。在C#中，只要满足下列两个条件中的任何一个就认为两个字符串是相等的。

（1）两个字符串都为空串，即两个字符串的值都为 null。

（2）两个字符串实例长度相等，并且每个字符串位置中的字符都相等。

如果以上两个条件都不满足，则认为两个字符串不相等。例如：

```
bool  a="hello"=="hello";                            //a=true
a="hello"=="hell";                                   //a=false
```

此外，Compare 方法也常用于比较字符串。Compare 方法使用两个字符串并且返回一个整数值，以指示它们的关系。如果两个字符串相等，则返回 0；如果第一个字符串大于第二个字符串，则返回 1；如果第一个字符串小于第二个字符串，则返回–1。例如：

```
string  str1="ab";
int  a=str1.CompareTo("abc ");                       // a=-1;
```

3．字符串的连接

可以直接用运算符"+"连接两个字符串。例如：

```
string  str1="One";
string  str2=str1+"Two"+"Three";                     // str2="OneTwoThree"
```

4．在字符串中插入另一个字符串

利用字符串的方法 Insert，就可完成在一个字符串中插入新字符串的操作。例如：

```
string str1="Hi,good morning. ";
string str2=str1.Insert(3,"Miss. Wang,");            //str2="Hi,Miss.Wang,good
morning. "
```

Insert 方法的参数有两个，前一个参数是新字符串要插入的位置，后一个参数是要插入的字符串。

在上面的例子中，字符串变量 str1 的值为字符"Hi, good morning."，当在它的第 3 个位置（字符"g"）插入新字符串"Miss. Wang,"后，新的字符串值"Hi, Miss. Wang, good morning."赋予了字符串变量 str2。

5．字符串替换

利用字符串的方法 Replace，就可完成把字符串中的子字符串替换成另一个字符串的操作。例如：

```
string  str1="Hello,Mike,hello,Taylor. ";
string  str2=str1.Replace("ello", "i");             //str2="Hi,Mike,hi,Taylor. "
```

Replace 方法的参数有两个，前一个参数是要被替换的字符串，后一个参数是要替换的字符串。

在上面的例子中，Replace 方法在字符串变量 str1 中检索字符串"ello"，检索到"ello"后就用字符串"i"替换，然后继续进行检索替换操作，直到把整个字符串检索完毕。

6．提取子串

利用字符串类的提取子串方法 Substring，就可从一个字符串中得到子字符串。Substring 方法有两个参数，第一个参数指出从第几个位置开始截取，第二个参数指出共提取几个字符。截取以后的子串是另外一个字符串，而不是把原来的字符串截短，原来的字符串不变。

【例 6-47】　提取子串。

```
using System;
    class SubStr
    {
        public static void Main( )
        {
            string  orgstr="C# makes strings easy. ";
            string  substr=orgstr.Substring(9, 12);
            Console.WriteLine("orgstr: "+orgstr);
            Console.WriteLine("substr: "+substr) ;
            string  str2;
            for(int j=0;j<orgstr.Length;j+=2)
            {
                str2= orgstr.Substring(j, 1);
                Console.Write(str2);
            }
        }
    }
```

程序的运行结果如下：

```
orgstr: C# makes strings easy.
substr: strings easy
C ae tig ay
```

7. 字符串的大小写转换

通过使用字符串方法 ToUpper 和方法 ToLower 可以分别把一个字符串中的所有字母都变成大写或小写，而不管原来的字符串是什么样的组合。方法 ToUpper 和方法 ToLower 没有参数。例如：

```
string orgstr="C# makes strings easy. ";
string str2=orgstr.ToUpper( );             //str2="C# MAKES STRINGS EASY. "
str2=orgstr.ToLower( );                     //str2="c# makes strings easy. "
```

8. 去掉字符串两边的空格

通过使用字符串方法 Trim 可以去掉字符串中的前导空格和后缀空格，但不能去掉字符串第一个非空格字符和最后一个非空格字符之间的空格。Trim 方法常常用来处理用户输入的信息，因为用户在输入信息时，有时会无意中输入一些前导空格或后缀空格，而在实际处理中是不需要这些空格的。

【例 6-48】　去掉用户输入信息的前后空格。

```
string UserName,Password;
    bool Allow=false;
    for(int i=0;i<3;i++)
    {
        Console.Write("请输入用户名: ");
        UserName=Console.ReadLine( );
        Console.Write("请输入口令: ");
        Password=Console.ReadLine( );
```

```
                    if(UserName.Trim( ).ToLower( )=="admin"||Password=="123456")
                      {
                      Allow=true;
                        break;
                      }
                  else if(i<2)
                    Console.WriteLine("你输入的用户名或口令不正确，请重新输入。");
                }
            if(Allow==false)
                Console.WriteLine("非法用户，不能进入系统。");
            else
                Console.WriteLine("你好，欢迎进入系统。");
                //进入系统后处理模块
```

上面的代码模拟了一个系统的注册模块，对于系统注册来说，用户名应该对大小写不敏感，而且允许有前导空格或后缀空格。但对于口令，由于空格本身可以做口令，所以不能对空格进行处理，并且一般口令系统都是对大小写敏感的。

9. 访问字符串中的字符

字符串是一个以字符 "\0" 结束的字符序列。从内存的角度来看，字符串就是一个字符数组，如果用户需要访问字符串中的单个字符，可以通过数组来访问。例如：

```
string orgstr="C# makes strings easy. ";
char a=orgstr[1];                           //a='#'
char b=orgstr[orgstr.Length-2];             //b='y'
```

10. 搜索字符串

通过使用字符串方法 IndexOf 和方法 LastIndexOf 可以得到目标字符串中第一个和最后一个出现的一个字符或字符串的位置。例如：

```
string str="C# makes strings easy. ";
int a=str.IndexOf("ke");                    //a=5
int b=str.LastIndexOf('s');                 //b=19
```

如果字符或字符串没有找到，则返回–1。

▌▶ 6.9　命名空间

在 C#中，系统提供了命名空间（namespace）来组织程序。命名空间既可以做程序的内部组织系统，又可以做程序的外部组织系统。当作为外部组织系统时，命名空间中的元素可以为其他程序所用。

6.9.1　命名空间的声明

C#程序使用命名空间来组织它所包含和使用的各种类型，在命名空间中可以包含类型 （类、结构、接口和委托等）声明以及嵌套的命名空间声明。实际上，每个 C#程序都以某种方式使用命名空间。

命名空间的声明格式：

```
namespace 命名空间名
 {
    命名空间定义体
 }
```

说明： 命名空间隐式地使用 public 修饰符，在声明时不允许使用任何访问修饰符。命名空间的名字可以是一个标识符，或者是由多个用句点 "." 分开的多个标识符，如 System.IO。

【例 6-49】 声明命名空间。

```
namespace N1            //N1
 {
    namespace N2        //N1.N2
      {
        class A {}      //N1.N2.A
        class B {}      //N1.N2.B
      }
 }
```

此时命名空间 N2 作为外层命名空间 N1 的一个成员，在语义上它与下面的代码相同：

```
namespace N1.N2
  {
     class A {}
     class B {}
  }
```

命名空间是开放的，也就是说命名空间是可以合并的。以上的命名空间中的两个类可以分开定义：

```
namespace N1.N2
  {
     class A {}
  }
namespace N1.N2
  {
     class B {}
  }
```

所有的 C#程序都具有一个全局命名空间，它没有名字，用户在程序中声明的所有顶层（即不属于任何其他的命名空间）命名空间和类型都是这个全局命名空间的成员。另外，当用户使用 Visual Studio.NET 模板创建 C#应用程序时，Visual Studio.NET 也会自动为用户声明一个与项目名称相同的命名空间。

6.9.2　命名空间的成员

在一个命名空间中可以包含多个成员声明，这些声明共同组成了这个命名空间的成员。命名空间成员的类型多种多样，可以是一个类、结构、枚举、接口、委托等，也可以是另一个命名空间。无论是哪一种，命名空间成员类型声明都分别和各自类型声明要求一致。

类型声明可以出现在编译单元的第一行中作为顶层声明，也可以出现在命名空间、类或结构的内部作为成员声明。如果类型声明以顶层声明出现，新声明的类型作为一个独立于其他编译单元的类型，此时，这个类型的名字本身就是它的完整合法的名称。如果一个类型声明在一个命名空间、类或结构内部，则此类型就以它所在的命名空间、类或结构的成员身份出现，它的完整合法名应该与所在命名空间、类或结构关联起来表示，中间以句点"."隔开。

例如，用 S 代表要声明的类型，N 代表命名空间、类或结构。如果 S 是顶层声明，则 S 的完整合法名就是简单的 S，如果类型 S 声明在 N 内部，则 S 的完整合法名称就是 N.S。

6.9.3 命名空间的使用

在程序中经常引用某一命名空间中的成员，如果每次使用都得指定命名空间名会很不方便。使用 using 命令就会解决这个问题。using 指令有两种使用方式：一种是别名使用指令，利用它，可以定义一个命名空间或类型的别名；另一种是命名空间使用指令，利用它，可以引入一个命名空间的类型成员。

1. 别名使用指令

在 C#中，可以为命名空间或类型定义别名，此后的程序语句就可以使用这个别名来代替定义的这个命名空间或类型。

格式：
　　using　　别名=命名空间名或类型名；

【例 6-50】　为命名空间指定别名。

```
namespace  MyCompany.FirstNamespace          //声明命名空间
{
    class  ClassA { }                        //声明类
}
namespace  SecondNamespace                   //声明第 2 个命名空间
{
    //使用 using 语句为第 1 个命名空间指定别名
    using  N1=MyCompany.FirstNamespace;
    //使用 using 语句为第 1 个命名空间中的类型 ClassA 指定别名
    using  CA=MyCompany.FirstNamespace.ClassA;
    //然后就可以使用别名来访问相应的命名空间和类型
    class  ClassB:N1.ClassA
    {
    }
    class    ClassC:CA
    {
    }
}
```

2. 命名空间使用指令

使用 using 语句可以把一个命名空间中的类型导入到包含该 using 语句的命名空间中。这样，就可以直接使用命名空间中的类型的名字。

格式：

```
    using   命名空间名；
```

说明：这种方式的 using 命令必须放在所有其他声明之前。

【例 6-51】 导入命名空间。

```
namespace N1.N2
    {
        class ClassA
          {
          }
    }
namespace N3
    { using  N1.N2;
      class  ClassB:ClassA
        {
        }
}
```

使用 using 语句导入的命名空间的作用范围与别名的作用范围一样，都仅仅限于包含它的编译单元或命名空间的声明体部分（即花括号内的部分）。

习　　题

6-1　选择题

（1）下面有关静态方法的描述中，错误的是（　　）。

　　A．静态方法属于类，不属于实例

　　B．静态方法可以直接用类名调用

　　C．在静态方法中，可以定义非静态的局部变量

　　D．在静态方法中，可以访问实例方法

（2）在类的外部可以被访问的成员是（　　）。

　　A．public 成员　　　　　　　　　　　　B．private 成员

　　C．protected 成员　　　　　　　　　　D．proteced internal 成员

（3）下面关于运算符重载的描述中，错误的是（　　）。

　　A．重载的运算符仍然保持原来的操作数个数、优先级和结合性不变

　　B．可以重载双目运算符，不可以重载单目运算符

　　C．运算符重载函数必须是 public 的

　　D．运算符重载函数必须是 static 的

（4）以下关于类和对象的说法中，不正确的是（　　）。

　　A．类包含了数据和对数据的操作　　　B．一个对象一定属于某个类

　　C．密封类不能被继承　　　　　　　　D．可由抽象类生成对象

（5）关于委托的说法，不正确的描述是（　　）。

　　A．委托属于引用类型　　　　　　　　B．委托用于封装方法的引用

C．委托可以封装多个方法　　　　　D．委托不必实例化即可被调用

（6）下面有关析构函数的说法中，不正确的是（　　）。

A．在析构函数中不可以包含 return 语句　B．在一个类中只能有一个析构函数

C．用户可以定义有参析构函数　　　　　D．析构函数在对象被撤销时，被自动调用

6-2　程序阅读题

（1）指出下列程序代码中的错误。

```
class Test
{
  static void Main( )
  {
    M( );
  }
}
int M( )
{
  Console.WriteLine("Welcome")
}
```

（2）指出下列程序中的错误。

```
using System;
class MyClass
{
  private int x;
  public MyClass(int x)
  {
    x=x;
  }
private void SetX(int a)
{
  x=a;
}
 }
class Test
{
  static void  Main( )
  {
    MyClass m=new MyClass(18);
    SetX(68);
  }
 }
```

（3）给出下列程序的运行结果。

```
using  System;
class Demo
{
  static void Func(int a,out int x,out int y)
```

```
    {
      x=a/10;
      y=a%10;
    }
  static void Main( )
    {
      int k=16;
      int a,b;
      Func(k,out a,out b);
      Console.WriteLine("{0},{1}",a,b);
    }
}
```

6-3 设计一个成绩类，该类能够记录学生姓名、班级、成绩和科目，并能修改成绩和输出成绩。

6-4 定义一个类，并完成对该类构造函数和析构函数的创建，体会这两个函数对类的影响。

6-5 编写一个包含 5 个重载的 Method( )方法的例子，要求其中一个是无参方法，另外 4 个方法所带参数分别为：值类型、引用型、输出型及数组型参数，并且这些方法执行不同的打印输出功能。

6-6 编写一个类，包含两个属性，其中一个是只读的，并在类实例中对它们进行调用。

6-7 事件与委托的关系是什么？如何预订或撤销事件？并举例说明。

6-8 由程序随机产生 10 个数，并把这 10 个数按从小到大的顺序输出。

6-9 什么是对象初始化器？

第 **7** 章

继承和接口

本章继续介绍面向对象程序设计，主要讲述 C#的继承机制、派生类的构造与析构，以及多态性、接口等知识；还会讲述 C#的重要特性：泛型，泛型接口和委托中的协变、逆变。

7.1　C#的继承机制

在面向对象技术中，继承是提高软件开发效率的重要因素之一，其定义是：特殊类的对象拥有其一般类的全部属性与服务，称作特殊类对一般类的继承。

继承具有重要的实际意义，它简化了人们对事物的认识和描述。例如，在认识了汽车的特征后，再考虑轿车的时候，因为知道轿车也是汽车，于是认为它理所当然具有汽车的全部一般特征，从而只需要把精力用于发现和描述轿车独有的那些特征上。

继承对于软件复用有着重要意义，特殊类继承一般类，本身就是软件复用。而且如果将开发好的类作为构件放到构件库中，当开发新系统时就可以直接使用或继承使用。

7.1.1　继承的基本知识

继承（Inheritance）是自动地共享类、派生类和对象中的方法和数据的机制。它允许在既有类的基础上创建新类，新类从既有类中继承类成员，而且可以重新定义或加进新的成员，从而形成类的层次或等级。一般称被继承的类为基类或父类，而继承后产生的类为派生类或子类。一个类的上层可以有基类，下层可以有派生类，形成一种层次结构，层次结构的一个重要特点是继承性，这种继承具有传递性，即如果 C1 继承 C2，C2 继承 C3，则 C1（间接）继承 C3。当类 Y 继承 X 时，就表明类 Y 是 X 的派生类，而类 X 是类 Y 的基类。派生类可以扩展它的直接基类，即派生类可以添加新的成员，但不能删除从基类中继承来的成员；构造函数和析构函数不能被继承；派生类可以隐藏基类的成员，如果在派生类中声明了与基类同名的新成员时，基类的该成员在派生类中就不能被访问到。

一个类可以有多个派生类，也可以有多个基类。一个类可以直接继承多个类，这种继承方式称为多重继承（Multiple Inheritance）。C#限制一个类最多只能有一个基类，即一个类最多只能直接继承一个类，这种继承方式称为单一继承或简单继承（Single Inheritance）。在单一继承方式下，类的层次结构为树结构，而多重继承是网状结构。

类之间的继承关系的存在，对于在实际系统的开发中迅速建立原型，提高系统的可重用性和可扩充性，具有十分重要的意义。

派生类的声明格式为：

类修饰符 class 类名 : 基类 {类体}

在类声明中，通过在类名的后面加上冒号和基类名表示继承。

【例 7-1】 一个有关继承性的例子：BaseClass.cs。

```csharp
using System;
public class ParentClass
{
  public ParentClass( )
  {
    Console.WriteLine("Parent Constructor. ");
  }
public void print( )
{
  Console.WriteLine("I'm a Parent Class. ");
}
}

public class ChildClass : ParentClass
{
  public ChildClass( )
  {
  Console.WriteLine("Child Constructor. ");
}
public static void Main( )
{
  ChildClass child = new ChildClass( );
  child.print( );
}
}
```

程序的输出结果是：

```
Parent Constructor.
Child Constructor.
I'm a Parent Class.
```

说明：

上面的例子演示了两个类的用法。一个类名为 ParentClass，在 Main 函数中用到的类名为 ChildClass。要做的是创建一个使用父类 ParentClass 现有代码的子类 ChildClass。

（1）必须说明 ParentClass 是 ChildClass 的基类。这是通过在 ChildClass 类中做出如下说明来完成的："public class ChildClass : ParentClass"。在派生类标识符后面，用冒号 ":" 来表明后面的标识符是基类。C#仅支持单一继承，因此，只能指定一个类。

（2）ChildClass 的功能几乎等同于 ParentClass。因此，也可以说 ChildClass 就是 ParentClass。在 ChildClass 的 Main( )方法中，调用 print( )方法的结果，就验证这一点。该子类并没有自己的 print( )方法，它使用了 ParentClass 中的 print( )方法。在输出结果中的第 3 行可以得到验证。

（3）基类在派生类初始化之前自动进行初始化。ParentClass 类的构造函数在 ChildClass 的构造函数之前执行。

7.1.2　base 关键字

base 关键字用于从派生类中访问基类的成员，它有两种基本用法：

指定创建派生类实例时应调用的基类构造函数，用于调用基类的构造函数完成对基类成员的初始化工作。

在派生类中访问基类成员。

【例 7-2】　派生类同基类进行通信：BaseTalk.cs。

```csharp
using System;
public class Parent
{
  string parentString;
  public Parent( )
  {
    Console.WriteLine("Parent Constructor. ");
  }
public Parent(string myString)
{
  parentString = myString;
  Console.WriteLine(parentString);
}
public void print( )
{
  Console.WriteLine("I'm a Parent Class.");
}
}

public class Child : Parent
{
  public Child ( ) : base("Form Derived")
  {
  Console.WriteLine("Child  Constructor. ");
}
public void print( )
{
  base.print( );
  Console.WriteLine("I'm a Child Class. ");
}
public  static  void  Main ( )
{
  Child child = new Child ( );
  child.print( );
```

```
    ((Parent)child).print( );
    }
    }
```

程序的输出结果是：

```
Form Derived.
Child  Constructor.
I'm a Parent Class.
I'm a Child Class.
I'm a Parent Class.
```

说明：

（1）派生类在初始化的过程中可以同基类进行通信。该程序演示了在派生类的构造函数定义中是如何实现同基类通信的。冒号":"和关键字 base 用来调用带有相应参数的基类的构造函数。在输出结果中，第 1 行表明：基类的构造函数最先被调用，它的实参是字符串"Form Derived"。

（2）Child 类可以自己重新定义 print( )方法的实现。Child 的 print( )方法覆盖了 Parent 中的 print 方法。结果是：除非经过特别指明，Parent 类中的 print( )方法不会被调用。

（3）在 Child 类的 print( )方法中，特别指明调用的是 Parent 类中的 print( )方法。方法名前面为"base"，一旦使用"base"关键字之后，就可以访问基类的具有公有或者保护权限的成员。Child 类中的 print( )方法的执行结果出现在第 3 行和第 4 行。

（4）访问基类成员的另外一种方法是：通过显示类型转换。在 Child 类的 Main( )方法中的最后一条语句就是这样做的，并且派生类是其基类的特例，可以在派生类中进行数据类型的转换，使其成为基类的一个实例。最后一行实际上执行了 Parent 类中的 print( )方法。

在使用 base 时，要注意 base 指的是调用"对象"本身，不仅是指基类中看到的变量或方法。因此，不难理解以下几点注意事项：

- 通过 base 不仅可以访问直接基类中定义的域和方法，还可以访问间接基类中定义的域和方法。
- 在构造方法中调用基类的构造方法时，base( )指直接基类的构造方法，而不能指间接基类的构造方法，这是因为构造方法是不能继承的。
- 由于 base 指的是对象，所以它不能在 static 环境中使用，包括静态域（Static Field）、静态方法（Static Method）和 static 构造方法。

7.1.3 覆盖

当一个实例方法声明包含一个 override 限定符时，这个方法就用相同的属性覆盖一个被继承的虚拟方法，则此方法被称为覆盖方法。

覆盖方法声明不能包括 new，static，virtual 或 abstract 限定符中的任何一个，对于一个覆盖声明来说，除非下面都是可行的，否则，编译时就会出错。

- 一个被覆盖的基本方法能被定位。
- 被覆盖的基本方法是虚拟的、抽象的方法，即被覆盖的基本方法不能是静态的或非虚拟的。
- 覆盖声明及被覆盖的基本方法具有相同的声明访问性。

一个覆盖声明访问被覆盖的基本方法。

【**例 7-3**】 派生类覆盖基类的方法。

```
using System;
public class A
{
    int x;
    public virtual void PrintFields( )
    {
        Console.WriteLine("x = {0}", x);
    }
}
public class B : A
{
    int y;
    public override void PrintFields( )
    {
        base.PrintFields( );
        Console.WriteLine("y = {0}", y);
    }
}
```

说明：

B 中的 base.PrintFields( )调用在 A 中被声明的 PrintFields 方法。Base-access 禁止虚拟调用结构方法而仅仅作为非虚拟方法来处理基本方法。如果 B 中的调用写成((A)this). PrintFields( )，将循环调用在 B 中声明的 PrintFields 方法，而不是 A 中声明的那个。只有当包括一个 override 限定符时，一个方法才能覆盖另一个方法。在其他情况下，和一个被继承的方法有相同属性的方法只能隐藏这个被继承了的方法。

【例7-4】 派生类隐藏基类的方法。

```
using System;
public class A
{
    public virtual void F ( ) { }
}
public class B : A
{
    public virtual void F( ) { }                    //警告，隐藏被继承了的 F( )
}
```

说明：

在 B 中，方法 F 没有包括 override 限定符，因此它不能覆盖 A 中的 F 方法，而 B 中的 F 方法隐藏了 A 中的 F 方法。出现错误是因为声明中没有包括 new 限定符。

【例7-5】 派生类中不同限定符的区别。

```
using System;
public class A
{
    public virtual void F( ) { }
}
public class B : A
```

```
{
    new private void F( ) { }              //在 B 中隐藏 A.F 方法
}
public class C : B
{
    public override void F( ) { }          //正确，覆盖 A.F 方法
}
```

说明：

B 中的方法 F 隐藏了从 A 中被继承的虚拟方法 F。由于 B 中新的 F 有私有访问，它的作用域仅仅包括 B 的类主体，而且扩展到 C。因此，在 C 中，对方法 F 的声明可以覆盖从 A 中继承的方法 F。

7.2 多态性

在面向对象的程序设计语言中，多态性是第三种最基本的特征（前两种是封装和继承）。多态性（polymorphism 来自希腊语，意思是多种形态）是指允许一个接口访问动作的通用类的性质。

7.2.1 多态性概述

多态性是指在一般类中定义的属性或行为，被特殊类继承之后，可以具有不同数据类型或表现出不同的行为。这使得同一个属性或行为在一般类及其各个特殊类中具有不同的语义。例如，可以定义一个一般类"几何图形"，它具有"绘图"行为，但这个行为并没有具体含义，也就是并不确定执行时到底画一个什么样的图（因为此时连"几何图形"都不知道是什么图形，当然"绘图"也就无从谈起）。然后再定义一些特殊的类，如"椭圆"和"多边形"，均继承一般类"几何图形"，因此也就有了"绘图"行为。接下来，就可以在特殊类中根据具体需要重新定义"绘图"，使之分别对应"椭圆"和"多边形"的绘图功能。

一般来说，多态性的概念常被解释为"一个接口，多种方法"。C#支持两种类型的多态性：一种是编译时的多态性，是在程序编译时就决定如何实现某一动作，它通过方法重载和运算符重载来实现，在编译时就知道调用方法的全部信息；另一种是运行时的多态性，是在运行时动态实现某一动作，它通过继承和虚拟成员来实现。

由此可见，多态性的特点大大提高了程序的抽象程度和简洁性，更重要的是，它最大限度地降低了类和程序模块之间的耦合性，提高了类模块的封闭性，使得它们不用了解对方的具体细节，就可以很好地共同工作。这个优点对于程序的设计、开发和维护都有很大的好处。

7.2.2 虚方法

当方法声明中包含 virtual 修饰符时，方法就被称为虚方法。当没有 virtual 修饰符时，方法被称为非虚方法，虚方法定义中不能包含 static、abstract 或 override 修饰符。

非虚方法的执行是不变的，不管方法是在从它声明的类的实例中还是在派生类的实例中被调用，执行都是相同的。相反，虚方法的执行可以被派生类改变，具体实现是在派生类中重新定义此虚方法实现的。在重新定义此虚方法时，要求方法名称、返回值类型、参数表中的参数个数、类型

顺序都必须与基类中的虚方法完全一致，而且要在方法声明中加上 override 关键字，不能有 new，static 或 virtual 修饰符。

7.2.3　多态性的实现

下面举一个例子来说明多态性。

【例 7-6】　通过虚方法实现多态性的实现。

```
using System;
class Base
{
  public void Display( )
  {
    Console.WriteLine("Display in Base");
  }
  public virtual void Print( )
  {
    Console.WriteLine("Print in Base");
  }
}
class Derived : Base
{
  new public void Display( )
  {
    Console.WriteLine("Display in Derived");
  }
  public override void Print( )
  {
    Console.WriteLine("Print in Derived");
  }
}
class TestVirtual
{
  static void Main( )
  {
    Base b = new Base( );
    Derived d = new Derived( );
    b.Print( );
    d.Print( );
    b.Display( );
    d.Display( );
    b = d;
    b.Print( );
    d.Print( );
    b.Display( );
```

```
    d.Display( );
    }
}
```

程序输出结果为：

```
Print in Base
Print in Derived
Display in Base
Display in Derived
Print in Derived
Print in Derived
Display in Base
Display in Derived
```

说明：

Base 类的实例 b 被赋予 Derived 的实例 d，那么 b.Print( )究竟调用基类还是派生类的 Print( )方法不是在编译时确定的，而是在运行时确定的，即根据 b 在某一时刻所引用的对象来确定调用哪一个版本，这体现了多态性。而对非虚方法 Display 的调用是在编译时确定的，在编译时就确定了它与哪个对象进行连接，因此无论实例 b 引用哪个对象，b.Display( )都调用 Base 类的 Display( )方法。

▶ 7.3 接口

在计算机软件发展的早期，一个应用系统往往是由一整块代码组成的。随着人们对软件需求的不断增加，软件变得愈加复杂，愈加庞大，开发的难度也越来越大。从人类的常理来考虑，人们希望把应用程序分割成多个模块，每个模块完成独立的功能，模块之间协作工作。这样的模块称为组件，这些组件可以进行独立开发，单独编译，单独测试，把所有的组件组合在一起就得到了完整的系统。

接口就是用来描述组件对外提供的服务，并在组件与组件之间，组件与客户之间定义交互的标准。组件一旦发布，它只能通过预先定义的接口来提供合理的、一致的服务，这种接口定义之间的稳定性使客户应用开发者能够构造出坚固的应用。

一个组件可以实现多个组件接口，而一个特定的组件接口也可以被多个组件来实现。组件接口必须是能够自我描述的，这意味着组件接口应该不依赖于具体的实现。将实现和接口分离，彻底消除了接口的使用者和接口的实现者之间的耦合关系，增强了信息封装程度。由于接口是组件之间的协议，因此组件的接口一旦被发布，组件生产者就应该尽可能地保持不变，任何对接口语法和语义的改变都有可能造成现有组件和客户之间的联系被破坏。

每个组件都是自主的，有其独特的功能，只能通过接口与外界通信。当一个组件需要提供新的服务时，可以通过增加新的接口来实现，这不会影响接口已经存在的客户，而新的客户可以重新选择新的接口来获取服务。

组件化程序设计方法继承并发展了面向对象的程序设计方法。它把对象技术应用于系统设计中，对面向对象的程序设计和实现过程做了进一步的抽象。可以把组件化程序设计方法用作构造系统的体系结构层次的方法，并且可以使用面向对象的方法很方便地实现组件。

7.3.1 接口的定义

1．声明

一个接口定义了一个协议。一个实现了某个接口的类或结构必须符合它的协议。一个接口可以从多个基本接口继承，而一个类或结构也可以实现多个接口。

接口可以包含方法、属性、事件和索引。接口自己不为它所定义的成员提供具体实现。接口只是指定类中必须被实现的成员。也可以说，接口是一组包含了函数原型的数据结构，通过这组数据结构，客户代码可以调用组件对象的功能。

一个接口声明属于一个类型说明，它声明了新的接口类型。

```
[接口修饰符] interface 接口名 [ ：基类接口名]
{
    接口的成员；
};
```

其中接口的修饰符可以是 new、public、protected、internal 和 private。new 修饰符是在嵌套接口中唯一被允许存在的修饰符，它说明用相同的名称隐藏一个继承的成员。public、protected、internal 和 private 修饰符控制接口的访问能力。

2．接口的继承

接口具有不变性，但这并不意味着接口不再发展。类似于类的继承性，接口也可以继承和发展。接口可以从零或多个接口中继承。从多个接口中继承时，用"："后跟被继承的接口名字。多个接口名之间用"，"分割。被继承的接口应该是可以访问到的，即不能从 private 或 internal 类型的接口继承。接口还不允许直接或间接地从自身继承。

请看下面的例子。

【例 7-7】 接口之间的继承关系。

```
using System;
interface IControl
{
    void Paint ( );
}
interface ITextBox : IControl
{
    void SetText (string text);
}
interface IListBox : IControl
{
    void SetItems (string [ ] items);
}
interface IComboBox : ITextBox, IListBox
{
}
```

继承一个接口也就继承了接口的所有成员。在本例中，接口 ITextBox 和 IListBox 都是从接口 IControl 中继承的，也就继承了接口 IControl 的 Paint 方法。IComboBox 的基本接口是 IControl、

ITextBox 和 IListBox。即上面的接口 IComboBox 继承了接口 IControl 的 Paint 方法、ITextBox 的 SetText 方法和 IListBox 的 SetItems 方法。

7.3.2　接口的成员

1. 接口成员的定义

接口可以包含一个或多个成员，这些成员可以是方法、属性、索引指示器和事件，但不能是常量、域、操作符、构造函数或析构函数，而且不能包含任何静态成员。

【例 7-8】　对接口中成员的定义。

```
using System;
public delegate void StringListEvent(object sender,EventArgs e);
public interface IMyList
{
    void Add (string s);
    int Count { get;}
    event StringListEvent Changed;
    string this [int index] {get; set;}
}
```

它声明了一个包含所有可能的类型成员：一个方法，一个属性，一个事件和一个索引。

所有接口成员默认都是公有访问。接口成员声明中包含任何修饰符都是错误的，它不能被 abstract、public、protected、internal、private、virtual、override 或 static 修饰符声明。

接口成员之间不能相互同名，继承而来的成员不用再声明。但接口可以定义与继承而来的成员同名的成员，即接口成员覆盖了继承而来的成员。这不会导致错误，但编译器会给出一个警告，关闭警告提示的方式是在成员声明前加上一个 new 关键字。但如果没有覆盖父接口中的成员，使用 new 关键字会导致编译器发出警告。

2. 接口属性

接口属性用接口属性声明来声明：

```
[接口属性修饰符] 接口属性类型 接口属性标识
{
    接口属性访问器;
}
```

接口属性声明的访问器与类属性声明的访问器的用法相同。

其中，访问器可以为：

```
get;
set;
get; set;
set; get;
```

即接口的属性可以是只读、只写或可读可写的。

3. 接口事件

接口事件用接口事件声明来声明：

```
[接口事件修饰符] [new] event 类型名 接口事件标识符;
```

接口事件声明了一个事件。实现接口事件的类可以通过事件与其他类进行交流。

4. 接口索引

接口索引使用接口索引声明来声明:

[接口索引修饰符] [new] 类型名 this [参数列表] {接口访问器};

接口索引声明中的属性、类型和形式参数列表与类的索引声明中的属性类型和形式参数列表有相同的意义。

接口索引声明的访问器与类索引声明的访问器相对应,可为:

```
get;
set;
get; set;
set; get;
```

即接口的索引可以是只读、只写或可读可写的。

5. 对接口成员的访问

接口方法的调用和采用索引指示器访问的规则与类的情况也是相同的,如果底层成员的命名与继承而来的高层成员一致,底层成员将覆盖同名的高层成员。但是接口是支持多继承的,在多继承中如果两个父接口含有同名的成员就会产生二义性,这时就需要进行显式的声明。

【例7-9】 对接口成员的访问。

```csharp
using System;
interface ISequence
{
    int Count {get; set;}
}
interface IRing
{
    void Count (int i);
}
interface IRingSequence: ISequence, IRing { }
class C
{
    void Test (IRingSequence rs)
    {
        rs.Count (1);                    //错误, Count 有二义性
        rs.Count = 1;                    //错误, Count 有二义性
        ((ISequence)rs).Count = 1;       //正确
        ((IRing)rs).Count (1);           //正确调用 IRing.Count
    }
}
```

在本例中,前两条语句rs.Count (1)和rs.Count = 1会产生二义性,从而导致在编译时出现错误。因此必须显式地给接口(rs)指派父接口类型,这种指派在运行时不会带来额外的开销。

再看下面的例子。

【例7-10】 对接口访问的多重继承。

```csharp
using System;
```

```
interface IInteger
{
    void Add (int i);
}
interface IDouble
{
    void Add (double d);
}
interface INumber: IInteger, IDouble { }
class C
{
    void Test (INumber n)
    {
        n.Add (1);                  //错误
        n.Add (1.0);                //正确
        ((IInteger)n).Add (1);      //正确
        ((IDouble)n).Add (1);       //正确
    }
}
```

调用 n.Add (1)会导致二义性，因为候选的重载方法的参数类型均适用。但是调用 n.Add(1.0)是允许的，因为 1.0 是浮点数参数类型，与方法 IInteger.Add( )的参数类型不一致，这时只有IDouble.Add 才是适用的。不过只要加入了显式的指派，就绝不会产生二义性。

接口的多重继承性也会带来有关成员访问的问题。

【例 7-11】　对接口访问时方法被覆盖。

```
using System;
interface IBase
{
    void F (int i);
}
interface ILeft: IBase
{
    new void F (int i);
}
interface IRight: IBase
{
    void G ( );
}
interface IDerived: ILeft, IRight { }
class A
{
    void Test (IDerived d)
    {
        d.F (1);                         //调用 ILeft.F
        ((IBase)d).F (1);                //调用 IBase.F
```

```
        ((ILeft)d).F (1);                //调用 ILeft.F
        ((IRight)d).F (1);               //调用 IBase.F
    }
}
```

在上例中，方法 IBase.F 在派生的接口 ILeft 中被 ILeft 的成员方法 F 覆盖了，所以对 d.F(1)的调用实际上调用了 ILeft.F 方法，虽然 IDerived 也是从 IRight 派生的，而在 IRight 中 F 方法并没有被覆盖，可是事实是一旦成员被覆盖，所有的派生类对此成员的访问都被覆盖后的成员拦截了。

6. 接口成员的完全有效名称

使用接口成员也可采用其"完全有效名称"（fully qualified name）。它是这样构成的，接口名加句点"."，再加成员名。

【例 7-12】　对于下面两个接口：

```
using System;

interface IControl
{
    void Paint ( );
}
interface ITextBox: IControl
{
    void SetText (string text);
}
```

其中方法 Paint 的完全有效名称为：IControl.Paint，而 SetText 的完全有效名称为 ITextBox.SetText。完全有效名称中的成员名称必须是在接口中已经声明过的，如使用 ITextBox.Paint 就不是完全有效名称。

如果接口是命名空间的成员，则完全有效名称还必须包含命名空间的名称。

【例 7-13】　接口的系统方法。

```
using System;
namespace System
{
    public interface ICloneable
    {
        object Clone ( );
    }
}
```

其中 Clone 方法的完全有效名称是 System.ICloneable.Clone。

7.3.3　接口的实现

1. 类对接口的实现

接口可以通过类或结构来实现，其实现方法都是类似的。当用类来实现接口时，接口的名称必须包含在类声明中的基类列表中。

【例 7-14】　一个由类来实现接口的例子。

```
using System;
interface ISequence
{
    object Add ( );
}
interface IRing
{
    int Insert (object obj);
}
class RingSequence: ISequence, IRing
{
    public object Add ( ) {...}
    public int Insert (object obj) {...}
}
```

其中，ISequence 是一个队列接口，提供了向队列尾部添加对象的成员方法 Add。IRing 为一个循环表接口，提供了向循环中插入对象的方法 Insert（object obj），以及方法返回插入的位置。类 RingSequence 实现了接口 ISequence 和接口 IRing。

如果类实现了某个接口，它也必然隐式地继承了该接口的所有父接口，不管这些父接口有没有在类声明的基类列表中列出。

【例 7-15】　类实现多个接口的方法调用。

```
using System;
interface IControl
{
    void Paint ( );
}
interface ITextBox: IControl
{
    void SetText (string text);
}
class TextBox: ITextBox
{
    public void Paint ( ) {...}
    public void SetText (string text) {...}
}
```

在本例中，类 TextBox 不仅要实现接口 ITextBox，还要实现接口 ITextBox 的父接口 IControl。一个类还可以实现多个接口，如例 7-16。

【例 7-16】　类继承不同接口的方法。

```
using System;
interface IControl
{
    void Paint ( );
}
interface IDataBound
{
```

```
    void Bind (Binder b);
}
public class Control: IControl
{
    public void Paint ( ) {...}
}
public class EditBox: Control, IControl, IDataBound
{
    public void Paint ( ) {...}
    public void Bind (Binder b) {...}
}
```

在本例中，类 EditBox 从 Control 类继承，并同时实现了 IControl 和 IDataBound 接口。EditBox 中的 Paint 方法来自 IControl。接口的 Bind 方法来自 IDataBound 接口。二者在 EditBox 类中都作为公有成员实现。当然也可以选择不作为公有成员实现接口。

2. 显式接口成员执行体

实现接口类还可以通过声明显式接口成员执行体的办法。显式接口成员执行体可以是一个方法、一个属性、一个事件或是一个索引指示器的声明。其声明与该成员对应的完全有效名称应保持一致。显式接口成员执行体不能使用任何访问修饰符，也不能加上 abstract、virtual、override 或 static 修饰符。

【例 7-17】 类实现显式接口成员执行体继承。

```
using System
interface ICloneable
{
    object Clone ( );
}
interface IComparable
{
    int CompareTo (object other);
}
class ListEntry: ICloneable, IComparable
{
    object ICloneable.Clone ( ) {...}
    int IComparable.CompareTo (object other) {...}
}
```

在上面的代码中 ICloneable.Clone 和 IComparable.CompareTo 就是显式接口成员执行体。
再举一个例子。

【例 7-18】 对类与接口调用实现。

```
using System;
interface IFoo
{
    void Execute ( );
}
interface IBar
```

```
{
    void Execute ( );
}
class Tester: IFoo, IBar
{
    void IFoo.Execute ( )
    {
        Console.WriteLine("IFoo.Execute implementation");
    }
    void IBar.Execute ( )
    {
        Console.WriteLine("IBar.Execute implementation");
    }
}
class Test
{
    public static void Main ( )
    {
        Tester tester = new Tester ( );
        IFoo iFoo = (IFoo) tester;
        iFoo.Execute ( );
        IBar iBar = (IBar) tester;
        iBar.Execute ( );
    }
}
```

程序运行的结果是：

```
IFoo.Execute implementation
IBar.Execute implementation
```

这个结果正是我们期望的，那么在遇到下面的情况时又该如何处理呢？

【例7-19】　对接口中IFoo.Execute ( )和IBar.Execute ( )不明确的调用关系。

```
using System;
interface IFoo
{
    void Execute ( );
}
interface IBar
{
    void Execute ( );
}
class Tester: IFoo, IBar
{
    void IFoo.Execute ( )
    {
        Console.WriteLine("IFoo.Execute implementation");
```

```
    }
    void IBar.Execute ( )
    {
        Console.WriteLine("IBar.Execute implementation");
    }
}
class Test
{
    public static void Main ( )
    {
        Tester tester = new Tester ( );
        tester.Execute ( );
    }
}
```

IFoo.Execute ( )和 IBar.Execute ( )中哪个将被调用呢？答案是都不能被调用。因为显式接口成员执行体只能通过接口的实例引用接口的成员名称来访问。

【例 7-20】 如果想使用 Tester.Execute ( )可以再声明一个方法。

```
using System;
interface IFoo
{
    void Execute ( );
}
interface IBar
{
    void Execute ( );
}
class Tester: IFoo, IBar
{
    void IFoo.Execute ( )
    {
        Console.WriteLine("IFoo.Execute implementation");
    }
    void IBar.Execute ( )
    {
        Console.WriteLine("IBar.Execute implementation");
    }
    public void Execute ( )
    {
        ((IFoo)this).Execute ( );
    }
}
class Test
{
    public static void Main ( )
```

```
    {
        Tester tester = new Tester ( );
        tester.Execute ( );
    }
}
```

这样就可以使用 Tester.Execute ( )方法了。在程序中把对象显式转换为 IFoo 接口实例，此时可以调用 IFoo.Execute ( )方法。

因为显式接口成员执行体和其他成员有着不同的访问方式，所以不能在方法调用、属性访问以及索引指示器访问中通过完全有效名称访问。显式接口成员执行体在某种意义上是私有的，但它们又可以通过接口的实例访问，也具有一定的公有性质。使用显式接口成员执行体通常有两个目的。

（1）因为显式接口成员执行体不能通过类的实例进行访问，这就可以从公有接口中把接口的实现部分单独分离开。如果一个类只在内部使用该接口，而类的使用者不会直接用到该接口时，这种显式接口成员执行体就可以起到作用。

（2）显式接口成员执行体避免了接口成员之间因为同名而发生混淆。如果一个类希望对名称和返回类型相同的接口成员采用不同的实现方式，就必须要使用显式接口成员执行体。如果没有显式接口成员执行体，对于名称和返回类型不同的接口成员来说，类也无法进行实现。下面的例子很好地解释了第二个功能。

【例 7-21】　显式接口成员执行体避免同名成员发生混淆。

```
using System;
class DrawingSurface
{
}
interface IRenderIcon
{
    void DrawIcon (DrawingSurface surface, int x, int y);
    void DragIcon (DrawingSurface surface, int x, int y, int x2, int y2);
    void ResizeIcon (DrawingSurface surface, int xsize, int ysize);
}
class Employee: IRenderIcon
{
    public Employee (int id, string name)
    {
        this.id = id;
        this.name = name;
    }
    void IRenderIcon.DrawIcon (DrawingSurface surface, int x, int y)
    {
    }
    void IRenderIcon.DragIcon (DrawingSurface surface, int x, int y, int x2,
int y2)
    {
    }
    void IRenderIcon.ResizeIcon (DrawingSurface surface, int xsize, int
ysize)
```

```
    {
    }
    int id;
    string name;
}
```

如果接口使用普通的方法实现，则 DrawIcon ( )、DragIcon ( )和 ResizeIcon ( )方法将会显示为 Employee 的成员函数。这可能会使程序员觉得混乱。

只有类在声明时把接口名写在了基类列表中，而且类中声明的完全有效名称、类型和返回类型都与显式接口成员执行体完全一致时，显式接口成员执行体才是有效的。

【例 7-22】 错误的表达（一）。

```
using System;
class Shape: ICloneable
{
    object ICloneable.Clone ( ) {...}
    int IComparable.CompareTo (object other) {...}
}
```

这个成员体是无效的，因为在 Shape 声明时基类列表中没有出现接口 IComparable。

再举一个例子。

【例 7-23】 错误的表达（二）。

```
using System;
class Shape: ICloneable
{
    object ICloneable.Clone ( ) {...}
}
class Ellipse: Shape
{
    object ICloneable.Clone ( ) {...}
}
```

在 Ellipse 中声明 ICloneable.Clone 是错误的，因为 Ellipse 虽然隐式地实现了接口 ICloneable，但 ICloneable 仍然没有显式地出现在 Ellipse 声明的基类列表中。

【例 7-24】 显式接口成员执行体的用法。

```
using System;
interface IControl
{
    void Paint ( );
}
interface ITextBox: IControl
{
    void SetText (string text);
}
class TextBox: ITextBox
{
    void IControl.Paint ( ) {...}
```

```
        void ITextBox.SetText (string text) {...}
}
```

在该例中，Paint 的显式接口成员执行体必须写成 IControl.Paint。

3．接口映射

类必须为在基类列表中列出的所有接口的成员提供具体的实现，在类中定位接口成员的实现称为接口映射。

接口通过类实现，那么在一个接口中声明的每一个成员都应该对应着类的一个成员，这种对应关系是由接口映射来实现的。类的成员（A）及其所映射的接口成员（B）之间必须满足下列条件。

（1）如果 A 和 B 都是成员方法，则 A 和 B 的名称、类型、形式参数列表（包括参数个数和每一个参数的类型）都应该是一致的。

（2）如果 A 和 B 都是属性，则 A 和 B 的名称、类型应当一致，而且 A 和 B 的访问器也是类似的。但如果 A 不是显式接口成员执行体，则 A 允许添加自己的访问器。

（3）如果 A 和 B 都是事件，则 A 和 B 的名称、类型应当一致。

（4）如果 A 和 B 都是索引指示器，则 A 和 B 的类型、形式参数列表（包含参数个数和每一个参数的类型）都应当一致，而且 A 和 B 的访问器也是类似的。但如果 A 不是显式接口成员执行体，则允许 A 添加自己的访问器。

一个接口成员怎样确定由哪一个类的成员来实现呢？即一个接口成员映射的是哪一个类的成员。假如类 C 实现了一个接口 IInterface，Member 是接口 IInterface 中的一个成员，此时 Member 的映射过程是这样的：

（1）如果在 C 中存在着一个显式接口成员实现体，该实现体与接口 IInterface 及其成员 Member 相对应，则由它来实现 Member 成员。

（2）如果条件 1 不满足，且在 C 中存在着一个非静态的公有成员，该成员与接口成员 Member 相对应，则由它来实现 Member 成员。

（3）如果上述条件仍不满足，则在类 C 定义的基类列表中寻找一个 C 的基类 D，用 D 来代替 C。

（4）重复步骤 1 至步骤 3，遍历 C 的所有直接基类和非直接基类，直到找到一个满足条件的类的成员。

（5）如果仍然没有找到，则报告错误。

【例 7-25】 调用基类方法实现接口成员。

```
using System;
interface Interface1
{
    void F ( );
}
class Class1
{
    public void F ( ) { }
    public void G ( ) { }
}
class Class2: Class1, Interface1
{
```

```
    new public void G ( ) { }
}
```

类 Class2 实现了接口 Interface1，其基类 Class1 的成员也参与了接口的映射。也就是说类 Class2 在对接口 Interface1 进行实现时使用了类 Class1 提供的成员方法 F 来实现接口 Interface1 的成员方法 F。

接口的成员包含它自己声明的成员和该接口所有父接口声明的成员。在接口映射时不仅要对接口声明体中显式声明的所有成员进行映射，而且要对隐式地从父接口那里继承的所有接口成员进行映射。

在进行接口映射时还要注意下面两点。

（1）在决定由类中的哪个成员来实现接口成员时，类中显式说明的接口成员比其他成员优先实现。

（2）使用 private、protected 和 static 修饰符的成员不能参与实现接口映射。

【例 7-26】 在一个类中，显式说明的接口成员比其他成员优先实现的实例。

```
using System;
interface ICloneable
{
    object Clone ( );
}
class C: ICloneable
{
    object ICloneable.Clone ( ) {...}
    public object Clone ( ) {...}
}
```

其中成员 ICloneable.Clone 称为接口 IConeable 的成员 Clone 的实现者，因为它是显式说明的接口成员，比其他成员有着优先实现权。如果一个类实现了两个或两个以上名称和参数类型都相同的接口成员，该类中的一个成员就可能实现所有这些接口成员。

【例 7-27】 实例中的方法。

```
using System;
interface IControl
{
    void Paint ( );
}
interface IForm
{
    void Paint ( );
}
class Page: IControl, IForm
{
    public void Paint ( ) {...}
}
```

这里接口 IControl 和 IForm 的方法 Paint 都映射了类 Page 中的 Paint 方法。当然也可以分别用显式的接口成员分别实现这两个方法。

【例 7-28】 接口的继承。

```
interface IControl
{
    void Paint ( );
}
interface IForm
{
    void Paint ( );
}
class Page: IControl, IForm
{
    void IControl.Paint ( )
    {
        //具体的接口实现代码
    }
    void IForm.Paint ( )
    {
        //具体的接口实现代码
    }
}
```

上面两种写法都是正确的，但是如果接口成员在继承中覆盖了父接口的成员，对该接口成员的实现就必须映射到显式接口成员执行体。

【例 7-29】 对下面实例的解释。

```
using System;
interface IBase
{
    int P ( ) {get;}
}
interface IDerived: IBase
{
    new int P ( );
}
```

接口 IDerived 从接口 IBase 中继承,这时接口 IDerived 的成员方法覆盖了父接口的成员方法。因为这时存在着同名的两个接口成员，对这两个接口成员的实现如果不采用显式接口成员执行体，则编译器将无法分辨接口映射，所以如果某个类要实现接口 IDerived，则在类中必须至少声明一个显式接口成员执行体。此时用下面这些写法都是合理的。

【例 7-30】 完成两个接口成员实现的正确写法。

```
//对两个接口成员都采用显式接口成员执行体来实现
class C: IDerived
{

  int IBase.P ( )
  {
    get
```

```
        {
            //具体的接口实现代码
        }
    }
    int IDerived.P ( )
    {
        //具体的接口实现代码
    }
}
//对 IBase 的接口成员采用显式接口成员执行体来实现
class C: IDerived
{

int IBase.P ( )
{
    get
    {
        //具体的接口实现代码
    }
}
    public int P ( )
    {
        //具体的接口实现代码
    }
}
//对 IDerived 的接口成员采用显式接口成员执行体来实现
class C:IDerived
{

public int P ( )
{
    get
    {
        //具体的接口实现代码
    }
}
    int IDerived.P ( )
    {
        //具体的接口实现代码
    }
}
```

还有一种情况是，如果一个类实现了多个接口，这些接口又拥有同一个父接口，则这个父接口只允许被实现一次。请看下面的例子。

【例 7-31】 接口的继承。

```
using System;
interface IControl
{
    void Paint ( );
}
interface ITextBox: IControl
{
     void SetText (string text);
}
interface IListBox: IControl
{
    void SetItems (string [ ] items);
}
class ComboBox: IControl, ITextBox, IListBox
{
    void IControl.Paint ( ) {...}
    void ITextBox.SetText (string text) {...}
    void IListBox.SetItems (string [ ] items) {...}
}
```

在上面的例子中，类 ComboBox 实现了 3 个接口：IControl、ITextBox 和 IListBox。应当认为
ComboBox 不仅实现了 IControl 接口，而且在实现 ITextBox 和 IListBox 的同时又分别实现了它们
的父接口 IControl。实际上对接口 ITextBox 和 IListBox 的实现分享了对接口 IControl 的实现。

4. 接口实现的继承机制

一个类继承会实现其基类提供的所有接口，如果不显式地重新实现接口，派生类就无法改变
从基类中继承而来的接口映射。

【例 7-32】 接口中方法的覆盖。

```
using System;
interface IControl
{
    void Paint ( );
}
class Control: IControl

{
    public void Paint ( ) {...}
}
class TextBox: Control
{
     new public void Paint ( ) {...}
}
```

在上面的例子中，TextBox 中的 Paint 方法覆盖了 Control 中的 Paint 方法，但没有改变
Control.Paint 对 IControl.Paint 的映射，并且在类的实例和接口的实例中对 Paint 方法的调用会产生

下面的结果：

```
Control c = new Control ( );
TextBox t = new TextBox ( );
IControl ic = c;
IControl it = t;
c.Paint ( );        // 调用 Control.Paint ( )
t.Paint ( );        // 调用 TextBox.Paint ( )
ic.Paint ( );       // 调用 Control.Paint ( )
it.Paint ( );       // 调用 Control.Paint ( )
```

但是当一个接口方法被映射到类中的一个虚方法时，派生类就可以重载这个虚方法并且改变这个接口的实现。

【例7-33】 调用的实际效果。

```
using System;
interface IControl
{
    void Paint ( );
}
class Control: IControl
{
    public virtual void Paint ( ) {...}        //虚方法的例子
}
class TextBox: Control
{
    public override void Paint ( ) {...}       //重载的例子
}
```

上述代码的实际效果是：

```
Control c = new Control ( );
TextBox t = new TextBox ( );
IControl ic = c;
IControl it = t;
c.Paint ( );        // 调用 Control.Paint ( )
t.Paint ( );        // 调用 TextBox.Paint ( )
ic.Paint ( );       // 调用 Control.Paint ( )
it.Paint ( );       // 调用 TextBox.Paint ( )
```

因为显式说明的接口成员不能被声明为虚拟的，所以无法重载显式说明的接口实现。这时可以采用显式说明的接口实现来调用另外一个方法，这个被调用的方法可以被声明为虚方法并允许被派生类重载。

【例7-34】 对重载方法的实现。

```
using System;
interface IControl
{
    void Paint ( );
}
class Control: IControl
```

```
{
    void IControl.Paint ( ) {PaintControl ( );}
    protected virtual void PaintControl ( ) {...}
}
class TextBox: Control
{
    protected override void PaintControl ( ) {...}
}
```

可以看出，从 Control 中派生的类可以通过重载 PaintControl 方法来具体实现 IControl.Paint。

5．接口的重实现

派生类可以对基类中已经定义的成员方法进行重载，同样，类似的概念在类对接口的实现中叫作接口的重实现。继承了接口实现的类可以对接口进行重实现，这个接口要求是在类声明的基类列表中出现过的。对接口的重实现也必须严格地遵守首次实现接口的规则。派生的接口映射不会对接口的重实现所建立的接口映射产生任何影响。

【例 7-35】 一个给出了接口重实现的例子。

```
using System;
interface IControl
{
    void Paint ( );
}
class Control: IControl
{
    void IControl.Paint ( ) {...}
}
class MyControl: Control, IControl
{
    public void Paint ( ) { }
}
```

实际上就是 Control 把 IControl.Paint 映射到了 Control.IControl.Paint 上，但这并不影响在 MyControl 中的重实现。在 MyControl 的重实现中，IControl.Paint 被映射到 MyControl.Paint 上。在接口重实现时，继承而来的公有成员声明和继承而来的显式接口成员的声明会参与到接口映射的过程中。

【例 7-36】 Derived 类对接口方法的映射。

```
using System;
interface IMethods
{
    void F ( );
    void G ( );
    void H ( );
    void I ( );
}
class Base: IMethods
{
```

```
    void IMethods.F ( ) { }
    void IMethods.G ( ) { }
    public void H ( ) { }
    public void I ( ) { }
}
class Derived: Base, IMethods
{
    public void F ( ) { }
    void IMethods.H ( ) { }
}
```

这里接口 IMethods 在 Derived 中的实现把接口方法映射到了 Derived.F、Base.IMethods.G、
Derived.IMethods.H 和 Base.I 上。前面说过，类在实现一个接口时同时隐式地实现了该接口的所有
父接口。同样，类在重实现一个接口时同时隐式地重实现了该接口的所有父接口。

【例 7-37】　类的重实现。

```
using System;
interface IBase
{
    void F ( );
}
interface IDerived: IBase
{
    void G ( );
}
class C: IDerived
{
    void IBase.F ( )
    {
            //对 F 进行实现的代码
    }
    void IDerived.G ( )
    {
            //对 G 进行实现的代码
    }
}
class D: C, IDerived
{
    public void F ( )
    {
            //对 F 进行实现的代码
    }
    public void G ( )
    {
            //对 G 进行实现的代码
    }
```

```
    }
```
这里对 IDerived 的重实现也同样实现了对 IBase 的重实现，把 IBase.F 映射到了 D.F 上。

6. 抽象类与接口

和非抽象类一样，抽象类也必须提供在基类列表中出现的所有接口成员的实现。不同的是抽象类允许将接口的方法映射到抽象的成员方法中。

【例 7-38】 接口的实现。

```
using System;
interface IMethods
{
    void F ( );
    void G ( );
}
abstract class C: IMethods
{
    public abstract void F ( );
    public abstract void G ( );
}
```

在上例中，所有 C 的非抽象的派生类必须重载 C 中的抽象方法以提供对接口的实现。注意显式说明的接口成员不能是抽象的，但它允许调用抽象的方法，如例 7-39。

【例 7-39】 对抽象方法的实现。

```
using System;
interface IMethods
{
    void F ( );
    void G ( );
}
abstract class C: IMethods
{
    void IMethods.F ( ) {FF ( );}
    void IMethods.G ( ) {GG ( );}
    protected abstract void FF ( );
    protected abstract void GG ( );
}
```

▶ 7.4 泛型、泛型接口和委托中的协变、逆变

7.4.1 泛型、泛型集合 List<T>、IEnumerable<T>接口及 yield

泛型将类型参数的概念引入到 C#中，通过泛型可以最大化代码重用，它将代码类型的指定推迟到客户端代码中，大大提高了集合类的效率。本节将结合集合类介绍泛型在 C#中的使用并介绍

其使用得较多的接口 IEnumerable 等。

1．定义泛型

泛型是在 C#中实现类型参数化的机制，数据类型作为参数用来定义一个新的数据类型。通过这种机制，可以编写出一套接口，该接口基于一个或多个假设的类型，只有在使用这个接口的时候才能确定它的真正类型，其不会强行对值类型进行装箱和拆箱，或对引用类型进行向下强制类型转换，所以性能得到提高。

在 C#中，通过尖括号 "<>" 将类型参数括起来，表示泛型。如下面的代码所示，其中 FXClass 是一个泛型类，<T>表示 T 是一个假设的类型，在 FXClass 中该类可以认为 T 是已知类型。同样，函数 FXFunction 是一个泛型函数，它也认为 T 是已知类型。

```
class FXClass<T>
T FXFunction<T>(T para)
```

在定义了泛型类之后，在默认情况下 T 可以是任何类型，所以可以用实际的数据类型代替 T 来声明某个实际要使用的类型。值得注意的是，对于同一个泛型定义，不同的类型作为参数所产生的新类型是两个不同的新类型。如下所示，intFxCls 和 objFxCls 分别是 FXClass 在 int 和 object 上的两个实例，它们属于不同的类型，即 FXClass<int>和 FXClass<object>是两个不同的类型。

```
FXClass<int> intFxCls;
FXClass<object> objFxCls;
```

当泛型需要多个类型参数时，多个参数类型用逗号 "，" 分隔，但名字不同，而且都在 "<>" 内，如下面代码所示。前者需要两个类型参数，后者需要三个类型参数。

```
class FX2Class<T, U>
class FX3Class<T, U, Y>
```

多个类型参数在定义类的时候，必须给出相同数量的类型，如下面代码所示。

```
FX2Class<int, float> fx2Cls;
class FX3Class<int, int, float> fx3Cls;
```

另外，如果在定义泛型时，希望被使用的参数类型是实现了特定接口的类型，可以通过 where 关键字和冒号 "：" 运算符指定参数类型的父类（或接口），所有作为参数的类都必须是这个类（或接口）或它的子类。如下面的代码所示，where 关键字要求 T 必须是实现了 IComparable 接口的类型。所以，strFxCls 和 intFxCls 都是正确的，string 和 int 都实现了 IComparable 接口，但是，objFxCls 不正确，因为 object 并没有实现 IComparable 接口，而 FxClass<T>在定义的时候限制类型必须为 IComparable 的子类。

【例 7-40】　通过 where 关键字和冒号 "：" 运算符指定参数类型的父类（或接口）的例子。

```
class FxClass<T> where T:IComparable{}
-------------------------------------------
FxClass<string> strFxCls;           //正确
FxClass<int> intFxCls;              //正确
FxClass<object> objFxCls;           //错误，object 没有实现 IComparable 接口
```

C#中的泛型具有以下特点，合理地使用泛型可以让代码变得更加高效和安全。

泛型类型可以最大限度地重用代码、保护类型的安全。

通过减少拆箱和装箱操作，可以大大提高性能。

可以泛型化的 C#语言元素很多，包括泛型接口、泛型类、泛型方法、泛型事件和泛型委托。

可以通过冒号 "：" 运算符对泛型类进行约束以访问特定数据类型的方法。

泛型最常用的地方就是定义集合类，在.NET 类库中，几乎所有集合类都具有泛型版本，由于泛型版本性能更高，所以特别建议使用泛型版本的集合类。

2. 泛型集合类——泛型列表 List<T>

在.NET 类库中，泛型最主要用在集合类的实现中，.NET 类库提供了很多种集合类，包括 ArrayList、List、List<T>、LinkedList<T>、HashTable、HashSet、Dictionary<T>等，这里介绍一个主要的常见的泛型集合类 List<T>。

（1）列表 List<T>简介。列表是简单和常见的集合类之一，在.NET 类库中，泛型类 List<T>实现了可以通过索引访问强类型的列表。泛型类 List<T>的参数类型 T 可以是任何可访问的数据类型，值类型和引用类型均可，可以通过中括号"[ ]"运算符像访问数组那样访问 List<T>的元素，它的索引也是从 0 开始计数的。

List<T>类提供一个类似数组的容器，但是与数组的固定大小不同，它会根据列表中元素的个数自动调整列表容量，分配和释放所占用的资源。值得注意的是，List<T>的容量往往大于实际元素数量，这是为了避免在每次添加和移除元素时都进行内存分配和释放，从而提高性能。

所属命名空间：System.Collections.Generic

```
public class List<T> : IList<T>, ICollection<T>, IEnumerable<T>, IList, I
Collection, IEnumerable

    List<T>类是 ArrayList 类的泛型等效类。该类使用大小可按需动态增加的数组实现 IList<T>
泛型接口。
```

性能注意事项：在决定使用 IList<T> 还是使用 ArrayList 类（两者具有类似的功能）时，记住 IList<T>类在大多数情况下执行得更好并且是类型安全的。如果对 IList<T>类的类型 T 使用引用类型，则两个类的行为是完全相同的。但是，如果对类型 T 使用值类型，则需要考虑实现和装箱问题。"添加到 ArrayList 中的任何引用或值类型都将隐式地向上强制转换为 Object。如果项是值类型，则必须在将其添加到列表中时进行装箱操作，在检索时进行取消装箱操作。强制转换以及装箱和取消装箱操作都会降低性能；在必须对大型集合进行循环访问的情况下，装箱和取消装箱的影响非常明显。"

（2）List<T>的基础、常用方法。List<T>提供一系列成员方法（例如，Add、Insert、Remove、Sort、Find、ToArray），可对列表进行添加、插入、移除、排序、查找和将当前列表中的元素复制到新数组中。

【例 7-41】 List<T>的常用方法。

```
List<int> intList;          //表示一个元素为 int 的链表
intList.Add(34);            //添加
intList.Remove(34);         //删除
intList.RemoveAt(0);        //删除位于某处的元素
intList.Count;              //链表长度
```

还有 FindAll，Contains 等方法，也有索引方法 intList[0] = 23; List<Object> 就相当于 System.Collections 命名空间里面的 List。

3. ICollection、IEnumerable 及 IEnumerable<T>接口

（1）ICollection 接口的基本知识。C#语言提供了许多方法来实现集合。在 5.1 节中讨论了标准的 C#数组语法，下面介绍 System.Collections 命名空间所包含的接口。这些接口为所有的 C#集合类型定义了框架。

ICollection 接口定义了对所有集合类通用的属性和方法，其被接口 IList 和 IDictionary 继承，由类 ArrayList、CollectionBase、DictionaryBase、Hashtable、Queue、SortedList 和 Stack 实现。ICollection 接口的常用属性如表 7-1 所示。

表 7-1　ICollection 常用属性

属　　性	说　　明
Count	返回 ICollection 所包含的元素数
IsSynchronized	当同步访问 ICollection 时，返回 true
SyncRoot	返回一个能用来同步访问 ICollection 的对象

（2）IEnumerable 接口和 IEnumerator 接口的基本知识。IEnumerable 接口声明了一个方法支持对集合进行简单的遍历，大部分表示一个元素序列或元素集合的类都将实现这个接口。IEnumerator 接口定义了一些属性和方法，允许一个枚举器对集合进行简单的遍历，任何作为枚举器使用的类都将实现这个接口。IEnumerable 接口的定义格式如下：

```
public interface IEnumerable
```

IEnumerable 接口有一个公有实例方法，如下：

```
IEnumerator GetEnumerator( )
```

GetEnumerator( )返回一个用于遍历一个集合元素的枚举器。

IEnumerator 接口的定义格式如下：

```
public interface IEnumerator
```

IEnumerator 接口有一个属性 Current、两个方法 MoveNext( )和 Reset( )。属性 Current 返回集合中的当前元素；方法 MoveNext( )指向集合的下一个元素，方法 Reset( )移回集合的初始位置（即第一个元素之前）。

（3）泛型接口 IEnumerable<T>及 yield

除了 IEnumerable 接口，还有一个泛型版本 IEnumerable<T>。IEnumerable<T>派生自 IEnumerable。添加了返回 IEnumerator<T>的方法，例如下面 LinkedList<T>的例子实现泛型接口 IEnumerable<T>。

【例 7-42】　实现泛型接口 IEnumerable<T>的例子。

```
public class LinkedList<T>:IEnumerable<T>{
……
public IEnumerator<T> GetIEnumerator( ){
LinkedListNode<T> current = First;
while (current != null) {
  yield return current.Value;
  current = current.Next;
   }
  }
……
}
```

注意：其中包括 yield 语句的方法或属性也称为迭代块。迭代块必须声明为返回 IEnumerator 或 IEnumerable 接口，或者这些接口的泛型版本。这个块可以包括多条 yield return 语句（其返回集合的一个元素，并移动到下一个元素上）或停止迭代的 yield break 语句，不能包括 return 语句。yield 语句也常常与 foreach 语句一起使用。

7.4.2　协变和逆变

在.NET4 之前，泛型接口是不变的。.NET4 通过协变（Covariance）和逆变（Contrav- ariance）为泛型接口和泛型委托添加了一个重要的扩展。协变和逆变指对参数和返回值的类型进行转换。例如，可以给一个需要 Shape 参数的方法传送 Rectangle 参数码。下面用示例说明这些扩展的优点。

在.NET 中，参数类型是协变的。假定有 Shape 和 Rectangle 类，Rectangle 派生自 Shape 基类。声明 Display( )方法是为了接受 Shape 类型的对象作为其参数：

```
public void Display(Shape o) { }
```

现在可以传递派生自 Shape 基类的任意对象。因为 Rectangle 派生自 Shape，所以 Rectangle 满足 Shape 的所有要求，编译器接受这个方法调用：

```
Rectangle r = new Rectangle { Width = 5, Height = 2.5};
Display(r);
```

方法的返回类型是逆变的。当方法返回一个 Shape 时，不能把它赋予 Rectangle，因为 Shape 不一定总是 Rectangle。反过来，如果一个方法像 GetRectangle( )方法那样返回一个 Rectangle 赋予某个 Shape，则是可行的：

```
public Rectangle GetRectangle( );
```

就可以把结果赋予某个 Shape：

```
Shape s = GetRectangle( );
```

7.4.3　泛型接口和委托中的协变和逆变

在.NET Framework 4 版本之前，上述这种协变和逆变行为方式不适用于泛型。在 C#2010 中，扩展后的语言支持在泛型接口和委托中使用协变和逆变，并允许隐式转换泛型类型参数。如果泛型接口或委托的泛型参数声明为协变或逆变，则将该泛型接口或委托称为"变体"。C#允许创建自己的变体接口和委托。

1. 泛型接口的协变和逆变

下面定义 Shape 基类和 Rectangle 类，为后面的泛型接口中的协变和逆变例子所使用：

```
public class Shape{
  public double width { get; set; }
  public double Height { get; set; }
  public override string ToString( ){
    return String.Format( "Width:{0},Height:{1}" ,Width,Height); }
  }
 public class Rectangle:Shape{ }
```

（1）泛型接口的协变。如果泛型类型用 out 关键字标注，泛型接口就是协变的。这也意味着返回类型只能是 T。接口 IIndex 与类型 T 是协变的，并从一个只读索引器中返回这个类型。

【例 7-43】　泛型接口的协变例子。

```
Public interface IIndex<out T>
{
  T this [int index] {get;}
  int Count {get;}
```

```
}
```

IIndex<T>接口用 RectangleCollection 类来实现。RectangleCollection 类为泛型类型 T 定义了 Rectangle：

```
public class RectangleCollectiion:IIndex<Rectangle>{
  private Rectangle[] data = new Rectangle[3] {
    new Rectangle { Height = 2,Width = 5},
    new Rectangle { Height = 3,Width = 7},
    new Rectangle { Height = 4.5,Width = 2.9}
  };
  public static RectangleCollection GetRectangles( ){
      return new RectangleCollection( );
  }
  public Rectangle this [int index] {
    get
      { if (index<0 || index>data.Length)
      throw new ArgumentOutOfRangeException( "index" );
    return data[index]; }
  }
public int Count
{ get
  {return data.Length; }
    }
}
```

RectangleCollection.GetRectangle( )方法返回一个实现 IIndex<Rectangle>接口的 Rectangle Collection 类，所以可以把返回值赋予 IIndex<Rectangle>类型的变量 rectangle。因为接口是协变的，所以也可以把返回值赋予 IIndex<Shape>类型的变量。Shape 不需要 Rectangle 没有提供的内容。使用 Shapes 变量，就可以在 for 循环中使用接口中的索引器和 Count 属性：

```
static void Main( ){
  IIndex<Rectangle>rectangles = RectangleCollection.GetRectangles( );
  IIndex<Shape>shapes = rectangles;
  for (int i = 0;i<shapes.Count;i++)
  { Console.WriteLine(shapes[i]);}
}
```

（2）泛型接口的逆变。如果泛型类型用 in 关键字标注，泛型接口就是逆变的。这样，接口只能把泛型类型 T 用作其方法的输入。

【例 7-44】 泛型接口的逆变例子。

```
public interface IDisplay<in T>{
  void Show (T item); }
```

ShapeDisplay 类实现 IDisplay<Shape>，并使用 Shape 对象作为输入参数：

```
public class ShapeDisplay:IDisplay<Shape>{
  public void show(Shape s) {
    Console.WriteLine( "{0} Width:{1},Height:{2}" ,s.GetType( ).Name,
              s.width,s.Height); }
}
```

创建 ShapeDisplay 的一个新实例，会返回 IDisplay<Shape>，并把它赋予 shapeDisplay 变量。因为 IDisplay<T>是逆变的，所以可以把结果赋予 IDisplay<Rectangle>，其中 Rectangle 派生自 Shape。这次接口的方法只能把泛型类型定义为输入，而 Rectangle 满足 Shape 的所有要求：

```
static void Main( )
{
  //…
  IDisplay<Shape> shapeDisplay = new ShapeDisplay( );
  IDisplay<Rectangle> rectangleDisplay = shapeDisplay;
  rectangleDisplay.Show(rectangles[0]);
}
```

2. 泛型委托中的协变和逆变

在匹配方法签名（方法签名由方法名称和一个参数列表组成，参数列表即方法的参数的顺序和类型）和委托类型方面，泛型委托也支持协变和逆变。这样，不仅可以为委托指派具有匹配签名的方法，而且可以指派这样的方法：它们返回与委托类型指定的派生类型相比，派生程度更大的类型的参数（协变），或者接受相比之下，派生程度更小的类型的参数（逆变）。

【例 7-45】 泛型委托中的协变和逆变例子。

先定义一个接口 IColor 及两个派生类：

```
public interface IColor { }
public class Red  : IColor { }
public class Blue : IColor { }
```

定义 ColorDemo 类用来写展示协变与逆变的逻辑:

```
public class ColorDemo{}
```

编写具体实现：

```
public class ColorDemo{
    //协变委托
    private delegate T CovarianceDelegate<out T>( );
    //逆变委托
    private delegate void ContravarianceDelegate<in T>(T color);
    private static string colorInfo;
    public void CoreMethod( ){
        //协变
        CovarianceDelegate<IColor> a1 = ColorMethod;
        a1.Invoke( );
        CovarianceDelegate<Red> a2 = RedMethod;
        a2.Invoke( );
        a1 = a2;
        a1.Invoke( );
        //逆变
        ContravarianceDelegate<Blue> b1 = BlueMethod;
        b1.Invoke(new Blue( ));
        ContravarianceDelegate<IColor> b2 = ColorMethod;
        b2.Invoke(new Red( ));
        b1 = b2;
```

```
        b1.Invoke(new Blue( ));}
    private IColor ColorMethod( ){
        colorInfo = "无色";
        Console.WriteLine(colorInfo);
        return null;}
    private void ColorMethod(IColor color){
        colorInfo = "无色";
        Console.WriteLine(colorInfo);}
    private Red RedMethod( ){
        colorInfo = "红色";
        Console.WriteLine(colorInfo);
        return new Red( );}
    private void BlueMethod(Blue blue){
        colorInfo = "蓝色";
        Console.WriteLine(colorInfo);}
}
    static void Main(string[] args){
        ColorDemo colorDemo =new ColorDemo( );
        colorDemo.CoreMethod( );
        Console.ReadLine( );}
```

运行结果如图 7-1 所示。

图 7-1　例 7-47 运行结果

⫸ 7.5　本地方法

简而言之，本地方法（Local Function）就是在方法体内部定义一个方法。

乍看这个新特性好像没有什么新意，因为目前在大量 C#的项目中，都可以使用 delegate 或基于 delegate 变形的各种方案（lambda, Fun<*>, Action, Action<*> ...）。但是方法体内部的 delegate，并不是完美无缺的。

在 C#7.0 中，允许代码直接在一个方法体（方法，构造，属性的 Getter 和 Setter）里声明并调用子方法。

由于 this 是以类似匿名方法的形态存在，所以，在当前类中仍然可以定义同名且同样声明的成员方法，从所在的方法体中调用时，会执行本地方法。

由于它的本质是成员方法，所以它可以避免 [委托 / Lambda 表达式] 的种种限制，可以异步，可用泛型，可用 out、ref、param,可以 yield,特性参数等。

【例 7-46】直接在一个方法体里声明并调用子方法。

```
class Foo
{
    public IEnumerable<T> Bar<T>(params T[] items)
    {
        if (items == null) throw new ArgumentException(nameof(items));

        IEnumerable<T2> Enumerate<T2> ([CallerMemberName] T2[] array) //
使用泛型及特性参数
        {
            //本地方法逻辑
            foreach (var item in array)
            {
                yield return item; //使用迭代器
            }
        }

        return Enumerate<T>(items); //调用本地方法
        //return this.Enumerate<T>(items);  //调用成员方法
    }

    IEnumerable<T2> Enumerate<T2>([CallerMemberName] T2[] array)
    {
        //成员方法逻辑
    }
}
```

习　题

7-1　面向对象程序设计语言的 3 个最基本的特征是什么？

7-2　基类能够访问派生类的成员吗？反之，派生类能够访问基类的成员吗？

7-3　创建 TwoDShape 的派生类 Circle，要求包括计算圆面积的方法 area( )和使用关键字 base 初始化 TwoDShape 部分的构造函数。

7-4　如何防止派生类访问基类中的一个成员？

7-5　说明 base 的目的。

7-6　如何防止一个类被继承？

7-7　"一个接口，多种方法"是 C#的关键原则。哪个特性最好地证明了这条原则？

7-8　简述接口的意义，以及在什么情况下要使用接口。

7-9　一个接口可以由多少类来实现？一个类可以实现多少个接口？

7-10　接口能够被继承吗？

7-11 类必须实现接口定义的所有成员吗？

7-12 接口可以声明构造函数吗？

7-13 创建一个接口，写出几个类实现这个接口，并互相调用。

7-14 简述泛型、泛型集合 List<T>、IEnumerable<T>接口及 yield 的特点。

7-15 什么是泛型接口和委托中的协变和逆变？举例实现。

第 8 章
可视化应用程序设计

Windows 窗体和控件是 C#应用程序编程的基础。在 C#应用程序中，每个 Windows 窗体和控件都是对象，窗体和控件都是类的实例。Windows 窗体是可视化程序设计的基础界面，是其他对象的载体和容器。在 Windows 窗体上，可以直接"可视"地创建应用程序，每个 Windows 窗体都对应应用程序运行的一个窗口。控件是添加到窗体对象上的对象（例如，可以将滚动条控件 ScrollBar、定时器控件 Timer 等拖到窗体内），每种类型的控件都有一套属性、方法和事件以完成特定的功能。

8.1　Windows 窗体

Windows 窗体是一小块屏幕区域，一般为矩形，可用来向用户显示信息，并接收用户的输入。在 Windows 应用程序中，图形用户界面的基本组成单元就是窗口。在 C#应用程序运行时，一个窗体及其上的其他对象就构成了一个窗口。Windows 窗体是基于.NET 框架的一个对象，它有定义其外观的属性、定义其行为的方法以及定义其与用户交互的事件。和其他对象一样，Windows 窗体也是一个由类生成的实例。不同的是，当使用其他控件时，是直接由预定义的类生成一个实例，而在使用窗体设计器设计一个 Windows 窗体时，其实是新建一个类，这个类继承了.NET 框架预先定义好的一个窗体类（System.Windows.Forms），在程序运行时，显示的是这个类的实例。当新建一个 Windows 应用程序项目时，C#就会自动创建一个默认名为 Form1 的 Windows 窗体，如图 8-1 所示。

Windows 窗体由以下 4 部分组成。

（1）标题栏：显示该窗体的标题，标题的内容由该窗体的"Text"属性决定。

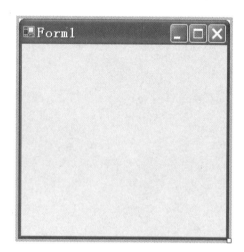

图 8-1　Windows 窗体

（2）控制按钮：提供窗体最大化、最小化以及关闭窗体的控制。

（3）边界：边界限定窗体的大小，可以有不同样式的边界。

（4）窗口区：这是窗体的主要部分，应用程序的其他对象可放在上面。

8.1.1 Windows 窗体的基本属性

Windows 窗体的许多属性可以影响窗体的外观和行为，其中最常用的有名称（Name）属性、标题（Text）属性和影响窗体外观的属性。

1. 窗体的名称属性

设置窗体名称的属性是 Name，该属性值主要作为窗体的标志，用于在程序代码中引用窗体。它不会显示在窗体上，该属性只能在属性窗口的"Name"栏中设置，在应用程序运行时，它是只读的，不能在应用程序中修改。在初始新建一个 Windows 应用程序项目时，自动创建一个窗体，该窗体的名称被默认为 Form1；添加第 2 个窗体，其名称被默认为 Form2，以此类推。通常，在设计 Windows 窗体时，可给其 Name 属性设置一个有实际意义的名字。例如，对一个前端窗口，可以使用"Formfront"名字。

2. 窗体的标题属性

Text 属性用于设置窗体标题栏显示的内容，它的值是一个字符串。通常，标题栏显示的内容应能概括地说明窗体的内容或作用。第 1 个创建的窗体，系统默认其 Text 属性值为 Form1。

3. 窗体的控制按钮属性

按照 Windows 操作系统的风格，C#应用程序中的 Windows 窗体，都应该显示其控制按钮，以方便用户的操作。为窗体添加或去掉控制按钮的方法很简单，只需设置相应的属性值即可，其相关的属性如下。

（1）ControlBox 属性：该属性用来设置窗体上是否有控制按钮。其默认值为 True，此时窗体上显示控制按钮。若将该属性值设置为 False，则窗体上不显示控制按钮，如图 8-2 所示。

（2）MaximizeBox 属性：用于设置窗体上的最大化按钮。该属性的默认值为 True，窗体右上角显示最大化按钮。若设置该属性为 False，则隐去最大化按钮。

（3）MinimizeBox 属性：用于设置窗体上的最小化按钮。该属性的默认值为 True，窗体右上角显示最小化按钮。若设置该属性为 False，则隐去最小化按钮。

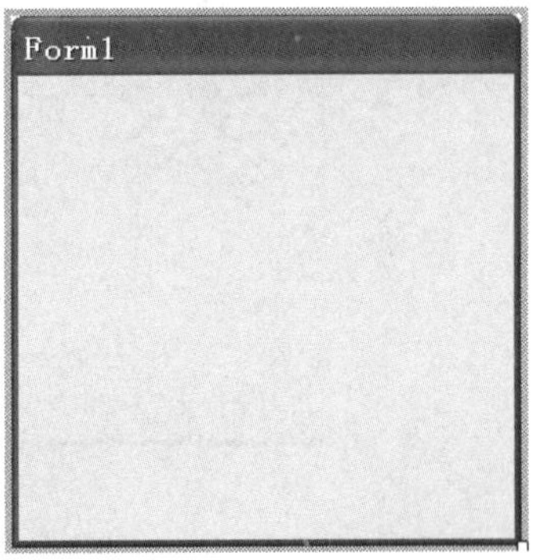

图 8-2 无控制按钮的窗体

4. 影响窗体外观的属性

影响窗体外观的常用属性如下。

（1）FormBorderStyle 属性：用于控制窗体边界的类型。该属性还会影响标题栏及其上按钮的显示。它有 7 个可选值。

- None：窗体无边框，可以改变大小。
- Fixed3D：使用 3D 边框效果。不允许改变窗体大小，可以包含控制按钮、最大化按钮和最小化按钮。
- FixedDialog：用于对话框。不允许改变窗体大小，可以包含控制按钮、最大化按钮和最小化按钮。
- FixedSingle：窗体为单线边框。不可以重新设置窗体大小，可以包含控制按钮、最大化按钮和最小化按钮。

- Sizable：该值为属性的默认值，窗体为双线边框。可以重新设置窗体的大小，可以包含控制按钮、最大化按钮和最小化按钮。
- FixedToolWindow：用于工具窗口。不可重新设置窗体大小，只带有标题栏和关闭按钮。
- SizableToolWindow：用于工具窗口。可以重新设置窗体大小，只带标题栏和关闭按钮。

（2）Size 属性：用来设置窗体的大小。可直接输入窗体的宽度和高度，也可在属性窗口中双击 Size 属性，将其展开，分别设置 Width（宽度）和 Height（高度）值。

（3）Location 属性：设置窗体在屏幕上的位置，即设置窗体左上角的坐标值。可以直接输入坐标 X，Y 值；也可在属性窗口中双击 Location 属性将其展开，分别设置 X 和 Y 值。

（4）BackColor 属性：用于设置窗体的背景颜色，可以从弹出的调色板中选择。

（5）BackgroundImage 属性：用于设置窗体的背景图像。单击此属性右边的按钮，可弹出"打开"对话框，可以从中选择"*.bmp、*.gif、*.jpg、*.jpeg"等文件格式，并选中给定路径上的一个图片文件，单击"打开"按钮，就将图片加载到当前窗体上，如图8-3所示。

图 8-3 "打开"对话框

（6）Opacity 属性：该属性用来设置窗体的透明度，其值为 100%时，窗体完全不透明；其值为 0%时，窗体完全透明。

8.1.2 创建窗体

在初始创建一个 Windows 应用程序项目时，系统将自动创建一个默认名称为 Form1 的窗体。在应用 C#开发实际应用程序中，一个窗体往往不能满足应用程序的需要，通常需要用到多个窗体。C#提供了多窗体处理能力，在一个项目中可创建多个窗体，添加新窗体的方法如下。

（1）选择项目菜单下的"添加 Windows 窗体"命令，打开"添加新项"对话框，如图8-4所示。

（2）在"添加新项"对话框的模板框内，选择"Windows 窗体"模板，然后，单击"确定"按钮，就添加了一个新 Windows 窗体。添加第 2 个窗体的默认名称为 Form2，以此类推。此时，在资源管理器窗口中双击对应的窗体，则在 Windows 窗体设计器中，可显示出该窗体。

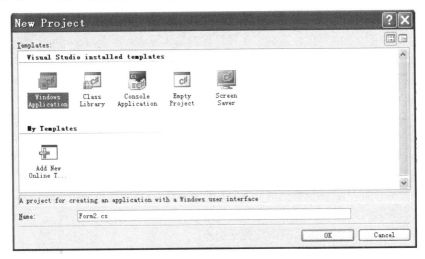

图 8-4　"添加新项"对话框

8.1.3　设置启动窗体属性

当在应用程序中添加了多个窗体后，在默认情况下，应用程序中的第一个窗体被自动指定为启动窗体，在应用程序开始运行时，此窗体就被显示出来。如果想在应用程序启动时，显示别的窗体，就要设置启动窗体。设置启动窗体的步骤如下。

（1）选择"视图（View）"菜单下的"属性页面（Properties Window）"命令，或者在解决方案资源管理器中，单击右键所创建的项目名称，在弹出的快捷菜单中选择"属性"菜单项，这时会出现"属性页面（Properties）"对话框，如图 8-5 所示。

（2）在"属性页面（Properties）"对话框的启动对象列表框内，选择作为启动窗体的窗体名称。

（3）单击"确定"按钮。

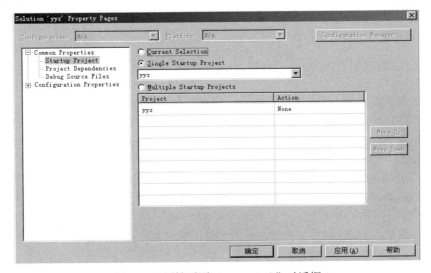

图 8-5　"属性页面（Properties）"对话框

⫸ 8.2　控件概述

控件是包含在窗体上的对象，是构成用户界面的基本元素，也是 C#可视化编程的重要工具。使用控件可使应用程序的设计免除大量重复性工作，简化设计过程，有效地提高设计效率。要编写出具有实用价值的应用程序，必须了解每类控件的功能、用途，并掌握其常用的属性、事件和方法。

工具箱包含了建立应用程序的各种控件，在使用时将之"拖"入窗体的相应位置便可。通常，工具箱分为数据、组件、Windows 窗体、剪贴板循环、常规等 5 个部分，常用的 Windows 窗体控件放在"Windows 窗体"选项卡下。在工具箱中有数十个常用的 Windows 窗体控件，它们都以图标的方式显示在工具箱中，其名称显示于图标的右侧。单击工具箱滚动条的上下按钮，可上下浏览工具箱中的控件。除了上述系统提供的各种控件外，C#还具有控件可扩展性的特征，用户如果需要，可以到有关公司购买或从互联网上下载控件。此外，C#还提供了自定义控件的功能，在应用程序设计中，用户可以根据自己的需要建立控件。

8.2.1　控件的基本属性

控件的外观和行为，如控件的大小、颜色、位置以及控件使用方式等特征，是由它的属性决定的。不同的控件拥有不同的属性，并且系统为它提供的默认值也不同。大多数默认值设置比较合理，能满足一般情况下的需求。通常，在使用控件时，只有少数的属性值需要修改。有些属性属于公共属性，适用于大多数控件或所有控件。此外，每个控件还有它专门的属性。大多数控件还包含一些更高级属性，在进入高级应用程序开发阶段时会很有用。控件共有的基本属性如下。

（1）Name 属性。每一个控件都有一个 Name（名字）属性，在应用程序中，可通过此名字来引用这个控件。C#会给每个新产生的控件指定一个默认名，一般它由控件类型和序号组成，如 button1、button2、textBox1、textBox2 等。在应用程序设计中，可根据需要将控件的默认名字改成更有实际代表意义的名字。控件命名必须符合标识符的命名规则：

* 必须以字母打头，其后可以是字母、数字和下画线"_"，不允许使用其他字符或空格。
* 名字长度不能超过 255 个字符。
* 大写与小写字母同等对待，但正确地混用大小写字母，能使名字更容易识别。如 CmdSaveAS 比 Cmdsaveas 更容易识别，但它们所指的是同一个控件。

（2）Text 属性。大多数控件都有一个获取或设置文本的属性——Text 属性。如命令按钮、标签等都用 Text 属性设置其文本；文本框用 Text 属性获取用户输入或显示文本等。

（3）尺寸大小和位置属性。各种控件一般都有一个设置其尺寸大小和位置的属性 Size 属性和 Location 属性。

Size 属性可用于设置控件的宽度和高度。

Location 属性可用于设置一个控件相对于它所在窗体上，对应窗体左上角的 X、Y 坐标。这两个属性既可以通过输入新的设置值来改变，也可以随着控件的缩放或拖动而改变。当用鼠标单击窗体中的一个控件，控件周围就会出现 8 个白色小方块，拖动这些小方块可以缩放控件的大小，这时控件的 Size 属性值也随之变化。把鼠标放在控件上面时，鼠标就变成十字形状，这时可拖动控件，控件的 Location 属性值将随之改变。

（4）字体属性。如果一个控件要显示文字，可通过 Font（字体）属性来改变它的显示。在属性窗口中单击 Font 属性后，在它的右边会显示一个"…"小按钮，单击这个小按钮，就会弹出一个"字体"对话框，通过"字体"对话框就可以选择所用的字体、字形和大小等。

（5）颜色属性。控件的背景颜色是由 BackColor 属性设置的；控件要显示的文字或图形的颜色，则是由 ForeColor 属性设置的。选择颜色的方法是，在属性窗口中用鼠标单击对应的属性后，在它的右边会显示一个"▼"小按钮，单击这个小按钮，就会弹出一个列表框，可以从标准的 Windows 颜色列表框中选择一种颜色，也可以从"自定义"的调色板中选择一种颜色。

（6）可见和有效属性。一个控件的 Visible（可见）属性决定了该控件在用户界面上是否可见。一个控件的 Enabled（有效）属性决定了该控件能否被使用。当一个控件的 Enabled 属性设置为 False 时，它会变成灰色显示，且单击此控件时不会起作用。如果一个控件的 Visiable 属性设置为 False，则在用户界面上就看不到这个控件了，它的 Enabled 属性也就无关紧要了，所以，设置属性的一般原则是：控件总是可见的，但不必总是有效的。

8.2.2 控件共有的属性、事件和方法

在介绍常用控件前，先要介绍一下各个控件共有的属性、事件和方法。因为在 C#中，所有窗体控件如标签控件、按钮控件、单选按钮等全部都是继承于同一个祖先的：System. Windows.Forms.Control。其继承关系如图 8-6 所示。

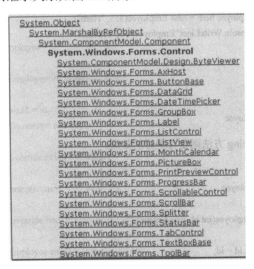

图 8-6 窗体组件的继承关系

从图中可见，Control 类也是继承自 System.Object（System.Object 的别名为 object）的。事实上，C#中的所有控件及类都是继承自这个类的。下面具体了解一下这个类的特征。

1．System.Object 类

正如前面所说，在 C#中，System.Object 类是所有控件与类的基类。但是不需要明确地把 System.Object 类定义为一个类的基类，因为如果当一个类没有规定基类时，编译器会默认把 System.Object 类定为其基类。System.Object 类为其派生类提供了各种底层的支持，并且所有的派生类都可以利用或覆盖 System.Object 中的函数。

- Equals：支持两个对象间的比较。
- Finalize：在对象被自动销毁之前做一些清除工作。

- GetHashCode：为了利用散列表（一种高效查询算法）而把对象按其内容转换为一定的散列码。
- ToString：显示一个类的描述名称。

下面举例说明 System.Object 类的这些方法。

（1）ToString 方法。ToString 方法可以被覆盖。系统为用户提供了一个对象所属类的最好描述，否则将只会显示出对象所属类的名称。

【例 8-1】 使用 String。

```
using System;
public class Employee
{
    public Employee(int id ,string name)
    {
        this.id = id;
        this.name = name;
    }
    int id;
    string name;
}
class Test
{
    public static void Main( )
    {
        Employee herb = new Employee(555,"Herb");
        Console.WriteLine("Employee:{0}",herb);
    }
}
```

运行结果如下：

```
Employee:Employee
```

而如果覆盖 ToString 方法则会有更好的效果。

【例 8-2】 覆盖 ToString 方法。

```
using System;
public class Employee
{
    public Employee(int id,string name)
    {
        this.id = id;
        this.name = name;
    }
    public override string ToString( )
    {
        return(String.format("{0}{1}",name,id);
    }
    int id;
```

```
      string name;
}
class Test
{
  public static void Main( )
  {
    Employee herb = new Employee(555, "Herb");
    Console.WriteLine("Employee:{0}", herb);
  }
}
```

运行结果如下：

```
Employee:Herb(555)
```

当使用 Console.WriteLine( )方法时，C#编译器会把对象用一个字符串表现出来，这时会自动调用 ToString 虚方法。然后编译器会根据当前的对象类型执行相应的 ToString 方法，这样就输出了更为详细的信息。因为 herb 所属的类型 Employee 已经覆盖了 ToString 方法。

（2）Equals 方法。Equals 方法用于判断两个对象是否拥有同样的类型和内容。它经常应用在数组和集合中，用于判断两个对象是否是同一对象。

【例 8-3】 使用 Equals 方法。

```
using System;
public class Employee
{
        public Employee(int id,string name)
        {
            this.id = id;
            this.name = name;
        }
        public override string ToString( )
        {
            return(name+"("+id+")");
        }
        public override bool Equals(object obj)
        {
            Employee emp2 = (Employee)obj;
            if(id!=emp2.id)
                 return(false);
            if(name!=emp2.name)
                 return(false);
            return(true);
        }
        public static bool operator==(Employee emp1,Employee emp2)
        {
            return(emp1.Equals(emp2));
        }
        public static bool operator!=(Employee emp1,Employee emp2)
```

```
        {
            return(!emp1.Equals(emp2));
        }
        int id;
        string name;
    }
class Test
{
    public static void Main( )
    {
        Employee herb = new Employee(555, "Herb");
        Employee herbClone = new Employee(555, "Herb");
        Console.WriteLine("Equal:{0}",herb.Equals(herbClone));
        Console.WriteLine("Equal:{0}",herb==herbClone);
    }
}
```

运行结果如下：

```
Equal:true
Equal:true
```

在上面的程序中，运算符==与!=被重载。其中，使用 Equals 方法判断对象是否相同。

（3）GetHashCode 方法。.NET Framework 提供了一个散列表（Hashtable）类，它能够通过一个代码快速地查找某个对象。每个对象的实例都将通过 GetHashCode 方法获得一个特殊的整型码（在此称为散列码），这些码是通过一定的算法根据实例的内容计算出来的。经过这个算法，两个不同实例拥有相同散列码的可能性极小。而散列表正是使用散列码作为索引来存储集合中的对象的。这种方法很适用于在大量数据对象中进行查找，可以大大提高查找的速度。

在自创的类当中，GetHashCode 方法应当被覆盖。而且 GetHashCode 的返回值应与 Equals 的返回值相关，即当两个对象相等时，其 GetHashCode 返回值应当相同。

下面看一个应用散列表的例子。

【例 8-4】 应用散列表。

```
using System;
using System.Collections;
public class Employee
{
    public Employee(int id,string name)
    {
        this.id = id;
        this.name = name;
    }
    public override string ToString( )
    {
        return(String.Format("{0}{1}", name, id));
    }
    public override bool Equals(object obj)
    {
```

```
        Employee emp2 = (Employee)obj;
        if(id!=emp2.id)
            return(false);
        if(name!=emp2.name)
            return(false);
        return(true);
    }
    public static bool operator==(Employee empq1,Employee emp2)
    {
        return(emp1.Equals(emp2));
    }
    public static bool operator!=(Employee emp1,Employee emp2)
    {
        return(!emp1.Equals(emp2));
    }
    public override int GetHashCode( )
    {
        return(id);
    }
    int id;
    string name;
}
class Test
{
    public static void Main( )
    {
        Employee herb = new Employee(555, "Herb");
        Employee george = new Employee(123, " George");
        Employee frank = new Employee(111, "Frank");
        Hashtable employees = new Hashtable( );
        employees.Add(herb, "414 Evergreen Terrace");
        employees.Add(george, "2335 Elm Street");
        employees.Add(frank, " 18 pine BluffRoad");
        Employee herbClone = new Employee(555, "Herb");
        String address = (string)employee[herbClone];
        Console.WriteLine("{0} lives at {1}",herbClone,address);
    }
}
```

因为在 Employee 类中，id 域对于每一个实例是唯一的，所以使用 id 作为散列码。如果在没有唯一域的情况下，可以使用几个域组合而形成唯一的散列码，例如：

```
string name;
string address;
public override int GetHashCode( )
{
```

```
        return(name.GetHashCode( )+address.GetHashCode( ));
}
```

使用散列表的方法很简单，首先，要定义一个 Hashtable 类型的对象：

```
Hashtable employee = new Hashtable( );
```

其次，使用 Add( )方法就可以向表添加任意类型的对象及其对应的值：

```
employee.Add(george, "2335 Elm Street");
```

最后，使用索引的方法获得相应对象所对应的值：

```
string address = (string)employee[herbClone];
```

可见使用散列表可以方便而快速地在大量对象实例数据中查找出所要的对象及数据。

2．Control 类

从前面的继承关系可知，所有的窗体控件都派生自 System.Windows.Forms.Control 类。作为各种窗体控件的基类，Control 类实现了所有窗体交互控件的基本功能：处理用户键盘输入、处理消息驱动、调整控件大小等。

Control 类的属性、方法与事件是所有窗体控件所公有的，而且其中很多是在编程中经常会遇到的。例如，Anchor 方法用来描述控件的布局特点；BackColor 用来描述控件的背景色等。所以掌握好 Control 类的成员可以为以后的窗体编程打下坚实的基础。

下面来具体介绍 Control 类的各项成员。

（1）Control 类的属性。Control 类的属性描述了一个窗体控件的所有公共属性，可以在属性（Properties）窗口中观察或修改窗体控件的属性，如图 8-7 所示。

下面重点介绍几个编程中常用到的属性及其方法。

● Text 属性。

无论原来使用的是 Visual Basic 还是 Visual C++，Text 一定是最熟悉的概念。在 C#中，每一个控件对象都有 Text 属性。它是与控件对象实例关联的一段文本，是给用户看的或让用户输入的。相比之下，Name 虽然也是每个控件对象都有的，不过它却是给程序员看的，是在编程时使用的。

Text 属性在很多常用控件中都有重要的意义和作用。例如，在标签框中显示的文字、在编辑框中用户输入的文字、组合框和窗体中的标题等都是控件的 Text 所设定的，如图 8-8 所示。

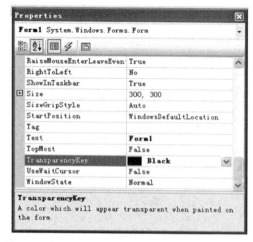

图 8-7　在属性（Properties）窗口中修改控件属性

图 8-8　各种控件的 Text 属性

在程序中可以直接访问 Text 属性，如取得或设置 Text 的值，这样就可以实现在程序运行中修改标题的名称，取得用户输入的文字等功能。

● Anchor 属性。

Anchor 的意思为锚，顾名思义 Anchor 属性是用来确定此控件与其容器控件的固定关系的。所谓容器控件指的是这样一种情况：往往在控件之中还有一个控件，例如最典型的就是窗体控件中会包含很多的控件，像标签控件、文本框等。这时称包含控件的控件为容器控件或父控件，而被包含的控件为子控件。这就涉及一个问题，即子控件与父控件的位置关系问题。即当父控件的位置、大小变化时，子控件按照什么样的原则改变其位置、大小。Anchor 属性就规定了这个原则。

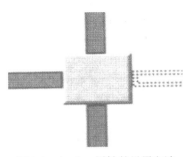

对于 Anchor 属性，可以设定 Top、Bottom、Right、Left 中的任意几种，设置的方法很直观，如图 8-9 所示。

在图 8-9 中，选中变黑的方位即为设定的方位控件，图中所示为 Top、Left、Bottom。此时，如果父窗口变化，子窗口将保证其上边缘与容器上边的距离、左边缘与容器左边的距离、底边与容器底边的距离。其效果如图 8-10 所示。

图 8-9　Anchor 属性的设置方法

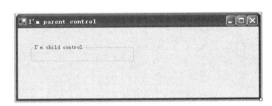

图 8-10　Anchor 的效果

可见，随着父控件的大小变化，子控件也会随之变化。而不变的则是 Anchor 中所规定的边缘与相应的父控件边缘的距离，在图中则是组合框的上、下、左边缘与窗口的左边缘距离未变。

● Dock 属性。

Dock 属性规定了子控件与父控件的边缘依赖关系，如图 8-11 所示。

图 8-11　Dock 为 Top、Left、Fill 时的效果（从左至右）

Dock 的属性值有 6 种，除了 Top、Bottom Fill，还有 Right 和 Left。最后还有默认值 None。一旦 Dock 值被设定，控件就会变化，并与父控件选定的边缘相融在一起。

- Capture 属性。

Capture 属性如果设为真，则鼠标就会被限定只由此控件响应，不管鼠标是否在此控件的范围内。

Control 类还有许多属性，详见 C#软件的"帮助"文档。

（2）Control 类的方法。可以调用 Control 类的方法来获得控件的一些信息，或者设置控件的属性值及行为状态。

例如，Focus 方法可设置此控件获得的焦点；Refresh 方法可刷新控件；Select 方法可激活控件；Show 方法可显示控件等。Control 类还有许多方法，详见 C#软件的帮助信息。

（3）Control 类的事件。事件是当今先进编程语言必不可少的概念。在 Visual Basic 第一个采用事件驱动的方式编写程序后，Delphi 与 Java 都继承了这一思想。当然 C#也不例外，当用户进行某一项操作时，会触发某个事件，此时就会调用预先编写的事件处理程序代码，实现对程序的控制。

事件驱动的实现是基于窗口的消息传递和消息循环机制的，在 Visual C++中实际上是使用宏技巧来实现事件驱动编程。而在 C#中，所有的事件驱动机制都被封装在控件之中，像 Visual Basic 一样，大大方便了编写事件的驱动程序。而如果希望自己能够更深入地操作，或定义自己的事件，C#也是可以胜任的。联合使用委托（Delegate）和事件（Event），可以灵活地添加、修改事件的响应，并自定义事件的处理方法。例如 Control 类的可响应的事件有：单击时发生的 Click 事件；光标改变时发生的 Cursorchanged 事件；销毁时发生的 Disposed 事件；双击时发生的 DoubleClick 事件；拖放时发生的 DragDrop 事件；取得焦点时发生的 GetFocus 事件；鼠标移动时发生的 MouseMove 事件等。Control 类还有许多事件，详见 C#软件的帮助信息。

Ⅱ➡ 8.3　命令按钮控件（Button）

1．命令按钮的用途

命令按钮是用户与应用程序交互的最简便的工具，应用十分广泛。在程序执行期间，它可以用于接收用户的操作信息，去执行预先规定的命令，触发相应的事件过程，以实现指定的功能。

2．常用属性

（1）Text 属性。该属性用于设定命令按钮上显示的文本。它可包含许多个字符，如果其内容超过命令按钮的宽度，则会自动换到下一行。该属性也可为命令按钮创建快捷方式，其方法是在作为快捷键的字母前加一个"&"字符，在程序运行时，命令按钮上的该字母带有下画线，该字母就成为快捷键。例如某个命令按钮的 Text 属性设置是"&Print"，在程序运行时，就会显示"Print"。

（2）FlatStyle 属性。该属性指定了命令按钮的外观风格，它有 4 个可选值。

- Flat：命令按钮为平面样式。
- Popup：命令按钮平时是平面样式，当鼠标移动到命令按钮上面时，则变成立体样式。
- System：命令按钮的样式由操作系统来决定。
- Standard：命令按钮为立体样式。

该属性的默认值为 Standard。命令按钮外观如图 8-12 所示。

图 8-12 4 种外观的命令按钮

（3）Image 属性。用于设定在命令按钮上显示的图形。

（4）ImageAlign 属性。当图片显示在命令按钮上时，可以通过 ImageAlign 属性调节其在命令按钮上的位置。利用此属性在属性窗口中调节非常方便。

3．命令按钮响应的事件

如果按钮具有焦点，就可以使用鼠标左键、Enter 键或空格键触发该按钮的 Click 事件。通过设置窗体的 AcceptButton 或 CancelButton 属性，无论该按钮是否有焦点，都可以使用户通过按 Enter 或 Esc 键来触发按钮的 Click 事件。当使用 ShowDialog 方法显示窗体时，可以使用按钮的 DialogResult 属性指定 ShowDialog 的返回值。

【例 8-5】 试编写一段程序：输入两个数，并可用命令按钮选择执行加、减、乘、除运算。

（1）在窗体上创建：2 个文本框用于输入运算数值，1 个文本框用于显示运算结果，2 个标签分别用于显示运算符和等号，5 个命令按钮分别用于执行加、减、乘、除运算和结束程序运行，如图 8-13 所示。

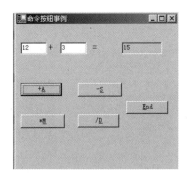

图 8-13 命令按钮事例

（2）设置窗体和各控件的属性，如表 8-1 所示。

表 8-1 窗体和控件属性

对　象	属　性	属 性 值	对　象	属　性	属 性 值
窗体	Name	Form1	命令按钮 1	Name	CmdAdd
	Text	命令按钮事例		Text	"+&A"
文本框 1	Name	textBox1	命令按钮 2	Name	CmdSub
文本框 2	Name	textBox2		Text	"-&A"
文本框 3	Name	textBox2	命令按钮 3	Name	CmdMul
				Text	"*&A"
标签 1	Name	Label1	命令按钮 4	Name	CmdDiv
	Text			Text	"/&A"
标签 2	Name	Label2	命令按钮 5	Name	CmdAdd
	Text	"="		Text	"&End"

（3）打开代码窗口，创建事件过程:

```
Single a;
private void CmdAdd_Click(object sender, System.EventArgs e)
{   label1.Text="+";
    a=Convert.ToSingle(textBox1.Text)+Convert.ToSingle(textBox2.Text);
    textBox3.Text=a.ToString( );
}
private void CmdSub_Click(object sender, System.EventArgs e)
{    label1.Text="-";
    a=Convert.ToSingle(textBox1.Text)-Convert.ToSingle(textBox2.Text);
    textBox3.Text=a.ToString( );
}
private void CmdMul_Click(object sender, System.EventArgs e)
{   label1.Text="*";
    a=Convert.ToSingle(textBox1.Text)*Convert.ToSingle(textBox2.Text);
    textBox3.Text=a.ToString( );
}
private void CmdDiv_Click(object sender, System.EventArgs e)
{

    if(Convert.ToSingle(textBox2.Text)==0)
    {
        throw new ApplicationException( );
    }
    else
    {   label1.Text="/";
        a=Convert.ToSingle(textBox1.Text)/Convert.ToSingle(textBox2.Text);

    }
    textBox3.Text=a.ToString( );
}
private void CmdEnd_Click(object sender, System.EventArgs e)
{
this.Close( );
}
```

在除法运算中，如果除数为 0，则不做除法运算，用 this.Close( ) 退出过程。

▸ 8.4 标签控件（Label）

1. 标签控件的用途

标签主要用来显示文本。通常用标签来为其他控件显示说明信息、窗体的提示信息，或者显示处理结果等信息。但是，标签显示的文本不能被直接编辑。

标签受窗体的 Tab 键序控制，但不接收焦点。如果将 UseMnemonic 属性设置为 True，并且在控件的 Text 中指定助记键字符（"&" 符后面的第一个字符），当用户按下 Alt+助记键时，焦点移动到 Tab 键顺序中的下一个控件。除了显示文本外，还可使用 Image 属性显示图像，或使用 ImageIndex 和 ImageList 属性组合显示图像。

通过将标签的 BackColor 属性设置为 Color.Transparent，可使该标签成为透明的。使用透明标签的时候，只能使用当前设备坐标系统在容器上进行绘制，否则就可能无法正确绘制标签背景。

2．标签的常用属性

（1）Text 属性。Text 属性是标签控件的主要属性，用于设置标签显示的内容。Text 属性可包含许多字符。

（2）Autosize 属性。该属性用于设置标签是否自动调整尺寸，以适应其显示的内容。如果此属性值设为 True，当 Text 属性中的内容改变时，标签控件的尺寸大小将自动变化，但不换行。此属性的系统默认值为 False。

（3）Borderstyle 属性。该属性用于设定标签的边框形式，共有 3 个设定值。

- None：表示无边框。
- FixedSingle：表示边框为单直线型。
- Fixed3D：表示边框为三维凹陷型。

该属性的默认值为 None。

3．标签相应的事件

标签控件常用的事件有：Click（单击鼠标）事件和 DoubleClick（双击鼠标）事件。

【例 8-6】 在窗体上建立 4 个标签，其中，将 label1 的 Text 属性设置为"书名:"、label2 的 Text 属性设置为" "、label3 的 Text 属性设置为"出版社:"、label4 的 Text 属性设置为" "。编写程序，当单击"书名:"时，右边的标签框内显示"C#程序设计教程"；当单击"出版社:"时，右边显示"电子工业出版社"，如图 8-14 所示。

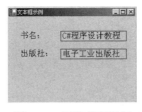

图 8-14 标签应用示例

建立事件的过程如下：

```
private void label1_Click(object sender, System.EventArgs e)
{
        label2.Text="C#程序设计教程";
}
private void label3_Click(object sender, System.EventArgs e)
{
        label4.Text="电子工业出版社";
}
```

注意：超链接标签控件（LinkLabel）同 Label 控件十分相似，不同之处在于 LinkLabel 控件具有超链接功能。可以使用此控件超链接到一个网站的站点或网页上，也可以使用它连接到其他的应用程序中。LinkLabel 控件中的大部分属性、方法、事件都是从 Label 控件中继承来的。但它有几个特殊的用于超链接的属性和事件，例如 LinkClicked 事件，当鼠标移动到标签文本中的超链接文本部分时，会出现一只手的小图标，这时单击此超链接的文本部分，将会发生此事件；还有 MouseMove 事件，当在 LinkLabel 控件上移动鼠标时，将发生此事件，并且伴随鼠标的移动，将连续不断地发生此事件等。

Ⅱ▶ 8.5 文本框控件（TextBox）

1. 文本框的用途

文本框有两个用途，一是可以用来输出或显示文本信息；二是可以接收从键盘输入的信息。应用程序在运行时，如果用鼠标单击文本框，则光标在文本框中闪烁，就可以向文本框输入信息。

2. 常用属性

（1）Text 属性。Text 属性是文本框控件的主要属性之一。当应用程序运行时，在文本框中显示的输出信息或通过键盘输入的信息，都保存在 Text 属性中。在默认情况下，最多可在一个文本框中输入 2048 个字符。如果将 MultiLine 属性设置为 True，则最多可输入 32 KB 文本。

（2）MaxLength 属性。该属性用于设定文本框内最多可容纳的字符数。当设定为 0 时，表示文本框可容纳任意数量的输入字符，默认值为 32767。若将其设置为正整数值，则这一数值就是可容纳的最多字符数。

（3）MultiLine 属性。该属性用于设定在文本框中是否允许显示和输入多行文本。它有两个选择值：当设置为 True 时，表示在文本框内允许显示和输入多行文本，当要显示或输入的文本超过文本框的右边界时，文本会自动换行，在输入时也可以按 Enter 键强行换行；当设置为 False 时，表示在文本框内不允许显示和输入多行文本，当要显示或输入的文本超过文本框的边界时，系统将不接受超出部分的字符，并且在输入时也不能强行按 Enter 键换行。该属性的默认值为 False。

（4）ReadOnly 属性。该属性用于在设定程序运行时，能否对文本框中的文本进行编辑。当选择 True 时，表示在应用程序运行时，不能编辑其中的文本，当选择 False 时则相反。该属性的默认值为 False。

（5）ScrollBars 属性。该属性用于设置文本框中是否带有滚动条，有 4 个可选值。

- None：表示不带有滚动条。
- Horizontal：表示带有水平滚动条。
- Vertical：表示带有垂直滚动条。
- Both：表示带有水平和垂直滚动条。

这一属性一般要和 MultiLine 属性配合使用。

（6）PasswordChar 属性。该属性用于设置显示文本框中的替代符。例如，当 PasswordChar 属性设置为"*"时，表示无论向文本框中输入什么字符，文本框中都只显示"*"符号。对于设置输入口令的文本框，这一属性非常有用。

3. 文本框控件响应的事件

在文本框控件所能响应的事件中，TextChanged 和 LostFocus 是最重要的事件。

（1）TextChanged 事件。当文本框内的文本内容发生改变时，就会触发该事件。当向文本框输入信息时，每输入一个字符，就会触发一次 TextChanged 事件。

（2）LostFocus 事件。当使用 Tab 键或用鼠标单击窗体上的其他对象，而使该文本框失去焦点时，就会触发该事件。通常，可利用这个事件来对文本框中更新的数据进行检验和确认。

【例 8-7】 在窗体上创建 3 个文本框如图 8-15 所示。当程序运行时，如果在第一个文本框中输入一行文字，则在另外两个文本框中同时显示相同的内容，但显示的字体和字号不同。要求输入字符数不超过 10 个。

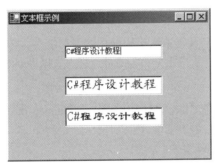

图 8-15 文本框示例

（1）在窗体上创建 3 个文本框，设置窗体和各文本框的属性，如表 8-2 所示。

表 8-2 窗体和各文本框属性设置

对　象	属　性	属　性　值	对　象	属　性	属　性　值
窗体	Name	Form1	文本框 2	Name	textBox2
	Text	文本框示例		Text	空
				Font	楷体，16.2
文本框 1	Name	textBox1	文本框 3	Name	textBox3
	Text	空		Text	空
	MaxLength	10		Font	隶书，16.2

（2）打开代码窗口编写事件过程。

```
private void Txt1_TextChanged(object sender, System.EventArgs e)
{
    textBox2.Text= textBox1.Text;
    textBox3.Text= textBox1.Text;
}
```

Ⅲ▶ 8.6 单选按钮（RadioButton）和复选框（CheckBox 和 CheckedListBox）

单选按钮与复选框提供了两种不同的让用户进行选择的方法。

1．单选按钮的用途

单选按钮提供"选中/未选中"可选项，并显示该项是否被选中。该控件由一个圆圈以及紧挨它的说明文字组成，单击便可以选择它。选中时，圆圈中间有一个黑圆点；未选中时，圆圈中间的黑圆点消失。在实际应用中，常常多个单选按钮为一组的形式出现。在多个单选按钮中，彼此有所谓互斥性，即其中一个单选按钮被选中了，其他已经被选中的单选按钮自动被取消选中状态。在一组单选按钮中，始终保持最多只有一个单选按钮被选中的状况。通常，单选按钮用在有多个项目可供选择，但只能选择一项的情况。

2．单选按钮常用属性

（1）Text 属性。该属性用于设置单选按钮旁边的说明文字，以说明单选按钮的用途。

（2）Checked 属性。表示单选按钮是否被选中，选中则 Checked 值为 True，否则为 False。

3．单选按钮响应的事件

单选按钮响应的事件主要是 Click 事件和 CheckedChanged 事件。

当用鼠标单击单选按钮时，触发 Click 事件，并且改变 Checked 属性值。Checked 属性值的改变，将同时触发 CheckedChanged 事件。

【例 8-8】 用单选按钮控制在文本框中显示不同商品的价格。

（1）在窗体上创建一个文本框用于显示商品价格，3 个单选按钮分别用于控制显示的商品为"上衣""裤子""皮鞋"。如图 8-16 所示。

图 8-16 单选按钮示例

（2）设置窗体和各控件的属性，如表 8-3 所示。

表 8-3 窗体和各控件属性设置

对　象	属　性	属　性　值	对　象	属　性	属　性　值
窗体	Name Text	Form1 "单选按钮示例"	单选按钮 3	Name Text	radioButton3 "皮鞋"
单选按钮 1	Name Text	radioButton1 "上衣"	标签	Name Text	Label1 "单价"
单选按钮 2	Name Text	radioButton2 "裤子"	文本框	Name Text	textBox1 空

（3）打开代码窗口，编写事件过程。

```
private void radioButton1_CheckedChanged(object sender, System.EventArgs e)
{
    textBox1.Text="200 元";
```

```
}
private void radioButton2_CheckedChanged(object sender, System.EventArgs e)
{
    textBox1.Text="100 元";
}
private void radioButton3_CheckedChanged(object sender, System.EventArgs e)
{
  textBox1.Text="150 元";
  }
```

4．复选框（CheckBox）的用途

复选框也提供"选中/未选中"选项。该控件由一个四方形小框以及紧挨着它的文字组成，单击选中时，四方形小框内出现打钩标记，未选中则为空。在实际应用中，多个复选框可以同时存在，并且互相独立。即在多个复选框中，同时可有一个或几个被选中。通常，复选框用于多个项目可供选择，可以从中选择一项或几项的情况。复选框如图 8-17 所示。

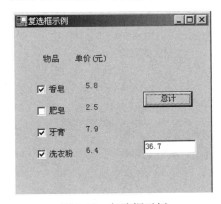

图 8-17　复选框示例

5．复选框常用属性

（1）Checked 属性。该属性表示复选框当前是否被选择。True 表示复选框被选择；False 表示复选框未被选择。

（2）CheckedState 属性。该属性表示复选框当前的状态，有 3 个可选值。

● Checked：表示复选框当前被选中。

● Unchecked：表示复选框当前未被选中。

● Indeterminate：表示复选框当前状态未定，此时该复选框呈灰色。

（3）Text 属性。该属性用于设置复选框旁边的文字，以说明复选框的用途。

6．复选框响应的事件

复选框 CheckedBox 控件响应的事件主要是 Click 事件、CheckedChanged 事件和 CheckStateChanged 事件。当鼠标单击复选框时，触发 Click 事件，并且改变 Checked 属性值和 CheckState 属性值。Checked 属性值的改变，将触发 CheckedChanged 事件；CheckState 属性值的改变，将触发 CheckedStateChanged 事件。

在应用程序中，一般不使用 Click 事件创建一个事件过程，而是利用复选框 CheckedBox 控件对象的 Checked 属性值或 CheckState 属性值的改变，所触发的 CheckedChanged 事件或 Checked

StateChanged 事件用来编写相应的事件处理过程。

【例 8-9】 建立一个简单的购物计划程序，如图 8-17 所示，物品单价已列出，用户只需在购买物品时，选择购买的物品，并单击"总计"按钮，即可显示购物总的价格。

在本例程序设计中采用了如下一些设计技巧：

（1）利用窗体初始化来建立初始界面，这样做比利用属性列表操作更方便。

（2）利用复选框的 Text 属性显示物品名称，利用 Label1～Label4 的 Text 属性，显示各物品价格，利用文本框的 Text 属性，显示所购物品的价格。

（3）顶行标题"物品单价（元）"只用一个标签 Label5 就可以了。

对于复选框，可以利用其 Checked 属性值或 CheckState 属性值的改变去处理一些问题，在本例中，打了勾的物品才计入累加，程序代码如下。

```csharp
private void Form1_Load(object sender, System.EventArgs e)
    {
        label5.Text="物品        单价(元)";
        checkBox1.Text="香皂";
        checkBox2.Text="肥皂";
        checkBox3.Text="牙膏";
        checkBox4.Text="洗衣粉";
        label1.Text="5.8";
        label2.Text="2.5";
        label3.Text="7.9";
        label4.Text="6.4";
        textBox1.Text="";
        button1.Text="总计";
    }
Single sum=0;
    private void checkBox1_CheckedChanged(object sender, System.EventArgs e)
    {
        sum=sum+Convert.ToSingle(label1.Text);
    }
    private void checkBox2_CheckedChanged(object sender, System.EventArgs e)
    {
        sum=sum+Convert.ToSingle(label2.Text);
    }
    private void checkBox3_CheckedChanged(object sender, System.EventArgs e)
    {
        sum=sum+Convert.ToSingle(label3.Text);
    }
    private void checkBox4_CheckedChanged(object sender, System.EventArgs e)
    {
        sum=sum+Convert.ToSingle(label4.Text);
    }
    private void button1_Click(object sender, System.EventArgs e)
    {
        textBox1.Text=sum.ToString( );
```

```
        }
```

7. CheckedListBox 控件

如果需要设置多个 CheckBox，逐个加入 CheckBox 控件效率就会降低。此时，可以使用 CheckListBox 控件，设置其 Items 属性，将各个选项加入 CheckBox 集合中，建立复选框组。具体操作步骤如下。

（1）先在窗体中添加 CheckedListBox 控件。

（2）在属性窗口选择 Items 属性。

（3）单击 Items 属性左边的"…"按钮，打开"字符串集合编辑器"（String Collection Editor），如图 8-18 所示。

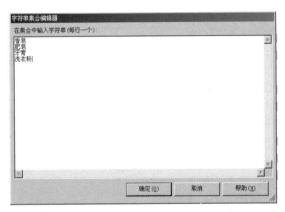

图 8-18 "字符串集合编辑器"对话框

（4）输入各个复选框选项，每个选项以 Enter 键换行，设置完成的 CheckedListBox 外观如图 8-19 所示。

检测 CheckedListBox 中的选项是否被选中，可以使用方法 GetItemChecked 获知，传入索引值后，若检测为被选中，将会返回布尔值 True。

【例 8-10】 使用 CheckedListBox 控件建立复选框组，并使用一个 textBox 控件显示选择的商品数，如图 8-20 所示。

图 8-19 CheckedListBox 外观

图 8-20 CheckedListBox 控件示例

编写程序代码如下：

```
private void checkedListBox1_SelectedIndexChanged(object sender,
System.EventArgs e)
    {
        int i;
```

```
            int sum=0;
            for (i=0 ;i<checkedListBox1.Items.Count-1;i++)
            {
                if ( checkedListBox1.GetItemChecked(i))
                {
                    sum = sum+1;
                }
            }
            textBox1.Text=sum.ToString( );
        }
```

8.7 面板控件（Panel）和分组框（GroupBox）控件

1．Panel 控件和 GroupBox 控件的用途

Panel 控件和 GroupBox 控件属于容器控件，可以容纳其他控件，同时为控件分组，一般用于将窗体上的控件根据其功能进行分类，以便于管理。单选按钮控件经常与 Panel 控件或 GroupBox 控件一起使用。单选按钮的特点是当选中其中的一个，其余自动关闭，当需要在同一窗体中建立几组相互独立的单选按钮时，就需要用 Panel 控件或 GroupBox 控件将每一组单选按钮框起来，这样在一个框内对单选按钮的操作，就不会影响框外其他组的单选按钮了。另外，放在 Panel 控件或 GroupBox 控件内的所有对象将随着容器控件一起移动、显示、消失和屏蔽。这样，使用容器控件可将窗体的区域分割为不同的功能区，提供视觉上的区分和分区激活或屏蔽的特性。

2．Panel 控件和 GroupBox 控件的使用方法

使用 Panel 控件或 GroupBox 控件将控件分组的方法如下。

（1）在"工具箱"中选择 Panel 控件或 GroupBox 控件，将其添加到窗体上。

（2）在"工具箱"中选择其他控件放在 Panel 控件或 GroupBox 控件内。

（3）重复步骤（2），添加所需的其他控件。

如果欲将已在窗体上存在的控件，加入到一个 Panel 控件或 GroupBox 控件内，可以先选择这些控件，然后剪贴到 Panel 控件或 GroupBox 控件中去。

3．Panel 控件常用属性

Panel 控件常用的属性主要有以下几种。

（1）BorderStyle 属性。用于设置边框的样式。有 3 种设定值。

- None：无边框。
- Fixed3D：立体边框。
- FixedSingle：单直线型边框。

默认值是 None，不显示边框。

（2）AutoScroll 属性：用于设置是否在框内加滚动条。如果设置为 True，则加滚动条；如果设置为 False，则不加滚动条。

4．GroupBox 控件的常用属性

GroupBox 控件最常用的是 Title 属性，该属性可用于在 GroupBox 控件的边框上设置显示的标题。

Panel 控件与 GroupBox 控件功能类似，都可以用作容器来组合控件，但这两个控件有 3 个主要区别。

Panel 控件可以设置 BorderStyle 属性，选择是否有边框。

Panel 控件可把其 AutoScroll 属性设置为 True，进行滚动。

Panel 控件没有 Text 属性，不能设置标题。

【例 8-11】 在窗体上建立 3 组单选按钮，分别放在名称为"字体""大小"和"颜色"的分组控件中，窗体的上部有一个标签用于显示文本，下部有 2 个命令按钮，放在面板控件中，分别用于确定选择和结束程序运行，如图 8-21 所示。

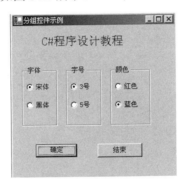

图 8-21 分组控件示例

当程序运行时，可以在 3 个分组控件中分别选择字体、字号和颜色，然后单击"确定"按钮后，标签中文本的字体、字号和颜色会发生变化。

（1）按图 8-21 形式创建用户界面。

① 在窗体上部建立一个名称为 Label1 的控件，其 Text 属性设置为"C#程序设计教程"的标签。

② 在窗体上创建 3 个分组控件 GroupBox1，GroupBox2，GroupBox3，其 Text 属性分别设置为"字体""大小"和"颜色"。

③ 按图 8-21 的形式分别设置按钮控件 radioButton1～radioButton6 的 Text 属性。

④ 在窗体的下部建立一个面板控件，并在其上分别创建 2 个命令按钮 button1 和 button2，设置其 Text 属性分别为"确定"和"结束"。

（2）打开代码窗口，创建事件过程。

```
private void button1_Click(object sender, System.EventArgs e)
    {
        if(radioButton1.Checked && radioButton3.Checked )
        {
            label1.Font= new Font("宋体",16,FontStyle.Regular);
        }
        else if(radioButton2.Checked && radioButton4.Checked )
        {
            label1.Font= new Font("黑体",12,FontStyle.Regular);
        }
        if(radioButton1.Checked && radioButton4.Checked )
        {
            label1.Font= new Font("宋体",12,FontStyle.Regular);
        }
```

```
            else if(radioButton2.Checked && radioButton3.Checked )
            {
                label1.Font= new Font("黑体",16,FontStyle.Regular);
            }
            if(radioButton5.Checked)
            {
                label1.ForeColor=Color.Red;
            }
            else if(radioButton6.Checked)
            {
                label1.ForeColor=Color.Blue;
            }
        }
        private void button2_Click(object sender, System.EventArgs e)
        {
            this.Close( );
        }
```

▌▶ 8.8　图形框控件（PictureBox）

1. PictureBox 控件的用途

PictureBox 控件是专门用于显示图片的控件，可用于显示位图、图标、图元文件或 GIF、JPEG 等各式的图形文件。同时，PictureBox 控件也是一个容器分组控件，可以在其上面放置多个其他控件。

（1）位图（Bitmap）。将图像定义为像素的图案。位图的扩展名是.bmp 或.dib。位图可使用 2、4、6、8、16、24 位等多种颜色深度，但是只有当显示设备支持位图使用的颜色深度时，才能正确显示位图。

（2）图标（Icon）。特殊类型的位图。图标的最大尺寸为 32 像素×32 像素，在早期 Windows 版本中，图标尺寸也可为 16 像素×16 像素。图标文件的扩展名为.ico。

（3）图元文件（Metafile）。将图形定义为编码的线段和图形。普通图元文件的扩展名为.wmf，增强型图元文件的扩展名为.emf。C#只能加载与 Windows 兼容的图元文件。

（4）GIF 格式。一种压缩位图的图像格式，它可支持 256 种颜色，是 Internet 上经常使用的一种文件格式。

2. PictureBox 控件的常用属性

（1）Image 属性。用于设置显示在控件上的图片。

（2）SizeMode 属性。用于控制调整控件或图片的大小及放置位置，有 4 个属性值。

- Normal：指定图片位于控件的左上角。如果图片比控件大，超出的部分将被截去。
- StretchImage：指定图片适应 PictureBox 控件的大小。
- Autosize：指定 PictureBox 控件根据图片的大小自动调整自身的尺寸。
- CenterImage：指定图片居中显示。如果 PictureBox 尺寸比图片大，则图片放在控件的中央；

如果图片比 PictureBox 控件大，则 PictureBox 控件放在图片中央。图片在控件之外的部分将被截去。

PictureBox 控件的用法很简单，先将它添加到窗体上，然后在 Image 属性中选择图片的来源和类型，就完成了把图片置于控件上的操作了。如果想要取消控件上的图片，只要在属性栏中的 Image 属性单击鼠标右键，在弹出菜单上选择"重置"选项即可。

【例8-12】　在窗体上建立一个图形框，将图形文件装入图形框，再添加一个"加载图片"命令按钮，如图 8-22 所示。

（1）设置图片框的 SizeMode 属性为 StretchImage 使图片适应 PictureBox 控件的大小，而显示出整个图片，如图 8-22 所示。

图 8-22　图形框示例

（2）在程序运行时可用 FromFile 函数实现将一个图片装入图形框。对"加载图片"命令按钮，编写程序如下。由于在 C#中没有 InputBox 控件，所以要引用 VB 的，主要步骤是"引用→添加引用→组件名称（Microsoft Visual Basic.NET Runtime）→确定"。

```
private void button1_Click(object sender, System.EventArgs e)
{
pictureBox1.Image=System.Drawing.Image.FromFile(Microsoft.VisualBasic.Int
eraction.InputBox
("请输入图片路径","","",10,10));
}
```

（3）运行程序，单击"加载图片"按钮，显示如图 8-23 所示的"请输入图片路径"对话框。

（4）在该对话框下边的文本框中输入加载图片的路径，然后单击"确定"按钮，此时新图片被加载到图形框上，如图 8-24 所示。

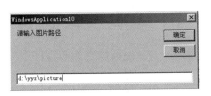

图 8-23　"请输入图片路径"对话框

图 8-24　加载图片

▌▶ 8.9　列表框（ListBox）、带复选框的列表框（Checked ListBox）和组合框（ComboBox）控件

8.9.1　列表框控件（ListBox）

1. 列表框的用途

列表框控件提供一个项目列表，用户可以从中选择一项或多项。如果项目总数超过了可显示的项目数，就自动在列表框上添加滚动条，供用户上下滚动选择。在 Windows 系统中，使用列表

框输入数据是保证数据标准化的重要手段。

在列表框内的项目称为列表项，列表项的加入是按一定的顺序进行的，这个顺序号称为索引号。列表框内的列表项的索引号是从 0 开始的，即第一个加入的列表项索引号为 0，以此类推。

2．常用属性

（1）Items 属性。通过该属性，可以预设置在列表框中显示的列表项。

（2）Multicolumn 属性。该属性用于设定列表框是否显示多列列表项，默认值为 False，表示列表项为单列显示。

（3）SelectionMode 属性。该属性用于设定列表框选择模式，共有 4 个选值。

- None：表示不允许进行选择。
- One：表示只允许选择其中一项。此值为默认值。
- MultiSimple：表示允许同时选择多个列表项。
- MultiExtended：用鼠标和 Shift 键组合可以选择连续的列表项；用鼠标和 Ctrl 键组合可以选择不连续的列表项。

（4）SelectedItem 属性。用于存放当前被选中的列表项的文本内容。该属性是一个只读属性，不能在属性窗口中设置，也不能在程序中设置，它只用于获取，当选定列表项时，可在应用程序中引用该属性值。

（5）SelectedIndex 属性。该属性对应于列表框中已选定列表项的索引号，如果未选中任何列表项，则 SelectedIndex 值为–1；如果当前被选列表项是列表框中的第一项，则 SelectedIndex 的值为 0。此属性只能在应用程序中设置或引用，一般用于应用程序运行时，在程序中设置此属性值，以改变当前被选列表项，选择新的列表项，或从该属性获取当前选中列表的索引号。

3．列表框控件响应的事件

列表框控件除了能响应常用的 Click、DoubleClick、GotFocus、LostFocus 等事件外，还可响应特定的 SelectedIndexChanged 事件。

SelectedIndexChanged 事件：当用户改变列表中的选择时，将会触发此事件。

4．列表框控件常用方法

列表框的列表项可以在属性窗口中通过 Items 属性来设置，也可以在应用程序中用 Items.Add 或 Items.Insert 方法来添加，用 Items.Remove 或 Items.Clear 方法删除。

（1）Items.Add 方法。Items.Add 方法的功能是把一个列表项加入列表框的底部。其一般格式如下：

```
Listname.Items.Add(Item)
```

其中，Listname 是列表控件的名称。Items 是要加入列表框的列表项，必须是一个字符串表达式。

（2）Items.Insert 方法。Items.Insert 方法的功能是，把一个列表项插入列表框的指定位置。其一般格式如下：

```
Listname.Items.Insert(Index,列表)
```

其中，Index 是新增列表框中的位置。当 Index 值为 0 时，表示列表项添加到列表框的第一个位置上。

（3）Items.Remove 方法。Items.Remove 方法的功能是清除列表框中的所有列表项。其一般格式为：

```
Listname.Items.Remove(Item)
```

（4）Items.Clear 方法。Items.Clear 方法的功能是清除列表框中的 Items 参数所指定的列表项。其一般格式为：

```
Listname.Items.Clear( )
```

【例8-13】 建立一个列表框，在列表框中有一些国家的名称，当选定某个国家后，单击"确定"按钮，在标签上显示选定国家的名称，如图8-25所示。

在本例中共建立 4 个控件，标签 Label1 的 Text 属性设置为"国家名称"；Label2 用于显示所选国家的名称，初始，其 Text 实行设置为空；列表框控件 Lstcountries 在设计时，通过 Items 列表项集合属性输入中国、法国、英国、美国 4 个国家的名称，在 Form_Load 事件过程中用 Items.Add 方法将另外 6 个国家名称添加到列表框中。

图8-25 列表框应用示例

其窗体 Form1 的 Load 事件过程代码如下：

```
private void Form1_Load(object sender,System.EventArgs e)
{
    lstcountries.Items.Add("俄罗斯");
    lstcountries.Items.Add("加拿大");
    lstcountries.Items.Add("南非");
    lstcountries.Items.Add("意大利");
    lstcountries.Items.Add("朝鲜");
    lstcountries.Items.Add("日本");
}
```

"确定"命令按钮的事件过程如下：

```
private void button1_Click(object sender,System.EventArgs e)
{
    label2.Font = new Font("宋体", 16, FontStyle.Regular);
    label2.Text = "所选国家是" +lstcountries.SelectedItem.ToString( );
}
```

8.9.2 带复选框的列表框控件（CheckedListBox）

CheckedListBox 控件和 ListBox 控件相似，也是用来显示一系列列表项的，不过每个列表前面都有一个复选项。这样，是否选中了某个列表项就可以很清楚地表现出来了。

事实上，CheckedListBox 类是在继承了 ListBox 类后得来的，所以 CheckedListBox 的大部分属性、事件和方法都来自 ListBox 类。如 Items 属性、SelectedItem 属性、SelectedIndex 属性，Items.Add 方法和 Items.Remove 方法等。除了继承来的属性和方法外，CheckedListBox 还有其特有的属性和方法。

（1）CheckedOnClick 属性。当该属性值为 True 时，单击某一列表项就可以选中它。其默认的属性值为 False，此时，单击列表项只是改变了焦点，再次单击时才选中该列表项。

（2）ThreeDCheckBoxes 属性。当该属性值为 True 时，选项前面的复选框一立体的方式显示，否则以平面方式显示。

（3）GetItemCheckState 方法。该方法用于取得指定列表项的状态，即该列表项是否被选中。该方法有一个整型参数，用来确定该方法返回哪个列表项的状态。

（4）SetItemCheckState 方法。该方法用于设定指定的列表项的状态，即设置该列表项是选中、未选中，还是处于不确定状态。在使用该方法时有两个参数，第一个参数是整型参数，用于指定所设定的是哪一个列表项。第二个参数有 3 个可选值。

- CheckState.Checked：选中。
- CheckState.UnChecked：未选中。
- CheckState.Indeterminate：不确定状态。

【**例 8-14**】　使用 SetItemCheckState 方法选择复选框中的列表项。

在本例中使用 3 个标签，标签 Label1 的 Text 属性设置为"国家名称"，Label2 的 Text 属性设置为"序号"，Label3 用于显示所选的国家，一个文本框 TextBox1 用于输入所选列表项的序号；2 个命令按钮分别用于"确定"和"结束"；一个 CheckedListBox 控件，在其 Items 属性中输入法国、英国等国家名称，如图 8-26 所示。

图 8-26　复选框的列表项控件示例

在文本框中输入一个列表项序号，并单击"确定"按钮，则在标签 Label3 中显示出所选的国家名称。使用 SetItemCheckState 方法编写的过程如下：

```
private void button1_Click(object sender, System.EventArgs e)
{
  Single index;
  index = Convert.ToSingle(textBox1.Text);
  int a;
  a = Convert.ToInt16(index);
  checkedListBox1.SetItemCheckState(a, CheckState.Checked);
  label3.Text = "所选的国家是" + checkedListBox1.SelectedItem.ToString( );
}
```

"结束"按钮的代码：

```
private void button2_Click(object sender, System.EventArgs e)
{
    this.Close( );
}
```

8.9.3　组合框控件（ComboBox）

1. 组合框控件

组合框是一个文本框和一个列表框的组合。列表框只能在给定的列表项中选择，如果用户想要选择列表框中没有给出的选项，则用列表框不能实现。与列表框不同的是，在组合框中向用户提供了一个供选择的列表框，若用户选中列表框中的某个列表项，该列表项的内容将自动装入文本框中。当列表框中没有所需的选项时，也允许在文本框中直接输入特定的信息（DropDownStyle 属性设置为 DropDownList）除外。

2. 组合框控件常用属性和事件

组合框控件的属性与列表框的属性大部分都相同，下面介绍其特有的几个常用的属性。

（1）DropDownStyle 属性。该属性用于设置组合框的样式。有 3 种选择值。

- Simple：文本框部分是可编辑的，下拉列表是直接显示出来的。
- DropDownList：文本框部分是不可编辑的，必须单击向下的箭头表。
- DropDown：文本框是可编辑的，必须单击向下的箭头来显示列表项。该值是默认值。

注意：如果该属性值是 Simple，在设计组合框时，要把它的高度值设定得比较大，以便能显示多个列表项。图 8-27 所示的是 ComboBox 控件 DropDownStyle 属性分别设置为 Simple、DropDownList 和 DropDown 的情况。

（2）DropDownWidth 属性。该属性可设置组合框中的下拉列表部分的宽度，其宽度可与整个组合框的宽度不同。

（3）MaxDropDownItems 属性。该属性用于设置下拉列表框中最多显示列表项的个数。

组合框的常用事件不多，一般使用 Click 事件，有时候也使用 SelectedIndexChanged 事件和 SelectedItemChanged 事件。

【例 8-15】 编写一个能对组合框中的项目进行添加、删除、全部清除操作，并能显示组合框中项目数的程序，如图 8-28 所示。

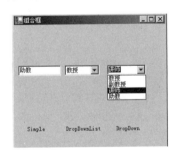
图 8-27 ComboBox 控件的 3 种形式

图 8-28 组合框应用示例

（1）在窗体上按图 8-28 所示创建一个组合框、3 个标签和 4 个命令按钮，设置它们的属性如表 8-4 所示。

表 8-4 各控件的属性设置

控 件	属 性	属 性 值	控 件	属 性	属 性 值
组合框	Name DropDownStyle	Combox1 DropDown	命令按钮 1	Name Text	Button1 "添加"
标签 1	Name Text	Label1 空	命令按钮 2	Name Text	Button2 "删除"
标签 2	Name Text	Label2 "国家列表"	命令按钮 3	Name Text	Button3 "全清"
标签 3	Name Text	Label3 "项目总数："	命令按钮 4	Name Text	Button4 "退出"

（2）打开代码窗口，创建事件过程：

```
private void Form1_Load(object sender,System. EventArgs e)
    {
        comboBox1.Items.Add("中国");
        comboBox1.Items.Add("美国");
        comboBox1.Items.Add("英国");

    }
    private void button1_Click(object sender, System. EventArgs e)
    {
        comboBox1.Items.Add("法国");
        comboBox1.Items.Add("俄罗斯");
        label3.Text = comboBox1.Items.Count.ToString( );
    }
    private void button2_Click(object sender, System. EventArgs e)
    {
        if (comboBox1.SelectedItem != "")
        {
            comboBox1.Items.Remove(comboBox1.SelectedItem);
            label3.Text = comboBox1.Items.Count.ToString( );
        }

    }

    private void button3_Click(object sender, System. EventArgs e)
    {
        comboBox1.Items.Clear( );
        label3.Text = comboBox1.Items.Count.ToString( );
    }
    private void button4_Click(object sender, System. EventArgs e)
    {
        this.Close( );
    }
```

使用 Add 方法把文本框区域的内容添加到组合框列表中，并显示列表项目总数。在该过程中，若未选定删除的项目，则不执行删除操作。

习　　题

8-1　Windows 窗体对象与其他控制对象有什么区别？

8-2　Windows 窗体常用的基本属性有哪些？

8-3　Windows 窗体控件共有的基本属性有哪些？分别说明这些属性的作用。

8-4　尝试创建一个从 UserControl 类继承的用户控件。

8-5 尝试创建一个从 Control 类继承的用户控件。

8-6 标签和文本框控件功能上的主要区别是什么？

8-7 为了使一个控件在运行时不可见，应对该控件什么属性进行设置？

8-8 什么是焦点？什么是 Tab 键次序？如何通过程序使某个对象获得焦点？当一个对象获得焦点后，再失去焦点会产生什么事件？

8-9 组合框有哪几种类型？各种类型组合框的特点是什么？

8-10 如果要定时器控件每一分钟发生一个 Tick 事件，则 InterVal 属性设置为多少？

8-11 当在应用程序中添加了多个窗体后，如何设置启动窗体？

8-12 Panel 控件和 GroupBox 控件的作用是什么？这两个控件的主要区别是什么？

8-13 在窗体上建立一个标签，一个文本框，一个命令按钮，标签的 Text 属性设置为"C#程序设计"，设计一个程序，单击此命令按钮后，将标签上的信息显示在文本框中。

8-14 设计一个简单的计算器，在文本框中，显示输入值和计算结果，用命令按钮作为数字键和功能键。

8-15 在窗体上建立一个列表框、一个文本框和一个命令按钮，在列表框中列有本班 10 个同学的姓名，当选定某个学生姓名后，单击此命令按钮，则在文本框上显示出该学生的籍贯。

8-16 设计一段程序，在窗体上创建一个文本框显示"C#程序设计"，另一个分组控件上创建一组复选框，提供对删除线、下画线的修饰效果的选择，用一个命令按钮控件显示效果的转换。

8-17 设计一个"通讯录"程序，当用户在一个下拉式列表框中，选择一个学生姓名后，在"电话号码""地址"两个文本框中分别显示出对应的电话号码和家庭地址。

第 9 章

C#的文件和流

在编写应用程序时，常常需要以文件的形式保存和读取一些信息。这时就会不可避免地要对各种文件进行操作，还经常会需要设计自己的文件格式。因此，有效地实现文件操作是一个良好的应用程序所必须具备的内容。

9.1 文件和流的概念

文件是计算机管理数据的基本单位，同时也是应用程序保存和读取数据的一个重要场所。文件是指在各种存储介质上（如硬盘、可移动磁盘、CD 等）存储的数据的有序集合，它是进行数据读、写操作的基本对象。通常情况下文件按照树状目录进行组织，每个文件都有文件名、文件所在路径、创建时间及访问权限等属性。文件（File）和流（Stream）是既有区别又有联系的两个概念。流是字节序列的抽象概念，例如文件、输入/输出设备、内部进程通信管道等。流提供一种向后备存储器写入字节和从后备存储器读取字节的方式。除了和磁盘文件直接相关的文件流以外，流还有多种类型。流可以分布在网络中、内存中或是磁带中，分别称为网络流、内存流和磁带流等。

文件管理是操作系统的一个重要组成部分，而文件操作就是在用户编写应用程序时对文件进行管理的一种手段。

目前，在计算机系统中存在许多不同的文件系统。在广大计算机用户非常熟悉的 DOS、Windows 3X、Windows 9X、Windows NT、Windows 2000/XP/ 7/8 等操作系统中，使用到了 FAT、FAT32、NTFS 等文件系统。这些文件系统在操作系统内部实现时有不同的方式，但是它们提供给用户的接口是一致的。同样，在 Visual C#语言中进行文件操作时，用户也不需要关心文件的具体存储格式，只要利用.NET Framework 所封装的对文件操作的统一外部接口，就可以保证程序在不同的文件系统上能够良好地移植。

.NET Framework 的 System.IO 命名空间提供了许多类可以用来访问服务器端的文件夹与文件，允许对数据流与文件进行同步/异步（synchronous/asynchronous）读取和写入，其重要的类如表 9-1 所示。

表 9-1 类及说明

类	说 明
Directory	用来创建、移动或访问文件夹，由于此类提供的是共享方法（shared method），故无须创建对象实例就可以使用其方法

类	说 明
DirectoryInfo	用来创建、移动或访问文件夹，与 Directory 类提供的功能相似，但必须先创建对象实例才可以使用其属性与方法
File	用来创建、打开、复制或删除文件，由于此类提供的是共享方法，故无须先创建对象实例就可以使用其方法
FileInfo	用来创建、打开、复制或删除文件，与 File 类提供的功能相似，但必须先创建对象实例才可以使用其属性与方法
FileStream	用来读取文本文件内容或将文本数据写入文本文件
Path	用来操作路径，由于此类提供的是共享字段与共享方法，故无须创建对象实例就可以使用其字段与方法
BinaryReader	以二进制方式读取文本文件
BinaryWriter	以二进制方式将数据写入文本文件
StreamReader	用来读取文本文件
StreamWriter	用来将数据写入文本文件

在这些类中，Stream 是抽象类，不允许直接使用类的实例，但用户可以使用系统提供的 Stream 类的派生类，或者根据需要创建自己的派生类。

所有表示流的类都是从抽象类 Stream 继承的。Stream 类及其派生类提供不同类型的输入和输出的一般视图，使程序员不必了解操作系统和基础设备的具体细节。

流的 3 种基本操作。

- 读取：从流到数据结构的数据传输。
- 写入：从数据结构到流的数据传输。
- 查找：对流内的当前位置进行查询和修改。

流非常类似于单独的磁盘文件，它也是进行数据读取操作的基本对象。流为用户提供了连续的字节流存储空间。数据实际的存储位置可以不连续，甚至可以分布在多个磁盘上，但用户看到的是封装以后的数据结构，是连续的字节流的抽象结构。

Directory 类可以用来访问文件夹，进行目录管理。利用该类可以完成创建、移动、浏览目录等操作，甚至还可以定义隐藏目录和只读目录。Directory 类是一个密封类，它的所有方法都是静态的，因而不必具有目录的实例就可以直接调用。而 DirectoryInfo 类必须先创建对象实例才可以使用其属性与方法。

Directory 的构造函数形式如下：

```
Public Directory (string path);
```

其中的参数 path 表示目录所在的路径。

Directory 类常用的共享方法如下：

（1）CreateDirectory(path)。根据参数 path 指定的路径创建文件夹，其方法原型为：

```
Public static DirectoryInfo CreateDirectory (string path);
```

（2）Delete(path,recursive)。删除参数 path 指定的文件夹，参数 recursive 用来指定是否删除其子文件夹及文件，如果省略不写的话，则表示其默认值为 False。当指定的文件夹为只读，或指定的文件夹包含子文件夹或文件且不允许删除其子文件夹及文件，或没有足够权限删除指定的文件夹时，会发生异常错误。其方法原型为：

```
Public static void Delete (string);
```

（3）GetCurrentDirectory( )：用于获取应用程序的当前工作目录。其方法原型为：

```
Public static string GetCurrentDirectory ( );
```

（4）GetCreationTime(path)：获取参数 path 指定的文件夹或文件的创建时间，返回值为 DateTime 类型。

File 类及 FileInfo 类可以用来访问文件，两者的差别在于 File 类提供的是共享方法，无须创建对象实例就可以使用其方法，而 FileInfo 类必须先创建对象实例才可以使用其属性与方法。

下面介绍 File 类常用的共享方法。

（1）Create(path,bufferSize)：创建参数 path 指定的文本文件，返回值为 FileStream 对象实例，此 FileStream 指向可以读取及写入字节数据，如果指定的文件已经存在，则会覆盖原来的文件，参数 bufferSize 用来指定缓冲区的大小，单位为字节，可以省略不写。其方法原型定义为：

```
Public static FileStream Create(string path);
```

其中 path 参数表示文件的全路径名称。

（2）Open(path,mode,access,fileShare)：打开一个参数 path 指定的文件，并返回 FileStream 对象实例，参数 mode 为文件的打开模式。其方法的原型定义如下：

```
Public static FileStream Open(string path,FileMode);
Public static FileStream Open(string path,FileMode, FileAccess);
Public static FileStream Open(string path,FileMode, FileAccess, FileShare);
```

其中 FileMode 参数用于指定对文件的操作模式，它可以是下列值之一：

① Append：向文件追加数据。

② Create：新建文件，如果同名文件已经存在，新建文件将覆盖该文件。

③ CreateNew：新建文件，如果同名文件已经存在，则引发异常。

④ Open：打开文件。

⑤ OpenOrCreate：如果文件已经存在，则打开该文件，否则新建一个文件。

⑥ Truncate：截断文件。

FileAccess 参数用于指定程序对文件流所能进行的操作，它可以是以下值之一：

① Read：读访问，从文件中读取数据。

② ReadWrite：读访问和写访问，从文件读取数据和将数据写入文件。

③ Write：写访问，可将数据写入文件。

考虑到有可能多个应用程序需要同时读取一个文件，因此在 Open 方法中设置了文件共享标志 FileShare，该参数的值可以是：

① Inheritable：使文件句柄可由子进程继承。

② None：不共享当前文件。

③ Read：只读共享，允许随后打开文件读取。

④ Write：只写共享，允许随后打开文件写入。

⑤ Read Write：读和写共享，允许随后打开文件读取或写入。

除了可以用 Open 方法打开文件外，还可以用其他方法打开文件。不过通过 OpenRead 打开的文件只能进行文件读的操作，不能进行写入文件的操作。该方法的原型定义如下：

```
public static FileStream OpenRead(string path);
```

其中 path 参数表示要打开的文件的全路径名称。

此外，还可以用 OpenText 方法打开文件。不过通过 OpenText 方法打开的文件只能进行读取操作，不能进行文件写入操作，而且打开的文件类型只能是纯文本文件。其原型定义如下：

```
public static FileStream OpenText (string path);
```

与 OpenText 方法不同的是用 OpenWrite 方法打开的文件既可以进行读取操作，也可以进行写入操作，其原型定义如下：

```
public static FileStream OpenWrite (string path);
```

（3）Copy(sourceFileName,destFileName,overwrite)：复制参数 sourceFileName 指定的文件，新文件的路径及名称为 destFileName，参数 overwrite 用来指定当目的文件已存在时是否覆盖原来的文件，如果省略不写，则表示为默认值 False。其方法的原型定义如下：

```
Public static void Copy (string sourceFileName,string destFileName);
Public static void Copy (string sourceFileName,string destFileName,bool
overwrite);
```

（4）Delete(path)：删除参数 path 指定的文件。该方法的原型定义如下：

```
Public static void Delete (string path);
```

（5）Move(sourceFileName,destFileName)：将参数 sourceFileName 指定的源文件移动至参数 destFileName 指定的目标位置，移动后的文件名称可以和源文件不同，请注意，文件夹无法跨驱动器移动，但文件可以。其方法的原型定义如下：

```
Public static void Move (string sourceFileName, string destFileName);
```

FileStream 类实现用文件流的方式来操作文件。通过 FileStream 类的构造函数可以新建一个文件，FileStream 类的构造函数有很多，其中比较常用的构造函数的原型定义如下。

① 通过指定路径和创建模式初始化 FileStream 类的新实例：

```
public FileStream(string path,FileMode mide);
```

② 通过指定的路径、创建模式和读/写权限初始化 FileStream 类的新实例：

```
public FileStream(string path,FileMode mide,FileAccess access);
```

③ 通过指定的路径、创建模式、读/写权限和共享权限创建 FileStream 类的新实例：

```
public FileStream(string path,FileMode mide,FileAccess access, FileShare
share);
```

其中，mode 参数和 access 参数的取值和 File 类的 Open 方法的相应参数的取值是相同的。

如果需要通过文件流的构造函数新建一个文件，则可以设定 mode 参数为 Create，同时设定 access 参数为 Write。例如：

```
FileStream fs=new FileStream ("ds.txt", FileMode.Create, FileAccess.Write);
```

如果需要打开一个已经存在的文件，则指定 FileStream 方法的 mode 参数为 Open 即可。

FileStream 类的主要属性如下：

① CanRead：决定当前文件流是否支持文件读取操作。

② CanSeek：决定当前文件流是否支持文件查找操作。

③ CanWrite：决定当前文件流是否支持文件写入操作。

④ Length：获取用字节表示的文件流的长度。

⑤ Position：获取或设置文件流的当前位置。

FileStream 类的主要方法如下：

（1）Close：用于关闭文件流，其原型定义如下：

```
Public override void Close ( );
```

（2）Read：可以实现文件流的读取，其原型定义如下：

```
Public override int Read (byte[]array,int offset,int count);
```

其中，array 参数是保存读取数据的字节数组，offset 参数表示开始读取的文件偏移值，count 参数表示读取的数据量。

（3）ReadByte：用于从文件流中读取 1 字节的数据，其原型定义如下：

```
Public override int ReadByte ( );
```

（4）Write：负责将数据写入到文件中，其原型定义如下：

```
Public override int Write (byte[]array,int offset,int count);
```

其中，array 参数是保存写入数据的字节数组，offset 参数表示写入位置，count 参数表示写入的数据量。

（5）WriteByte：用于向文件流中写入 1 字节的数据，其原型定义如下：

```
Public override int WriteByte ( );
```

【例 9-1】 利用 File 类和 FileStream 类进行文件操作。

```
using System
using System.IO;
class test
{
  public static void Main( )
  {
     //创建新文件
FileStream sf=File.Create("e:\\sample\\file1.txt");
Console.WriteLine("file1.txt is created at:{0}",
File.GetCreationTime("e:\\sample\\file1.txt"));
//向该文件中写入数据
byte[] b={1,2,3,4,5,6,7,8,10};
sf.Write(b,1,5);
//关闭该文件
sf.Close( );
//在同一目录下复制该文件,目标文件名为 file2.txt
File.Copy("e:\\sample\\file1.txt","e:\\sample\\file2.txt");
//将文件 file2.txt 复制到根目录下
File.Copy("e:\\sample\\file2.txt","e:\\file2.txt");
//将文件 file1.txt 移动到根目录下
File.Move("e:\\sample\\file1.txt","e:\\file1.txt");
//删除根目录下的文件 file2.txt
File.Delete("e:\\file2.txt");
Console.WriteLine("file2.txt im root has been deleted!");
  }
}
```

在本例中，先在"sample"子目录下创建一个名为 file1.txt 的新文件，然后向其中写入 5 字节的数据，再对该文件进行复制、移动和删除操作。

9.2 文件的读和写

通常对于文件最常用的操作就是读取和写入两类。前面已经介绍了一些有关文件读写的内容。除了前面提到的使用 FileStream 类实现文件读写之外，C#还提供了两个专门负责文本文件读取和写入操作的类，即 StreamWriter 类和 StreamReader 类。

StreamWriter 类和 StreamReader 类为用户提供了按文本模式读写数据的方法。与 FileStream 类中的 Read 和 Write 方法相比，这两个类的应用更为广泛。其中 StreamWriter 类主要负责向文件中写入数据，StreamReader 类则负责从文件中读取数据。这两个类的用法和 FileStream 类的用法类似。

9.2.1 读文件

读取文本文件（StreamReader 类）的常用构造函数和方法如下。
为指定的流初始化 StreamReader 类的新实例的构造函数原型为：

```
Public StreamReader (Stream stream);
```

为指定的文件名初始化 StreamReader 类的新实例的构造函数原型为：

```
Public StreamReader (String path);
```

StreamReader 类的常用方法包括 Read 方法和 ReadLine 方法。

1. Read 方法

Read 方法用于读取输入流中的下一个字符，并使当前流的位置提升一个字符。其方法原型定义如下：

```
Public override int Read ( );
```

2. ReadLine 方法

ReadLine 方法从当前流中读取一行字符并将数据作为字符串返回。其方法原型为：

```
Public Override string ReadLine ( );
```

【例 9-2】 使用 StreamReader 类来读取文本文件，取名为 ReadText.cs。

```
using System;
using System.IO;

class ReadText
{
  public static void Main(srting[] args)
   {
     //打开读取流
    StreamReader file1=File.OpenText("ReadText.txt");
    string str;

   //从文件中读取数据，并在屏幕上输出
    while((str=file1.ReadLine( ))!=null) {
       Console.WriteLine(str);
    }
```

```
        //关闭读取流
        file1.Close( );
        }
    }
```

说明：

（1）StreamReader file1=File.OpenText ("ReadText.txt");

用 File 类的 OpenText( )方法打开文本文件"ReadText.txt"，并将结果与 StreamReader 类进行连接。

（2）ReadLine( )

顺序从与 StreamReader 类关联的文件中读出一行数据。

该程序的结构比较简单。先使用 File.OpenText( )方法打开指定的文本文件，然后在循环中用 File.ReadLine( )方法逐行读出文本文件中的内容，并且立刻显示。当 File.ReadLine( )方法返回 null 值时，表示已经读到文件的底部，然后退出循环，并关闭该文件。

9.2.2 写文件

写入文本文件（StreamWriter 类）的常用构造函数和方法如下。

为指定的流初始化 StreamWriter 类的新实例的构造函数原型为：

```
Public StreamWriter (Stream stream);
```

为指定的文件名初始化 StreamWriter 类的新实例的构造函数原型为：

```
Public StreamWriter (String path);
```

StreamWriter 类的常用方法包括 Write 方法和 WriteLine 方法。

1. Write 方法

Write 方法用于将字符、字符数组、字符串等写入流。其方法原型定义如下：

```
Public override void Write (char);
Public override void Write (char[]);
Public override void Write (string);
```

2. WriteLine 方法

WriteLine 方法用于将后跟行结束符的字符、字符数组、字符串等写入文本流，其方法原型为：

```
Public virtual void WriteLine (char value);
Public virtual void WriteLine (char[] buffer);
Public virtual void WriteLine (string value);
```

【例 9-3】 将数据写入文本文件，取名为 WriteText.cs。

```
using System;
using System.IO;
class WriteText
{
  Public static void Main(Srting[] args)
    {
        //创建新的写入流对象
    StreamWriter file1=new StreamWriter("TextFile.txt",false);
```

```
    //写入字符串
    file1.Write("This is a text file:");
    //接着前面的字符串写入字符串并换行
    file1.WriteLine("TextFile.txt");
    //写入数值
    file1.WriteLine("Next lines are numbers");
    file1.WriteLine(0);
    //写入布尔值
    file1.WriteLine("The next line is a boolean");
    file1.WriteLine(true);
    //写入对象
    file1.WriteLine("The next line is a object");
    file1.WriteLine(file1);
    //关闭流
    file1.Close( );
    }
}
```

该程序编译后将在该可执行程序同级目录下生成一个名为 TextFile.txt 的文本文件。

说明：

（1）StreamWriter　file1=new StreamWriter("TextFile.txt",false);

创建新的写入流对象，同样 StreamWriter( )中的参数有 4 种写法。

（2）WriteLine( )

向文本文件中写入数据的方法。

9.3　文件操作实例——链表算法

在编程中进行大文件操作时，为避免内存消耗过大，尽量提高程序运行效率，常需要将文件一部分一部分地读入内存进行操作,而读入内存的数据通常被置于相应的数据结构中,例如队列,用以实现数据的插入、修改、查询和删除等操作。在 C#中，文件可以是二进制文件也可以是文本文件。因为二进制文件的读取要涉及许多数据定位分割的问题，所以，限于篇幅，以下的例程只是对文本文件进行操作。

例程用链表存储数据，为求简洁，只列出了部分典型成员函数，链表为单链表且不涉及排序等操作，对异常的处理也进行了省略。在例程中，每个结点的数据域只有一个数据。在例程中先定义了结点类，它有一个数据域，一个后指针域；然后定义了链表类，它的两个数据成员一个表示头结点，另一个表示当前结点；链表类的方法成员有 Clear（链表清空函数）、Length（求链表数据个数）、Find（查找第 k 个元素）、Search（查找值为 x 的元素）、Delete（删除第 k 个元素）、Insert（在第 k 个元素后插入新值）、SaveToFile（将链表中的数据存入文件）、ReadFromFile（从文件中读取数据填充到链表中）。

【**例 9-4**】　关于链表的实例。

```
using System;
using System.io;
```

```
namespace mylist
{
    ///<summary>
    /// 结点类
    ///</summary>
    public class ListNode
    {
        public ListNode ( )
        {
        }
        public string data;                    //结点数据类型用 string 表示
        public ListNode next;
    }
    /// <summary>
    /// 链表类
    /// </summary>
     public class LinkList
    {
        private ListNode head;                 //头结点
        private ListNode current;              //当前结点
        public LinkList ( )
        {
        head = null;
        current = null;
    }
    /// <summary>
    /// 清空链表
    /// <summary>
    public Clear ( )
    {
        head = null;
        current = null;
    }
    /// <summary>
    /// 计算链表长度
    /// <summary>
    public int Length ( )
    {
        current = head;
        int length = 0;
        while(current != null)
        {
        current = current.next;
        length++;
```

```
    }
    return length;
}
/// <summary>
/// 返回第 k 个元素至 x 中，如果不存在第 k 个元素则返回 false，否则返回 true
/// </summary>
public bool Find ( int k, string x )
{
    if( k<1 || k > Length ( ) )
        throw( new OutOfMemoryException ( ) );
    current = head;
    int index = 1;
    while( index<k && current != null )
    {
      current = current.next;
      index++;
    }
    if( current != null )
      {
        x = current.data;
         return true;
      }
    return false;
}
/// <summary>
/// 查找值为 x 的结点，返回 x 所在的位置，如果 x 不在表中则返回 0
/// </summary>
public int Search ( string x )
{
    ListNode current = head;
     int index = 1;
     while( current != null && current.data !=x )
     {
        current = current.next;
        index++;
     }
     if(current != null)
        return index;
     return 0
}
/// <summary>
/// 删除第 k 个元素，并用 x 返回其值
/// </summary>
public LinkList Delete ( int k, string x )
```

```
{
    if( k<1 || head == null )
        throw( new OutOfMemoryException ( ) );
    current = head;
    for( int index=0; index< k && current != null; index++ )
        current = current.next;
    if( currrent == null  )
        throw( new OutOfMemoryException ( ) );   //不存在第 k 个元素
    ListNode pNode = current;
    current = current.next;                         //current 指向第 k 个元素
    pNode.next = current.next;                      //从链表中删除第 k 个元素
    x = current.data;
    current = pNode.next;
    return this;
}
/// <summary>
/// 在第 k 个元素之后插入 x
/// </summary>
public LinkList Insert ( int k, int x )
{
    if( k<0 )
        throw( new OutOfMemoryException ( ) );
    current = head;
    for( int index = 0; index<k && current != null; index++ )
        current = current.next;
    if( k>0 && current == null )
        throw( new OutOfMemoryException ( ) );       //不存在第 k 个元素
    ListNode xNode = new ListNode ( );
    xNode.data = x;
    if ( k>1 )
    {
        //在 xNode 之后插入
        xNode.next = current.next;
        current.next = xNode;
    }
    else
    {
        //作为第一个元素插入
        xNode.next = head;
        head = xNode;
    }
    return this;
}
/// <summary>
```

```
/// 将链表中的数据存入文件
/// </summary>
public SaveToFile ( )
{
    Console.WriteLine("Please input the name of the file");
    string filename = Console.ReadLine ( );
    FileStream fs = File.Create(filename);
    StreamWriter sw = new StreamWriter ((System.IO.Stream) fs);
    if (head == null)
      Console.WriteLine("the List is empty, nothing write!");
    else
    {
        current = head.next;
        while (current != null)
        {
            sw.WriteLine(current.data);
            current = current.next;
        }
    }
    sw.Close ( );
}
/// <summary>
///   从文件中读取数据并放入链表
/// </summary>
public LinkList ReadFromFile ( )
{
    Console.WriteLine("Please input the name of the file");
    String filename = Console.ReadLine ( );
        FileStream fs = File.Open(filename,FileMode.Open);
    StreamWriter sr = new StreamWriter((System.IO.Stream) fs);
    ListNode current = new ListNode ( );
    head.next = current;
    string filedata;
    do
    {
        filedata = sr.ToString ( );
        current.data = filedata;
        ListNode lcurrent = new ListNode ( );
        current.next = lcurrent;
        current = lcurrent;
        filedata = sr. ToString ( );
    }
    while (filedata.Length != -1);
    sr.Close ( );
```

```
        return this;
    }
    …
    }
}
```

习　　题

9-1 什么是文件？什么是流？流与文件的关系是什么？

9-2 在流的类层次结构中，最顶层的是哪一个类？

9-3 用什么类从一个文件中读取字符？

9-4 用什么类向一个文件中写入字符？

9-5 编写程序在 E 盘下新建一个文本文件，并对该文件进行复制、移动、写入、读出操作。

第10章

客户机/服务器编程访问数据

Microsoft 通过 ADO.NET 向编程人员提供了功能强大的数据访问技术，既可以直接在编程模式下通过输入程序代码设计数据访问程序，也可以利用系统提供的数据访问向导直接进行可视化程序设计，是客户机/服务器模式（Client/Server）模式（以下简称为 C/S 模式）数据访问的重要"利器"。本章主要介绍客户/服务器模式编程、ADO.NET、LINQ（Var、扩展方法、LambdA．匿名类型和查询表达式转换、LINQ To SQL）和 PLINQ 的概念及其对象等有关数据访问的内容。

10.1 客户机/服务器（C/S）模式编程

在网络应用中，应用模式的发展变化，可以按出现的时间分为：

（1）文件服务器模式及域模式。

（2）客户机/服务器模式（Client/Server，以下简称为 C/S 模式）。

（3）以 Internet/Intranet 为网络环境的 B/S（Browser/Server）模式。

其中，文件服务器模式及域模式主要是从对用户和资源管理角度考虑的，数据计算发生在每个用户的工作站上。而 B/S 模式是 C/S 模式在 Internet 环境下的体现方式。本书将重点讨论 C/S 模式。

20 世纪 90 年代以来，C/S 模式十分流行。它主要是对一次数据计算的完成过程这个角度而言的，客户机进行数据请求，请求传到服务器，服务器负责完成数据计算或数据库操作，最终结果返回到客户机。几乎每个新的网络操作系统和每个新的多用户数据库系统都声称能支持 C/S 模式。实现 C/S 模式允许有许多不同的策略。

从最典型的数据库管理系统的应用来看，在 LAN 上采取的 C/S 模式，即指在 LAN 中至少有一台数据库服务器（DBMS Server），可以作为公共数据库为各台工作站提供后援支持。把应用任务中的程序执行内容划分成两部分：与数据库存取有关的部分由 DBMS Server 承担；与应用的人机界面处理，输入/输出或一部分应用的逻辑功能等有关的内容由 Client 端工作站承担。这样做有以下 4 个优点。

（1）充分调动在 LAN 中的 Server 和 Client 两方面的处理能力。

（2）极大地减少网络上的信息流通量（可以不再以整个"文件"为传送单位，采用请求—服务响应的方式，网上仅传输经 Server 加工处理后的那一部分必要的结果信息）。

（3）有效地发挥了服务器软硬件执行效率高，集中管理数据库安全方便的长处，也可以充分利用 PC 机 Client 端处理用户界面（特别是图形用户界面）和本地 I/O 的优点。

（4）C/S 体系结构有可能提供一种开放式的，易于伸缩扩展的分布式计算环境，便于高效利用硬件等投资。

近年来已普遍采用了 3 层方式的 C/S 模式，即客户机—应用服务器—数据库服务器。把应用系统的软件相应的分为 3 层。

客户机实体内驻留用户界面层（也称为表示层）软件，负责用户与应用程序之间进行对话的任务。

应用服务器实体内存放有业务逻辑层（也称为功能层）软件，用来响应客户机的请求，完成相应的业务处理或复杂计算机任务。如果有数据库访问任务时，则可进一步向数据库服务器发送相应的 SQL 语句。

数据库服务器实体内驻留有数据库服务层（也称为数据层）软件，用来执行功能层发送过来的 SQL 语句，负责管理对数据库数据的读写，数据库查询与更新等任务，任务完成后逐层地返回给客户机上的用户。

采用 3 层 C/S 模式的好处在于：

（1）可以更方便、更清晰地分工应用软件的设计任务。

（2）可以降低对客户机的要求，使客户机只需要处理以人机界面为主的工作，适应日益扩展的应用需求。

（3）防止客户机上无权连接数据库的用户绕过系统中的客户端应用系统，利用自行安装在客户机上的数据库访问工具非法访问某些未授权的数据，从而保证了安全性（由应用服务器把关）。

同样 C/S（特别是二层 C/S）模式的不足之处在于：

在 C/S 环境下，由于界面和逻辑应用程序安装在各客户机上，更换应用版本会很麻烦，且不利于保护编程投资。C/S 模式的缺陷，使得后来的 B/S（浏览器/服务器）模式应运而生。

ⅡⅢ▶ 10.2　ADO.NET 概念

ADO.NET 是一个以.NET 框架为基础的全新的数据操作模型，是专门为.NET 平台上的数据访问而设计的，更适用于分布式和 Internet 访问等大型应用程序的开发，也可使程序设计人员以更方便、直观的方式来存取数据。

ADO.NET 由 Microsoft ActiveX Data Objects（ADO）改进而来，它提供了平台互用和可收缩的数据访问功能。由于 XML（Extensible Markup Language，可扩展标记语言）是用于进行数据传送的格式，任何可以读取 XML 格式的应用程序都可以对数据进行处理。它可以是基于 Microsoft Visual Studio 的解决方案或在任何平台上运行的任何应用程序。

为了能更好地建立 ADO.NET 数据存取的基本概念，将通过数据库访问的一般过程来了解 ADO.NET 的对象结构以及各对象在数据存取中的作用。

通常，在应用程序中访问数据库的一般过程为：先要连接数据库；接着发出 SQL 语句，告诉数据库要进行什么样的工作；最后由数据库返回所需的数据记录。

在 ADO.NET 中，上述访问数据库的 3 项工作，分别由 3 个对象来完成：Connection 对象负责连接数据库；Command 对象对数据下达 SQL 命令；DataSet 对象用来保存所查询到的数据记录。

事实上，在 ADO.NET 中，介于 DataSet 和 Connection 对象之间，还有一个在数据库与 DataSet 对象之间扮演传递数据的对象 DataAdapter（数据适配器）。ADO.NET 的对象结构如图 10-1 所示。

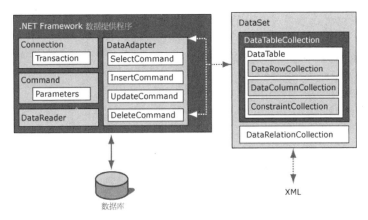

图 10-1　ADO.NET 的对象结构

在 ASP.NET 中，这些对象都是由相对应的类所生成的，例如，DataSet 对象是由 DataSet 类生成的。.NET 框架是一个面向对象的系统，当使用该框架类库的具体部分时，需要在应用程序中包含对命名空间引用的代码。在应用程序中使用 ADO.NET 时，必须引用 System.Data 命名空间。另外，还要根据访问数据库的类型不同，引用不同的命名空间，如果要访问 OLE DB 数据库，则需引用 System.Data.OleDb 命名空间；如果要访问 SQL Server 7.0 以上版本的数据库，则需要引用 System.Data.Sqlclient 命名空间；如果要访问 MySQL 数据库，则需要引用 MySql.DatA. Mysqlclient 命名空间。

通常，使用 ADO.NET 开发数据库应用程序应遵循以下 5 个步骤。

（1）选择所使用的数据源，即选择使用哪个.NET Framework 数据提供程序。

（2）使用 Connection 对象建立与数据源的连接。

（3）使用 Command 对象完成对数据源的操作。

（4）使用数据集对获得的数据进行各种操作，即利用 DataReader 对象或 DataSet 对象缓存数据。

（5）使用各种数据控件，如用 DataGridView 控件显示数据。

10.3　ADO.NET 对象

10.3.1　Connection 对象

Connection 对象用于连接数据库。不同的数据库有不同的 Connection 对象。要连接 OLE DB 数据源、SQL Server 7.0 之前版本的数据库或 MySQL 数据库，可以使用 OLE DB .NET Framework 数据提供程序的 OleDbConnection 对象，它的主要功能是负责数据库的连接；要连接 SQL Server 7.0 及以上版本数据库，可以使用 SQL Server.NET Framework 数据提供程序的 SqlConnection 对象；要连接 MySQL 数据库，可以使用 MySqlConnection 对象；要连接 ODBC 数据源，可以使用 ODBC.NET Framework 数据提供程序的 OdbcConnection 对象。在连接到数据库时必须提供连接到数据库的一些属性，如 Provider、DataSource 等。

所有的连接方式都要用到连接字符串。连接字符串是一串字符，它是用分号隔开的多项信息，对于不同的数据库和供应程序，连接字符串的内容也不同。如果使用 Visual Studio.NET，可以用

"连接向导"来生成这种连接字符串。下面列出了访问数据库其典型的连接字符串：

（1）连接 SQL Server 数据库，使用 SQL Server Provider。

```
"Persist Security Info=False;Integrated
Security=SSPI;database=northwind;server=myser"
```

（2）连接 Access 数据库，使用 Microsoft.ACE.OLEDB.12.0。

```
"Provide=Microsoft.ACE.OLEDB.12.0; Data Source= data.accdb"
```

（3）连接 SQL Server 7.0 以前版本的数据库，使用 OLE DB Provider。

```
"Provide=SQLOLEDB;Data Source=MyServer; Integrated Security=SSPI"
```

（4）连接 MySQL 数据库，使用 MySQL Provider。

```
    "Provider=MySQLProv;Data
Source=mydb;UserId=myUsername;Password=myPassword;"
```

（5）连接 Oracle 数据库，使用 OLE DB Provider。

```
"Provide=MSDAORA;Data Source=ORACLE_DB;Persist Security
Info=False;Integrated Security=yes"
```

例如：

```
string strCon=" Provide=Microsoft.ACE.OLEDB.12.0; Data Source= data.accdb";
OleDbConnection myconn=new  OleDbconection(strCon);
```

OleDbconection 的两个重要方法：

- Open( )方法：打开与数据库表的连接。

例：myconn.Open( );

- Close( )方法：关闭与数据库表的连接。

例：myconn.Close( );

【例 10-1】 使用连接。

注意：在使用该实例前，要求用户的计算机上有 Microsoft Access 的"地址簿"数据库 book.accdb。

```
private void button1_Click(object sender, System.EventArgs e)
 {
 try
  {
  string strCon="Provider=Microsoft.ACE.OLEDB.12.0;Data Source=
book.accdb";
  OleDbConnection myConn=new OleDbConnection (strCon);
  myConn.Open( );
  MessageBox.Show("数据库连接成功！");
  myConn.Close( );
  }
 catch
   {
    MessageBox.Show("连接错误","错误");
   }
 }
```

10.3.2　Command 对象

Command 对象主要用来向数据库发出各种 SQL 命令，例如，查询、插入、修改和删除等命令。

根据所用的.NET Framework 数据提供的程序不同，有不同的 Command 对象与之对应。这些 Command 对象分别是 SqlCommand 对象、OleDbCommand 对象、OdbcCommand 对象、MySQLCommand 对象和 OracleCommand 对象。应根据访问的数据源不同，选择相应的 Command 对象。

创建 Command 对象的语法：

```
Dim objCom As New OleDbCommand( )        'Access
Dim objCom As New SqlCommand( )          'SQL Server
```

其属性：

- CommandText。获取或设置欲对数据源执行的 SQL 命令、存储过程名称或数据表名称，如。下面的代码可以用来指定 Command 对象所要执行 SQL 命令，从"择友俱乐部"数据表中删除"姓名"字段为"小叶"的记录：

```
objCmd.commandText="Delete From 择友俱乐部 Where 姓名='小叶' ";
```

- Connection。获取或设置 Command 对象所要使用的数据连接。

例如：

```
OleDbCommand inst=new OleDbCommand("DELETE  FROM  book  WHERE  id=1002",
myConnection1);
```

如果要使用存储过程来对数据源进行操作，应该把 CommandType 属性设置为 StoreProcedure，同时把 CommandText 属性设置为存储过程的名字。如果存储过程使用参数，可以使用 Command 对象的 Parameters 属性来访问存储过程的输入和输出参数及返回值。

执行 SQL 语句，Command 对象公开了几个可用于执行所需操作的 Execute 方法：

- 当以数据流的形式返回结果时，使用 ExecuteReader 可返回 DataReader 对象。
- 使用 ExecuteScalar 可返回执行结果第一列第一栏的值。
- 使用 ExecuteNonQuery 可执行返回被影响的行数。

例：

```
inst. ExecuteNonQuery( );
```

Command 类支持下面 4 种实例化对象：

- SelectCommand——引用某命令（SQL 语句或存储过程名称）从数据存储区检索行。
- InsertCommand——引用某命令以便向数据存储区插入行。
- UpdateCommand——引用某命令以便更新数据存储区中的行。
- DeleteCommand——引用某命令以便从数据存储区中删除行。

上述 4 种实例化对象都支持包含对 SQL 语句或存储过程引用的 CommandText 属性。

【例 10-2】　使用 SQL 语句完成对 Microsoft Access "地址簿"数据库的"家庭成员"数据表的查询、显示操作。

```
private void Form1_Load (object sender, System.EventArgs e)
{
  string myConStr="Provider=Microsoft.ACE.OLEDB.12.0;Data Source=
book.accdb";
    OleDbConnection myCon=new  OleDbConnection (myConStr);
```

```
    myCon.Open( );
    //创建 Command 对象
OleDbCommand myCom=new OleDbCommand( );
    //指定使用 SQL 语句
myCom.CommandType=CommandType.Text;
    //SQL 语句内容是查询成员的信息
string comstr="Select 成员编号,地址编号,姓氏,名字,角色,发送贺卡 from 家庭成员";
myCom.CommandText=comstr;
    //使用 myCon 连接对象
myCom.Connection=myCon;
    //由 Command 对象的 ExecuteReader 方法生成 OleDBDataReader 对象
OleDbDataReader myReader=myCom.ExecuteReader( );
myReader.Read( );
this.textBox1.Text=myReader.GetInt32(0).ToString( );
this.textBox2.Text=myReader.GetInt32(1).ToString( );
this.textBox3.Text=myReader.GetString(2);
this.textBox4.Text=myReader.GetString(3);
this.textBox5.Text=myReader.GetString(4);
this.textBox6.Text=myReader.GetBoolean(5).ToString( );
//关闭 OleDBDataReader 对象
myReader.Close( );
//关闭 OleDbConnection 对象
myCon.Close( );
}
```

10.3.3　DataReader 对象

ADO.NET 有两种访问数据源的方式，分别为 DataReader 对象及 DataSet 对象。前者是高度优化的对象，专为以仅向前方式滚动只读记录而设计。后者是记录在内存中的缓存，可以从任何方向随意访问和修改。

DataReader 对象是用来读取数据源最简单的方式，它只能读取数据，不能写入数据，而且是将数据源从头至尾依次读出，无法只读取某条数据。由于每次只能从 DataReader 对象依次读取一条数据，占用的内存空间很小，所以应用程序的效率较佳，系统负担较轻，其主要缺点是灵活性差。

使用 DataReader 对象读取数据库的步骤如下：

（1）使用 Connection 对象创建数据连接，OLE DB 兼容数据库需使用 OleDbConnection 对象，SQL Server 7.0 或更新版本需使用 SqlConnection 对象。

（2）使用 Command 对象对数据源执行 SQL 命令并返回结果，OLE DB 兼容数据库需使用 OleDbCommand 对象，SQL Server 7.0 或更新版本需使用 SqlCommand 对象。

（3）使用 DataReader 对象读取数据源，OLE DB 兼容数据库需使用 OleDbDataReader 对象，SQL Server 7.0 或更新版本需使用 SqlDataReader 对象。

注意：DataReader 对象是通过 Command 对象的 ExecuteReader 方法从数据源中检索行创建的。要想获得 DataReader 对象中的数据，必须组合使用 DataReader 的 Read 方法和相应的 Get 方法。使用 DataReader 对象的 Read 方法可以读取下一条数据并返回布尔值，True 表示还有下一条数据。通过向 DataReader 传递列的名称（Getname（ordinal））或序号（GetOrdinal（name））引用，可以访问返回的每一列（GetValue（ordinal）），并且序号从 0 开始，请见实例 10-2。

10.3.4 DataAdapter（数据适配器）对象

它的作用主要是在数据库与 DataSet 对象之间传递数据。例如在 Command 对象发出查询命令后，将获取的数据放入 DataSet 对象中。.NET Framework 提供两种主要的数据适配器以供与数据库一起使用。

（1）OleDbDataAdapter，它适用于由 OLE DB 提供程序公开的任何数据源。

（2）SqlDataAdapter，它适用于 SQL Server。由于该对象不必通过 OLE DB 层，所以它比 OleDbDataAdapter 快，但它只能用于 SQL Server 7.0 或更高版本。

由于本书使用 Access 建立数据库，因此用到了 OleDbDataAdapter 控件。

OleDbDataAdapter 对象使用 Fill( )方法将数据从数据源装载到数据集中，具体格式为：

```
OleDbDataAdapter 对象名=new OleDbDataAdapter(SQL 命令,连接名);
Dataset 对象=new DataSet( );
对象名.Fill(对象, "表名");
```

【例 10-3】 DataAdapter 对象的使用。

```
// 创建一个与数据库的连接
string myConStr = "Provider=Microsoft.ACE.OLEDB.12.0;Data Source=
book.accdb";
OleDbConnection myCon = new OleDbConnection(myConStr);
myCon.Open( );
//创建 Command 对象
OleDbCommand myCom = new OleDbCommand( );
//指定使用 SQL 语句
myCom.CommandType = CommandType.Text;
//SQL 命令字符串
string strCom="SELECT *  FROM 世界杯";
 //创建一个数据集
DataSet myDataSet=new DataSet( );
//用 OleDbDataAdapter 得到一个数据集
OleDbDataAdapter da=new OleDbDataAdapter(strCom, myConn);
 //把 DataSet 绑定世界杯数据表
 da.Fill(myDataSet, "世界杯");
    ……
```

10.3.5 DataSet 对象

DataSet 是 ADO.NET 的核心，是一个数据集，主要用来存放从数据库中取回的数据，用于支持 ADO.NET 中的离线数据访问。DataSet 对象是一种非连接的数据缓存，就像是一个被复制到内存中的小关系数据库。它的结构与真正的数据库十分相似，可以把子 DataSet 想象成内存中的数据库，DataSet 对象表示了数据库中完整的数据，包括表和表之间的关系等。在使用 DataAdapter 的 Fill 方法时，将所连接数据库中的数据放入 DataSet 对象之后，与数据库的连接即断开。此时，在应用程序中将直接从 DataSet 对象中读取数，不再依赖于数据库了。当在 DataSet 上完成所有的处理操作后，再将对数据的更改传回数据源。这样，在多用户共同存取的网络系统中，可有效降低数据库服务器的负担，提高数据存取的效率。

其命令格式为：

```
DataSet 对象名=new DataSet( );
```

例：DataSet myDataSet=new DataSet( );

DataSet 对象模型较为复杂，为了能较好地理解 DataSet 对象的结构，下面给出 DataSet 对象的简要结构图，如图 10-2 所示。

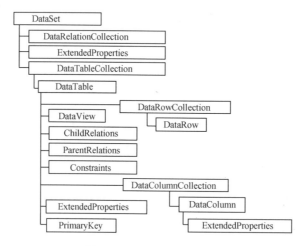

图 10-2　DataSet 对象结构图

在 DataSet 对象中有许多属性，其中最重要的是 Tables 属性和 Relations 属性。Tables 属性值是一个 DataTable 对象集，每个 DataTable 对象都代表了数据库中的一个表。

每个 DataTable 数据表都由相应的行和列组成，所以，每个 DataTable 对象都有两个重要的属性：Columns 属性和 Rows 属性。Columns 属性值是一个数据表的 DataColumn 对象集，每个 DataColumn 对象都代表数据表中的一列数据；而 Rows 属性值是一个数据表的 DataRow 对象集，每个 DataRow 对象都代表了数据表中的一行数据。可以直接使用这些对象访问数据集中的数据。

例如：

```
textBox1.Text=myDataSet.Tables[0].Rows[3].ItemArray[1].ToString( );
// textBox1.Text 显示的内容为表中第四行中第二个元素的值
```

此外，DataSet 对象还有一个 Relations 属性，该属性值是 DataRelation 对象集，每个 DataRelation 对象表达了数据表之间的关系。

当创建了 DataSet 对象，并将数据库中的数据放入 DataSet 对象之后，就可以在离线的状态下使用 DataSet 对象、DataTable 对象、DataColumn 对象和 DataRow 对象所提供的方法，对 DataSet 对象中的数据进行添加、修改、删除等各种处理和操作。当对 DataSet 对象的数据表完成所有的处理和操作之后，可以使用前面创建的 DataAdapter 对象中的 UpDate 方法，更新源数据库，任何修改过的记录都可以在源数据库上更新，任何新添加的记录也都可以添加到源数据库相应的数据表中。

【例 10-4】　调用 DataAdapter 对象的 Fill 方法填充数据集。

　　程序设计如下：先创建 DataAdapter 的一个实例，该实例使用 Microsoft SQL Server North 数据库的 employee 数据表来填充 DataSet；然后，删除该表中的一条记录，并刷新 DataSet 和数据源。

```
using System;
using System.Data.SqlClient;
class TestDatabase
{
private void Form1_Load(object sender,EventArgs e)
{
string Str="Persist Security Info=False;Integrated Security=SSPI;Initial
Catalog=North;Data
Source=localhost";
SqlConnection Con = new SqlConnection(Str);
string comstr="Select lastname,firstname from employee";
SqlCommand Com = new SqlCommand(comstr, Con);
  //声明 DataAdapter 对象
SqlDataAdapter myDa=new SqlDataAdapter( );
  //要求 DataAdapter 对象执行 SQL 检索命令
myDa.SelectCommand=Com;
Con.Open( );
DataSet myDs=new DataSet( );
  // 执行 SQL 命令，并填充数据集
myDa.Fill(myDs, "employee");
  //要求 DataAdapter 执行 SQL 删除命令
Com.CommandText = "Delect from employee where employeeID=9";
myDa.DeleteCommand = Com;
  //刷新数据集
myDa.Fill(myDs,"employee");
Con.Close( );
}
  }
```

▶ 10.4　数据绑定控件

　　Web 窗体的数据绑定技术便于在控件中显示数据，但是它的数据绑定不是双向的，数据绑定从数据源读取数据但不对其进行更新。更新数据比显示数据更复杂，因为大多数 Web 窗体不需要将数据写回原数据库，所以 Web 窗体数据绑定不包括更新代码，从而将页大小和页处理保持在最精简的程度。

　　Windows 窗体数据同样需要绑定，如果用户使用 DataGridView 控件，则需要使 DataGridView 控件和数据库控件进行绑定。从工具箱的 Windows 窗体栏中，将一个 DataGridView 控件拖到窗体上。选择该控件，修改属性窗口中 DataSource 属性为所选的数据库，即完成了显示控件和数据库的绑定。在填充数据集后，DataGridView 控件才会显示数据，此时编程人员可以另加一个控件以激活显示绑定。通常使用以下两个命令之一进行绑定：

（1）OleDbDataAdapter1.Fill(dsCategories1)：选用的数据引擎是 OLE DB；

（2）Sql DbDataAdapter1.Fill(dsCategories1)：选用的数据库为 Microsoft SQL 数据库。

其中，dsCategories1 表示 DataSet 创建的对象名。

如果用户对代码编程很熟，也可以在源程序代码中调用 DataGridView 控件的 DataSource 方法，将该控件绑定到数据集上，这和通过可视化编程绑定数据集的效果相同。

【例 10-5】 使用 DataSource 方法绑定数据源，主要代码如下：

```
string myConStr="Provider=Microsoft.ACE.OLEDB.12.0;Data Source=
book.accdb";
  OleDbConnection myCon=new OleDbConnection (myConStr);
try{
  myCon.Open( );
  string comstr="Select * from 家庭成员 where 姓氏='赵'";
  OleDbCommand myCom=new OleDbCommand(comstr,myCon);
  //生成数据集
  DataSet myData=new DataSet ( );
  OleDbDataAdapter myDa=new OleDbDataAdapter(myCom);
  myDa.Fill(myData, "家庭成员");
  //动态绑定
    DataGridView1.DataSource = myData.Tables[0];
}
catch (OleDbException te)
{
MessageBox.Show(te.Message);
}
finally
{
if(myCon.State==ConnectionState.Open)
  myCon.Close( );
}
```

并不是所有的数据源都能绑定到 DataGridView 控件上，通常以下几种数据源对 DataGridView 控件有效：

- DataTable 对象。
- DataSet 对象。
- DataView 对象。

其他复杂数据绑定控件（如 ListBox、ComboBox 等）的数据绑定与 DataGridView 控件类似。可以通过 DataGridView 控件更改数据集中的数据，也可以更新数据源中的数据。当在 DataGridView 控件网格中更改数据（添加一个数据行、删除一个数据行、更改某列的值）后，DataGridView 控件会自动在数据集中保存更改后的结果。注意，这里是更改数据集中的数据，而不是数据源中的数据。数据集中的数据是数据源中相应数据的镜像，并不是真正的记录本身。因此更改数据集中的数据，并没有同步更新数据源中的数据。如果既想要更改数据集的数据，又想要更新数据源中的相应数据，可以利用 DataAdapter 对象的 Update 方法。该方法用于检查数据集内所指定数据表中的每个记录，如果某记录已更改，则向数据库发送相应的"更新"（Update）"插入"（Insert）

或"删除"（Delete）命令。当修改 DataGridView 控件网格中的数据后，调用以下方法就可以同步更新数据源中的数据：

```
sqlDataAdapter1.Update(dataSet11);
```

其中，sqlDataAdapter1 就是 DataAdapter 的一个实例，dataSet11 就是 DataSet 的一个实例。

以上是通过 DataGridView 控件直接修改数据集和数据源中的数据。

习　　题

10-1　ADO.NET 可以连接多种数据库，请写出至少两种连接字符串。

10-2　按照 ADO.NET 可视化编程步骤创建一个数据库访问程序。

10-3　什么是客户机/服务器（C/S）模式？说明其优缺点。

10-4　如何用 SQL 语句实现在"学生成绩"数据库中建立"英语成绩"数据表？

10-5　如何用 SQL 语句实现将一行记录插入到指定的一个表中？请举例。

10-6　什么是数据集？

10-7　"只要向 DataSet 添加一条纪录，就可以立即在数据库中看到该条记录"，这句话是否正确？

10-8　简述数据适配器组件的作用。

10-9　利用数据绑定控件设计一个简单的数据库浏览器。

10-10　利用 C#和 ADO.NET 建立一个教师和学生管理系统，可以增加、删除、修改教师和学生信息。

第 *11* 章

C#的多线程应用

本章介绍 C#的多线程（多线程简介、线程的优先级和执行状态、线程同步）应用程序，使读者能够初步了解 C#的多线程的概念和高级编程。

▌▌▶ 11.1 多线程简介

线程是程序中的执行序列，在使用 C#编写任何程序时，都有一个入口 Main()方法，程序从 Main()方法的第一个语句开始执行，直到这个方法返回为止。

线程是使用 Thread 类来处理的，该类在 System.Threading 命名空间中，一个 Thread 实例表示一个线程，即执行序列。通过简单实例化一个 Thread 对象，就可以创建一个线程。ThreadPool 类表示由系统管理的工作线程的集合，用来执行各种任务。

在介绍线程的概念之前，先介绍两个基本概念，即同步元素和应用程序域。同步元素是指一次只能被一个线程访问的元素。在多线程环境中，能够访问对象的线程是在特定时间占用该对象的锁的线程。锁可以是监控器、互斥锁或读写锁，线程可以获得锁、释放锁或等待另一个线程通知它们锁现在可用。

应用程序域的出现是.NET 处理进程和线程方式的一个重大革新，它提供了在同一个进程中隔离线程的手段。在以前，开发人员只有一种选择，即必须在不同的进程中隔离组件。应用程序域却允许隔离在同一个进程中运行的不同代码块，每个应用程序域都会被分配一块进程的虚拟内存，CLR 的类型安全检查确保了一个应用域不能访问另一个应用域中的数据。

线程类 Thread 代表执行的基本类，它提供了创建、控制和修改线程属性的方法。该类的定义如下：

```
public sealed class Thread
```

该类的构造函数如下：

```
public Thread(ThreadStart start)
```

Thread( )创建了一个 Thread 对象，start 参数是预定了 Start( )方法的委托。该类常用的属性及说明见表 11-1。

表 11-1 Thread 常用的属性

属　　性	说　　明
ApartmentState	检索或设置线程的单元状态

续表

属　　性	说　　明
CurrentCulture	返回指定线程的文化信息
CurrentUICulture	获得或设置线程的 UI 文化信息
CurrentContext	返回执行线程的当前上下文
CurrentPrincipal	获得或设置线程的当前主体
CurrentThread	检索对当前执行的线程的引用
IsAlive	当线程已启动并活动时返回 true
IsBackground	当线程在后台运行时返回 true
Name	检索或指定线程的名称
Priority	获得或设置线程的优先级
ThreadState	返回线程的状态

该类的常用方法如表 11-2 所示。

表 11-2　Thread 的常用方法

方　　法	说　　明
Suspend( )	挂起调用线程
Start( )	通过调用提供给线程构造函数的 ThreadStart 委托启动线程
Resume( )	恢复挂起的线程
Join( )	等待调用线程被杀，在线程被杀死时该方法返回
Interrupt( )	中断一个处于加入、休眠或等待状态的阻塞的线程
Abort( )	引发一个 ThreadAbortException 异常
Sleep( )	挂起当前线程一段指定的时间
ResetAbort( )	取消异常中止
GetDomain( )	返回当前程序运行于其中的应用程序域的信息
GetDomainID( )	返回当前程序运行于其中的应用程序域的标识信息

　　下面将介绍线程的处理过程。实例化一个 Thread 类就是创建一个线程，但是在实例化后，新线程并没有执行任务，它只是在等待执行。为了启动线程，需要指定线程执行的方法，这个方法不带有任何参数，且返回 void。接着就可以调用 Thread.Start( )方法来启动线程，该方法的参数就是指向执行方法的 ThreadStart 类型委托。这个委托在命名空间 System.Threading 中定义，叫作 ThreadStart( )。例如：

```
Thread myThread =new Thread( );                          //定义了线程类
void myFunction( )                                        //定义了执行方法
{
}
ThreadStart myThreadStart = new ThreadStart(myFunction); //定义了委托类
ThreadStart
myThread.Start(myThreadStart);
```

　　在启动了一个线程后，就可以挂起、恢复或中止它。

注意：挂起一个线程就是让线程进入睡眠状态，在这种情况下，线程仅在某段时间段内停止运行，以后还可以恢复。如果线程被中止，就是停止运行，Windows 会永久地删除该线程的所有数据。

```
myThread.Suspend( );              //线程被挂起
myThread.Resume( );               //恢复该线程
myThread.Abort( );                //中止线程
```

在上述程序中，当线程被挂起时，.NET 允许其他线程执行。在中止线程时，Abort( )方法会在受影响的线程中产生一个 ThreadAbortException 异常。

例 11-1 演示了线程类各种方法的简单使用。

【**例 11-1**】 Thread 类的简单使用：TestThread。

```
01   using System;
02   using System.Collections.Generic;
03   using System.Linq;
04   using System.Text;
05   using System.Threading;
06
07   namespace TestThread
08   {
09     class program
10     {
11       static void Main(string[] args)
12       {
13         program mypro = new program( );
14         //定义 3 个线程对象
15         Thread one = new Thread(new ThreadStart(mypro.Count));
16         Thread two = new Thread(new ThreadStart(mypro.Count));
17         Thread three = new Thread(new THreadStart(mypro.Count));
18         //对 3 个线程实例重新命名
19         one.Name = "myThreadOne";
20         two.Name = "myThreadTwo";
21         three.Name = "myThreadThree";
22         //分别对 3 个线程启动
23         one.Start( );
24         two.Start( );
25         three.Start( );
26         //让线程休眠 0.5 秒
27         Thread.Sleep(500);
28         //让线程 myThreadOne 挂起
29         one.Suspend( );
30         //线程 myThreadThree 中止
31         three.Abort( );
32         //myThreadTwo 线程调用 join( )方法
33         two.Join( );
34         //恢复执行 myThreadOne 线程
35         one.Resume( );
```

```
36        }
37        //定义一个方法
38        public void Count( )
39        {
40          try
41          {
42            for(int i = 0;i<5;i++)
43            {
44        Console.writeLine( "{0}:{1}",Thread.CurrentThread.Name,i);
45              Thread.Sleep(200);
46            }
47          }
48          catch(ThreadAbortException ex)
49          {
50            Console.WriteLine(ex.Message);
51            Thread.ResetAbort( );
52          }
53      Console.WriteLine(Thread.CurrentThread.Name+ ":out of for loop");
54        }
55      }
56    }
```

代码说明：第 15～17 行定义了 3 个线程对象，第 23～25 行分别调用线程的不同方法测试线程的运行。

例 11-1 的运行结果如下：

```
myThreadOne:0
myThreadTwo:0
myThreadThree:0
myThreadOne:1
myThreadTwo:1
myThreadThree:1
myThreadOne:2
myThreadTwo:2
myThreadThree:2

Exception of type System.Threading.ThreadAbortException was throw.
Thread three:out of for loop
myThreadTwo:3
myThreadTwo:4
Thread two:out of for loop
myThreadTwo:3
myThreadTwo:4
Thread one:out of for loop
```

⏪ 11.2 多线程编程

11.2.1 线程的优先级和执行状态

在一个过程中，可以为不同的线程指定不同的优先级。一般情况下，如果有优先级较高的线程在工作，就不会给优先级低的线程分配任何时间片。优先级高的线程可以完全阻止优先级低的线程的执行，所以在改变优先级时要特别小心。线程的优先级可以定义为 ThreadPriorityEnumeration 的值，即 Highest、AboveNormal、Normal、BelowNormal 和 Lowest。

每一个进程都有一个基本优先级，这些值与过程的优先级是有关系的。给线程指定较高的优先级，可以确保它在该过程中比同一过程中的其他线程优先执行。要注意，Windows 给自己的操作系统线程指定了高优先级。在例 11-1 中，可以这样修改线程的优先级，如例 11-2 所示。

【例 11-2】 优先级修改：ThreadPriority。

```
//定义 3 个线程
Thread one = new Thread(new ThreadStart(mypro.Count));
Thread two = new Thread(new ThreadStart(mypro.Count));
Thread three = new Thread(new ThreadStart(mypro.Count));
//对 3 个线程实例重新命名
one.Name = "myThreadOne";
two.Name = "myThreadTwo";
three.Name = "myThreadThree";
//修改优先级
myThreadOne.priority = Highest;
myThreadTwo.priority = Normal;
myThreadThree.priority = Lowest;
```

如果要知道指定线程的当前执行状态，就会用到 C#提供的 ThreadState 枚举，不管任何线程都会处于 ThreadState 枚举中定义的一种状态。

注意：一个线程不能同时处于两种或两种以上的状态，即不能把同一个线程的状态既指定为 Aborted 又指定为 Unstarted。

C#提供的 ThreadState 枚举成员常量及说明如表 11-3 所示。

表 11-3 ThreadState 枚举常量

常 量	说 明
Aborted	线程已被异常中止
AbortRequested	已调用 Abort( )方法，但线程还没中止
Background	线程正在后台运行
Running	Start( )方法已被调用，线程正在执行
Stopped	线程已经停止
StopRequested	线程已被要求停止
Suspended	线程已被挂起
SuspendRequested	线程正被要求挂起

续表

常 量	说 明
Unstarted	线程还没有调用 Start( )方法
WaitSleepJoin	线程因为调用了 Wait( )、Sleep( )或 Join( )方法而处于阻塞状态

11.2.2 线程同步

为了确保在某一时刻只有一个线程可以访问变量,出现了同步这一概念,以保护变量的安全。

同步问题产生的本质原因是在 C#源代码中,往往看起来是一个语句,而被编译为汇编语言后却成为许多句。只要一个 C#语句翻译为多个本机代码命令,线程的时间片就有可能在执行该语句的进程中终止。如果是这样,同一个过程中的另一个线程就会获得一个时间片,如果涉及这个语句的变量访问不是同步的,则另一个线程可能读写同一个变量,此时就会出现它访问的是新信息还是旧信息的问题。

上述情况比较简单,在执行比较复杂的语句时,某个变量很有可能在某个较短的时间内有一个没有定义的值,如果另一个线程刚好此时要读取这个值,将什么也读不到。更严重的是,如果两个线程同时给一个变量写入数据,该变量在不同时刻肯定会包含不同的值。

1. 解决多个线程共享的类 InterLocked

针对上述问题,C#提供了 InterLocked 类来解决多个线程共享变量的访问,提供了有关共享变量值的递增、递减、比较和替换的方法。该类的定义如下:

```
public sealed class InterLocked
```

InterLocked 类的常用方法及说明如表 11-4 所示。

表 11-4 InterLocked 类常用方法

方 法	说 明
Increment( )	递增指定的值,然后返回更新后的值
Decrement( )	递减指定的值,然后返回更新后的值
Exchange( )	把变量设置为特定值
CompareExchange( )	比较两个值,如果两个值相等,替换前者

2. Monitor 类创建生产——消费者模式

Monitor 类使用锁(lock)的概念提供对对象的同步访问,只有拥有对象监控器锁的线程才能访问对象。Monitor 类定义了许多方法来获取和传递锁。在使用时,Monitor 类会在请求时与给定对象关联。Monitor 类不提供构造函数,因而不能被实例化。该类的常用方法及说明如表 11-5 所示。

表 11-5 Monitor 类常用方法

方 法	说 明
Enter( )	试图获得指定对象的监控器锁
Exit( )	释放指定对象的监控器锁
Pulse( )	被持有指定对象的线程调用,以通知等待队列中的所有线程在对象状态方面的变化

续表

方　　法	说　　明
TryEnter( )	试图在特定条件下获取指定对象的监控器锁
Wait( )	释放监控器锁，并把调用线程放到等待队列中

为了深刻理解 Monitor 类，请看经典的"生产者——消费者"范例的一个变化版本例 11-3。myMonitor 类定义了一个初始为空的队列作为数据成员，然后启动两个线程。第一个线程调用 AddItem( )方法，向队列中添加元素；第二个线程调用 RemoveItem( )方法，从队列中删除元素。范例的具体代码如例 11-3 所示。

【例 11-3】 生产者——消费者范例：TestMonitor。

```
01  using System;
02  ……
03  using System.Threading;
04  using System.Collections;
05
06  namespace TestMonitor
07  {
08    class program
09    {
10      //定义一个队列对象
11      Queue myQueue;
12      //定义构造方法
13      public program( )
14      {
15        myQueue = new Queue( );
16      }
17      public static void Main( )
18      {
19        //定义一个类 myMonitor
20        program myMonitor1 = new program( );
21        //定义两个线程 addThread、removeThread,并设置 myMonitor 的优先级
22        Thread addThread = new Thread(new ThreadStart(myMonitor1.AddItem));
23        addThread.priority = ThreadPriority.BelowNormal;
24        Thread removeThread = new Thread(new
25   ThreadStart(myMonitor1.RemoveItem));
26        //启动线程 addThread、removeThread
27        addThread.Start( );
28        removeThread.Start( );
29      }
30      //定义添加方法
31      public void AddItem( )
32      {
33        for(int i = 0;i<4;++i)
34        {
```

```
35        Lock(myQueue);
36        {
37          myQueue.Enqueue("queue Item");
38          Console.WriteLine("Queue has {0} Item",myQueue.Count);
39          myMonitorl.pulse(myQueue);
40        }
41      }
42    }
43    private void Lock(Queue myQueue)
44    {
45      throw new NotImplementedException();
46    }
47    //定义删除方法
48    public void RemoveItem()
49    {
50      for(int i = 0;i<4;++i)
51      {
52          myMonitorl.Enter(myQueue);
53          if(myQueue.Count<1)
54          myMonitor1.Wait(myQueue);
55          myQueue.Dequeue();
56          Console.WriteLine("Queue has {0} Item",myQueue.Count);
57          myMonitorl.Exit(myQueue);
58      }
59    }
60  }
61 }
```

代码说明： 如果删除 AddItem() 方法和 RemoveItem() 方法中有关监控器锁的语句，该程序在运行时将抛出一个 InvalidOperationException 异常，因为 Removethread() 方法会在 AddThread() 方法之前被调用。

例 11-3 代码的运行结果如下：

```
Queue has 1 Item
Queue has 0 Item
Queue has 1 Item
Queue has 0 Item
Queue has 1 Item
Queue has 0 Item
Queue has 1 Item
Queue has 0 Item
```

习　题

11-1　什么是线程？

11-2　如何在.NET 程序中手动控制多个线程？

11-3　创建一个线程，解决订单排队问题。

11-4　什么是多窗体（MDI）？

11-5　如何创建含有事件处理程序的多窗体（MDI）？

第 12 章

C#案例——FoxOA 的人力资源培训成绩管理系统

本章将介绍一个 C#实例——FoxOA 的人力资源培训成绩管理系统，阐述其系统功能、系统的环境和组成、系统分析与设计（UML）、数据库结构、实现的主要关键技术、关键源程序、系统的使用说明等，以满足想用 C#进行较完整的高级程序设计的读者。

▮▶ 12.1 系统概述

12.1.1 办公自动化系统 FoxOA

1．办公自动化内涵

办公自动化（Office Automation），简称 OA，是办公信息处理的自动化，它利用先进的技术，使各种办公业务活动逐步由各种设备、各种人机信息系统协助完成，达到充分利用信息，提高工作效率和工作质量的目的。

2．FoxOA 办公自动化系统

本章介绍的是成都小狐狸软件公司开发的基于 Web（ASP.NET+C#）平台的办公自动化系统 FoxOA，它由信息中心子系统、文档管理子系统、日常管理子系统、公文管理子系统、通讯录子系统、个人记事本子系统、网上会议子系统、网上寻呼子系统、聊天室子系统、企业论坛子系统、人事档案子系统、外出登记子系统、人力资源培训成绩管理子系统、系统维护子系统、企业模型子系统、权限管理子系统、菜单管理子系统、系统参数子系统共 18 个子系统组成，是功能完整且运行平稳的企业信息平台。

本章主要介绍 FoxOA 的一个子系统——人力资源培训成绩管理系统。

12.1.2 系统功能

本节介绍的 C#应用程序实例——人力资源培训成绩管理系统，具有对学员成绩进行录入、查询和统计等功能。

12.2 系统分析与设计（UML）

12.2.1 计算机辅助软件工程（CASE）工具——PD

为了应对与摆脱软件危机，人们希望通过软件工程技术方法和管理手段将软件开发纳入工程化的轨道，由此诞生了软件工程学。

软件建模所用的 CASE（计算机辅助软件工程）工具有 PowerDesigner（简称 PD），它是 Sybase 公司推出的基于客户机/服务器体系结构的一组图形化的数据库模型设计工具软件。设计人员不仅能够利用它来设计和创建各类 UML（统一建模语言）数据模型，而且可以对建立的模型给出详尽的文档，生成数据库和应用程序，提高了软件生产效率。

PD 集成特性灵活，同时也便于系统进一步的扩展。下面将简要介绍本系统建立的模型。

12.2.2 系统建模

1．CDM（概念数据模型）

概念数据建模是把现实世界中的信息抽象成实体和联系来产生实体联系图（E-R）模型。概念数据模型建模与模型的实现方法无关，即概念数据建模与具体的数据库系统、操作系统平台无关。PD 中的 CDM 还可以转换成 PDM（物理数据模型）或类图。

2．PDM（物理数据模型）

物理数据建模是把 CDM 与特定的 DBMS 的特性结合在一起，产生 PDM，进而可产生其库的表。同一个 CDM 结合不同的 DBMS 产生不同的 PDM。PDM 包含了 DBMS 的特性，反映主键（Primary Key），外键（Foreign Key），候选键（Alternative Key），视图（View），索引（Index），触发器（Trigger），存储过程（Stored Procedure）等特征。FoxOA 人力资源系统设计的 PDM 图如图 12-1 所示。

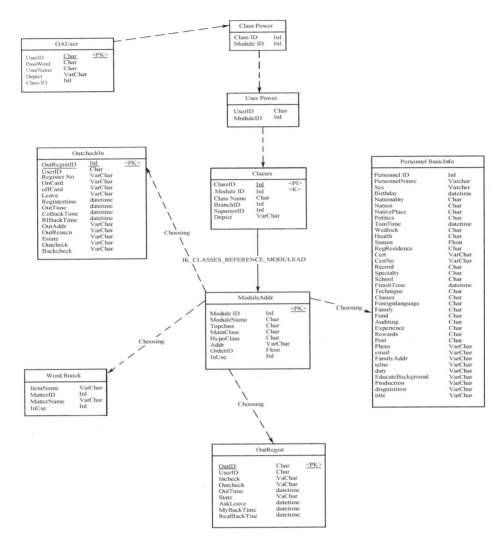

图 12-1 FoxOA 人力资源系统设计的 PDM 图

3．OOM（面向对象的模型）

（1）用例图。用例图反映了用户需求。管理员的用例图如图 12-2 所示。

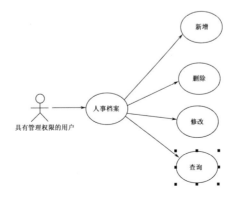

图 12-2 管理员的用例图

（2）类图。类图体现了类的结构。

例如，登录模块中的类图。

登录类：　　　　　　　　　　　登录数据库连接类：　　　　　　登录窗体类：

（3）时序图。时序图体现了类之间行为的时序关系。例如，人事档案管理模块中的登录时序图如图 12-3 所示。

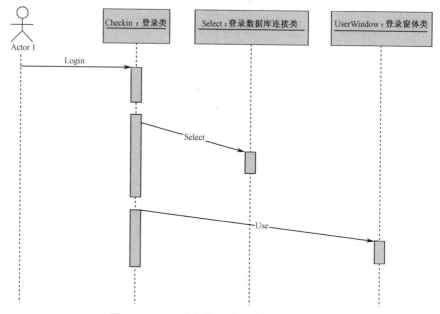

图 12-3　人事档案管理模块中的登录时序图

⫸ 12.3　主要关键技术

在.NET 框架下，ASP.NET+C#技术结合 MVC 设计模式很好地进行了本系统编程。

12.3.1　MVC 设计模式简介

MVC 由 Trygve Reenskaug 提出，它很好地实现了数据层与表示层的分离。FoxOA 系统使用在 Web 开发中流行的 MVC（Model-View-Controller，即模型、视图、控制器）技术，三者之间的关系和各自的主要功能如图 12-4 所示。

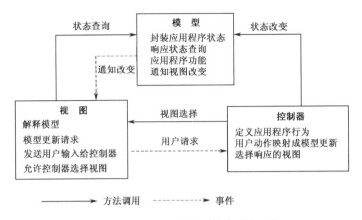

图 12-4　MVC 组件类型的关系和功能

　　视图部件把表示模型数据及逻辑关系和状态的信息以特定形式展示给用户。它从模型中获得显示信息，对于相同的信息可以有多个不同的显示形式或视图。

　　控制器部件是处理用户与软件的交互操作的，其职责是控制模型中任何变化的传播，确保用户界面与模型间的对应联系；它接受用户的输入，然后将输入反馈给模型，进而实现对模型的控制。它是使模型和视图协调工作的部件。

　　模型部件保存的是由视图显示、由控制器控制的数据。它封装了问题的核心数据、逻辑和功能的计算关系，它独立于具体的界面表达和 I/O 操作。

　　MVC 将会使软件在健壮性、代码重用和结构方面上一个新的台阶。

12.3.2　MVC 设计模式的实现

　　ASP.NET 提供了一个实现这种 MVC 经典设计模式的类似环境。开发者通过在 ASPX 页面中开发用户接口来实现视图；控制器的功能在逻辑功能 C#代码（.cs）中实现；模型通常对应应用系统的业务部分。

　　为了使请求捕获者类自动捕获用户请求并进行处理，ASP.NET 提供请求/响应 API，使开发人员能够使用 .NET 框架类为传入的 HTTP 请求提供服务。为此，必须创作支持 System.Web.IHTTPHandler 接口和实现 ProcessRequest( )方法的类，即请求捕获者类，并在 web.config 的＜httphandlers＞节中添加类。ASP.NET 收到的每个传入 HTTP 请求最终由实现 IHTTPHandler 的类的特定实例来处理。

▌▶ 12.4　数据库结构

　　本系统用 SQL Server 作为后端的数据库支持，可以建立的表有 OutCheckIn（外出登记表）、OutRegist（返回登记表）和 PersonnelBasicInfo（人员基本信息表）结构表见图 12-1 所示。

12.5 用户使用说明书

12.5.1 系统平台

（1）运行环境平台。

硬件要求：能够运行如下软件。

软件需求：Windows XP/7/8 系统平台，Microsoft Visual Studio .NET 2005/2010/2012/2015，SQL Sever 2008/2012/2015

（2）组成。

项目文件：FoxOA，数据库连接基类文件：BaseClasses，数据库文件：foxOA。

（3）安装。首先，需要在 IIS Web 服务器下建立虚拟目录。单击"开始"→"程序"→"管理工具"→"internet 服务管理器"，单击右键默认 Web 站点，选择"新建"→"虚拟目录"。弹出虚拟目录创建向导，输入"foxOA"→"下一步"，在"你想发布的内容"的对话框中，单击"浏览"，选择系统文件所在的目录，单击"确定"，再单击"下一步"→"完成"。

其次，要还原数据库，单击"开始"→"程序"→"Microsoft SQL Server"→"企业管理器"，展开（local windows NT）单击右键"数据库"→"新建数据库"，打开新建数据库对话框，输入数据库名称 foxOA，然后单击右键"新建的数据库"→"还原数据库"，打开还原数据库选择从设备，选择设备，单击"添加"，添加数据库文件，单击"确定"，完成数据库还原。

12.5.2 登录和进入系统

1. 登录

首先打开 IE 浏览器，输入 http://localhost/foxOA/，打开系统的登录页面，如图 12-5 所示。

图 12-5　系统登录页面

在用户登录界面中输入正确的用户名（Admin）及密码（123）。如果用户名及密码输入正确，将进入系统并出现 FoxOA 系统的主页面。在界面的左边目录中可看见系统的功能目录，在目录中选人力资源培训成绩管理系统，便进入学员成绩管理界面（如图 12-6）。如果用户登录输入不正确，将弹出提示信息框，显示"用户名或口令错误!"。

2．进入系统

进入系统后便可以看见学员成绩管理界面，可以对学员成绩进入统计、修改等操作，如图 12-6 所示。

图 12-6　学员成绩管理界面

12.6　关键源程序

1．登录窗口、学员成绩管理程序主窗体控件说明

登录窗口、程序主窗体控件说明见表 12-1，表 12-2。

表 12-1　登录窗口控件说明

控件类型	属　性	说　明	控件类型	属　性	说　明
label1	用户名		textBox2	—	密码
Label2	密码		button1	确定	进入系统
textBox1	—	用户名	button2	取消	退出系统

表 12-2　学员成绩管理程序主窗体控件说明

控件类型	属　性	说　明	控件类型	属　性	说　明
menuStrip1	menuStrip1	程序的菜单栏	button3	提交	提交成绩
dataGridView1	dataGridView1	显示成绩的表格	button4	确定	确定查找
button1	统计	统计学员成绩	textBox1	textBox1	显示人数
button2	修改	修改学员成绩	label1	label1	Visible 为 False

2．FoxOA 的人力资源培训成绩管理系统源程序

```
Form1.Designer.cs(用户登录设计代码)
namespace _12_13
{
    partial class Form1
```

```
    {
        /// <summary>
        /// 必需的设计器变量。
        /// </summary>
        private System.ComponentModel.IContainer components = null;

        /// <summary>
        /// 清理所有正在使用的资源。
        /// </summary>
        /// <param name="disposing">如果应释放托管资源，为 true；否则为 false。
</param>
        protected override void Dispose(bool disposing)
        {
            if (disposing && (components != null))
            {
                components.Dispose( );
            }
            base.Dispose(disposing);
        }
        #region Windows 窗体设计器生成的代码
        /// <summary>
        /// 设计器支持所需的方法 - 不要
        /// 使用代码编辑器修改此方法的内容。
        /// </summary>
        private void InitializeComponent( )
        {
            this.button2 = new System.Windows.Forms.Button( );
            this.button1 = new System.Windows.Forms.Button( );
            this.textBox2 = new System.Windows.Forms.TextBox( );
            this.textBox1 = new System.Windows.Forms.TextBox( );
            this.label2 = new System.Windows.Forms.Label( );
            this.label1 = new System.Windows.Forms.Label( );
            this.SuspendLayout( );
            //
            // button2
            //
            this.button2.Location = new System.Drawing.Point(147, 163);
            this.button2.Name = "button2";
            this.button2.Size = new System.Drawing.Size(75, 23);
            this.button2.TabIndex = 7;
            this.button2.Text = "取消";
            this.button2.UseVisualStyleBackColor = true;
            this.button2.Click += new
System.EventHandler(this.button2_Click);
            //
```

```
                // button1
                //
                this.button1.Location = new System.Drawing.Point(49, 163);
                this.button1.Name = "button1";
                this.button1.Size = new System.Drawing.Size(75, 23);
                this.button1.TabIndex = 8;
                this.button1.Text = "确定";
                this.button1.UseVisualStyleBackColor = true;
                this.button1.Click += new
System.EventHandler(this.button1_Click);
                //
                // textBox2
                //
                this.textBox2.Location = new System.Drawing.Point(136, 113);
                this.textBox2.Name = "textBox2";
                this.textBox2.PasswordChar = '*';
                this.textBox2.Size = new System.Drawing.Size(100, 21);
                this.textBox2.TabIndex = 6;
                //
                // textBox1
                //
                this.textBox1.Location = new System.Drawing.Point(136, 76);
                this.textBox1.Name = "textBox1";
                this.textBox1.Size = new System.Drawing.Size(100, 21);
                this.textBox1.TabIndex = 5;
                //
                // label2
                //
                this.label2.AutoSize = true;
                this.label2.Location = new System.Drawing.Point(61, 122);
                this.label2.Name = "label2";
                this.label2.Size = new System.Drawing.Size(41, 12);
                this.label2.TabIndex = 3;
                this.label2.Text = "密码：";
                //
                // label1
                //
                this.label1.AutoSize = true;
                this.label1.Location = new System.Drawing.Point(50, 76);
                this.label1.Name = "label1";
                this.label1.Size = new System.Drawing.Size(53, 12);
                this.label1.TabIndex = 4;
                this.label1.Text = "用户名：";
                //
                // Form1
```

```
        //
        this.AutoScaleDimensions = new System.Drawing.SizeF(6F, 12F);
        this.AutoScaleMode = System.Windows.Forms.AutoScaleMode.Font;
        this.ClientSize = new System.Drawing.Size(284, 262);
        this.Controls.Add(this.button2);
        this.Controls.Add(this.button1);
        this.Controls.Add(this.textBox2);
        this.Controls.Add(this.textBox1);
        this.Controls.Add(this.label2);
        this.Controls.Add(this.label1);
        this.Name = "Form1";
        this.Text = "Form1";
        this.ResumeLayout(false);
        this.PerformLayout( );
    }
    #endregion
    private System.Windows.Forms.Button button2;
    private System.Windows.Forms.Button button1;
    private System.Windows.Forms.TextBox textBox2;
    private System.Windows.Forms.TextBox textBox1;
    private System.Windows.Forms.Label label2;
    private System.Windows.Forms.Label label1;
    }
}
```

Form1.cs：（用户登录代码）

```
using System;
using System.Collections.Generic;
using System.ComponentModel;
using System.Data;
using System.Drawing;
using System.Linq;
using System.Text;
using System.Windows.Forms;
namespace _12_13
{
    public partial class Form1 : Form
    {
        public Form1( )
        {
            InitializeComponent( );
        }
        private void button1_Click(object sender, EventArgs e)
        {
            if (this.textBox1.Text == "Admin" && this.textBox2.Text == "123")
            {
```

```
                Form2 a = new Form2( );
                a.Show( );
            }
            else
                MessageBox.Show("用户名或口令错误!", "提示");
        }
        private void button2_Click(object sender, EventArgs e)
        {
            Application.Exit( );
        }
    }
}
```

Form2.Designer.cs（学员成绩管理主界面设计代码）

```
namespace _12_13
{
    partial class Form2
    {
        /// <summary>
        /// Required designer variable.
        /// </summary>
    private System.ComponentModel.IContainer components = null;
        /// <summary>
        /// Clean up any resources being used.
        /// </summary>
        /// <param name="disposing">true if managed resources should be disposed;
otherwise,
        /// false.</param>
        protected override void Dispose(bool disposing)
        {
            if (disposing && (components != null))
            {
                components.Dispose( );
            }
            base.Dispose(disposing);
        }
        #region Windows Form Designer generated code
        /// <summary>
        /// Required method for Designer support - do not modify
        /// the contents of this method with the code editor.
        /// </summary>
        private void InitializeComponent( )
        {
            this.button1 = new System.Windows.Forms.Button( );
            this.button2 = new System.Windows.Forms.Button( );
            this.button3 = new System.Windows.Forms.Button( );
```

```
            this.button4 = new System.Windows.Forms.Button( );
            this.textBox1 = new System.Windows.Forms.TextBox( );
            this.dataGridView1 = new System.Windows.Forms.DataGridView( );
            this.menuStrip1 = new System.Windows.Forms.MenuStrip( );
            this.TJToolStripMenuItem = new
System.Windows.Forms.ToolStripMenuItem( );
            this.AllToolStripMenuItem = new
System.Windows.Forms.ToolStripMenuItem( );
            this.NotPassToolStripMenuItem = new
System.Windows.Forms.ToolStripMenuItem( );
            this.EnglishNotPassToolStripMenuItem = new System.Windows.Forms.
            ToolStripMenuItem( );
            this.MathNotPassToolStripMenuItem = new System.Windows.Forms.
            ToolStripMenuItem( );
            this.ChineseNotPassToolStripMenuItem = new System.Windows.Forms.
            ToolStripMenuItem( );
            this.NineUpToolStripMenuItem = new System.Windows.Forms.
            ToolStripMenuItem( );
            this.LRToolStripMenuItem = new
System.Windows.Forms.ToolStripMenuItem( );
            this.EnglishToolStripMenuItem = new System.Windows.Forms.
ToolStripMenuItem( );
            this.MathToolStripMenuItem = new System.Windows.Forms.
ToolStripMenuItem( );
            this.ChineseToolStripMenuItem = new System.Windows.Forms.
ToolStripMenuItem( );
            this.CXToolStripMenuItem = new System.Windows.Forms.
ToolStripMenuItem( );
            this.ClassToolStripMenuItem = new System.Windows.Forms.
ToolStripMenuItem( );
            this.IDToolStripMenuItem = new System.Windows.Forms.
ToolStripMenuItem( );
            this.ExitToolStripMenuItem = new System.Windows.Forms.
ToolStripMenuItem( );
            this.label1 = new System.Windows.Forms.Label( );

((System.ComponentModel.ISupportInitialize)(this.dataGridView1)).BeginInit( );
            this.menuStrip1.SuspendLayout( );
            this.SuspendLayout( );
            //
            // button1
            //
            this.button1.Location = new System.Drawing.Point(75, 346);
            this.button1.Name = "button1";
            this.button1.Size = new System.Drawing.Size(75, 23);
```

```
            this.button1.TabIndex = 0;
            this.button1.Text = "统计";
            this.button1.UseVisualStyleBackColor = true;
            this.button1.Click += new
System.EventHandler(this.button1_Click);
            //
            // button2
            //
            this.button2.Location = new System.Drawing.Point(221, 346);
            this.button2.Name = "button2";
            this.button2.Size = new System.Drawing.Size(75, 23);
            this.button2.TabIndex = 0;
            this.button2.Text = "修改";
            this.button2.UseVisualStyleBackColor = true;
            this.button2.Click += new
System.EventHandler(this.button2_Click);
            //
            // button3
            //
            this.button3.Location = new System.Drawing.Point(375, 346);
            this.button3.Name = "button3";
            this.button3.Size = new System.Drawing.Size(75, 23);
            this.button3.TabIndex = 0;
            this.button3.Text = "提交";
            this.button3.UseVisualStyleBackColor = true;
            this.button3.Click += new
System.EventHandler(this.button3_Click);
            //
            // button4
            //
            this.button4.Location = new System.Drawing.Point(590, 128);
            this.button4.Name = "button4";
            this.button4.Size = new System.Drawing.Size(75, 23);
            this.button4.TabIndex = 0;
            this.button4.Text = "确定";
            this.button4.UseVisualStyleBackColor = true;
            this.button4.Click += new
System.EventHandler(this.button4_Click);
            //
            // textBox1
            //
            this.textBox1.Location = new System.Drawing.Point(590, 101);
            this.textBox1.Name = "textBox1";
            this.textBox1.Size = new System.Drawing.Size(100, 21);
            this.textBox1.TabIndex = 1;
```

```
            //
            // dataGridView1
            //
            this.dataGridView1.ColumnHeadersHeightSizeMode = System.Windows.
Forms.
            DataGridViewColumnHeadersHeightSizeMode.AutoSize;
            this.dataGridView1.Location = new System.Drawing.Point(6, 28);
            this.dataGridView1.Name = "dataGridView1";
            this.dataGridView1.RowTemplate.Height = 23;
            this.dataGridView1.Size = new System.Drawing.Size(547, 312);
            this.dataGridView1.TabIndex = 2;
            //
            // menuStrip1
            //
            this.menuStrip1.Items.AddRange(new System.Windows.Forms.
ToolStripItem[] {
            this.TJToolStripMenuItem,
            this.LRToolStripMenuItem,
            this.CXToolStripMenuItem,
            this.ExitToolStripMenuItem});
            this.menuStrip1.Location = new System.Drawing.Point(0, 0);
            this.menuStrip1.Name = "menuStrip1";
            this.menuStrip1.Size = new System.Drawing.Size(716, 25);
            this.menuStrip1.TabIndex = 3;
            this.menuStrip1.Text = "menuStrip1";
            //
            // TJToolStripMenuItem
            //
            this.TJToolStripMenuItem.DropDownItems.AddRange(new
System.Windows.
            Forms.ToolStripItem[] {
            this.AllToolStripMenuItem,
            this.NotPassToolStripMenuItem,
            this.EnglishNotPassToolStripMenuItem,
            this.MathNotPassToolStripMenuItem,
            this.ChineseNotPassToolStripMenuItem,
            this.NineUpToolStripMenuItem});
            this.TJToolStripMenuItem.Name = "TJToolStripMenuItem";
            this.TJToolStripMenuItem.Size = new System.Drawing.Size(44, 21);
            this.TJToolStripMenuItem.Text = "统计";
            //
            // AllToolStripMenuItem
            //
            this.AllToolStripMenuItem.Name = "AllToolStripMenuItem";
            this.AllToolStripMenuItem.Size = new System.Drawing.Size(196, 22);
```

```
            this.AllToolStripMenuItem.Text = "总分、平均分";
        this.AllToolStripMenuItem.Click += new System.EventHandler
        (this.AllToolStripMenuItem_Click);
        //
        // NotPassToolStripMenuItem
        //
        this.NotPassToolStripMenuItem.Name = "NotPassToolStripMenuItem";
        this.NotPassToolStripMenuItem.Size = new System.Drawing.Size(196,
22);
        this.NotPassToolStripMenuItem.Text = "不及格人数";
        this.NotPassToolStripMenuItem.Click += new System.EventHandler
        (this.NotPassToolStripMenuItem_Click);
        //
        // EnglishNotPassToolStripMenuItem
        //
        this.EnglishNotPassToolStripMenuItem.Name =
"EnglishNotPassToolStripMenuItem";
        this.EnglishNotPassToolStripMenuItem.Size = new
System.Drawing.Size(196, 22);
        this.EnglishNotPassToolStripMenuItem.Text = "英语不及格名单及人数";
        this.EnglishNotPassToolStripMenuItem.Click += new System.EventHandler
        (this.EnglishNotPassToolStripMenuItem_Click);
        //
        // MathNotPassToolStripMenuItem
        //
        this.MathNotPassToolStripMenuItem.Name =
"MathNotPassToolStripMenuItem";
        this.MathNotPassToolStripMenuItem.Size = new
System.Drawing.Size(196, 22);
        this.MathNotPassToolStripMenuItem.Text = "数学不及格名单及人数";
        this.MathNotPassToolStripMenuItem.Click += new
System.EventHandler
        (this.MathNotPassToolStripMenuItem_Click);
        //
        // ChineseNotPassToolStripMenuItem
        //
        this.ChineseNotPassToolStripMenuItem.Name =
"ChineseNotPassToolStripMenuItem";
        this.ChineseNotPassToolStripMenuItem.Size = new
System.Drawing.Size(196, 22);
        this.ChineseNotPassToolStripMenuItem.Text = "语文不及格名单及人数";
        this.ChineseNotPassToolStripMenuItem.Click += new
System.EventHandler(this.ChineseNotPassToolStripMenuItem_Click);
        //
```

```
          // NineUpToolStripMenuItem
          //
          this.NineUpToolStripMenuItem.Name = "NineUpToolStripMenuItem";
          this.NineUpToolStripMenuItem.Size = new System.Drawing.Size(196,
22);
          this.NineUpToolStripMenuItem.Text = "90 分以上";
          this.NineUpToolStripMenuItem.Click += new  System.EventHandler
          (this.NineUpToolStripMenuItem_Click);
          //
          // LRToolStripMenuItem
          //
          this.LRToolStripMenuItem.DropDownItems.AddRange(new
System.Windows.
          Forms.ToolStripItem[] {
          this.EnglishToolStripMenuItem,
          this.MathToolStripMenuItem,
          this.ChineseToolStripMenuItem});
          this.LRToolStripMenuItem.Name = "LRToolStripMenuItem";
          this.LRToolStripMenuItem.Size = new System.Drawing.Size(44, 21);
          this.LRToolStripMenuItem.Text = "录入";
          //
          // EnglishToolStripMenuItem
          //
          this.EnglishToolStripMenuItem.Name = "EnglishToolStripMenuItem";
          this.EnglishToolStripMenuItem.Size = new System.Drawing.Size(152,
22);
          this.EnglishToolStripMenuItem.Text = "英语成绩";
          this.EnglishToolStripMenuItem.Click += new System.EventHandler
          (this.EnglishToolStripMenuItem_Click);
          //
          // MathToolStripMenuItem
          //
          this.MathToolStripMenuItem.Name = "MathToolStripMenuItem";
          this.MathToolStripMenuItem.Size = new System.Drawing.Size(152,
22);
          this.MathToolStripMenuItem.Text = "数学成绩";
          this.MathToolStripMenuItem.Click += new System.EventHandler
          (this.MathToolStripMenuItem_Click);
          //
          // ChineseToolStripMenuItem
          //
          this.ChineseToolStripMenuItem.Name = "ChineseToolStripMenuItem";
          this.ChineseToolStripMenuItem.Size = new System.Drawing.Size(152,
22);
          this.ChineseToolStripMenuItem.Text = "语文成绩";
```

```
this.ChineseToolStripMenuItem.Click += new System.EventHandler
(this.ChineseToolStripMenuItem_Click);
//
// CXToolStripMenuItem
//
this.CXToolStripMenuItem.DropDownItems.AddRange(new
System.Windows.
Forms.ToolStripItem[] {
this.ClassToolStripMenuItem,
this.IDToolStripMenuItem});
this.CXToolStripMenuItem.Name = "CXToolStripMenuItem";
this.CXToolStripMenuItem.Size = new System.Drawing.Size(44, 21);
this.CXToolStripMenuItem.Text = "查询";
//
// ClassToolStripMenuItem
//
this.ClassToolStripMenuItem.Name = "ClassToolStripMenuItem";
this.ClassToolStripMenuItem.Size = new System.Drawing.Size(152,
22);
this.ClassToolStripMenuItem.Text = "按班级查询";
this.ClassToolStripMenuItem.Click += new System.EventHandler
(this.ClassToolStripMenuItem_Click);
//
// IDToolStripMenuItem
//
this.IDToolStripMenuItem.Name = "IDToolStripMenuItem";
this.IDToolStripMenuItem.Size = new System.Drawing.Size(152, 22);
this.IDToolStripMenuItem.Text = "按学号查询";
this.IDToolStripMenuItem.Click += new System.EventHandler
(this.IDToolStripMenuItem_Click);
//
// ExitToolStripMenuItem
//
this.ExitToolStripMenuItem.Name = "ExitToolStripMenuItem";
this.ExitToolStripMenuItem.Size = new System.Drawing.Size(44, 21);
this.ExitToolStripMenuItem.Text = "退出";
this.ExitToolStripMenuItem.Click += new System.EventHandler
(this.ExitToolStripMenuItem_Click);
//
// label1
//
this.label1.AutoSize = true;
this.label1.Location = new System.Drawing.Point(590, 75);
this.label1.Name = "label1";
this.label1.Size = new System.Drawing.Size(41, 12);
```

```
                this.label1.TabIndex = 4;
                this.label1.Text = "label1";
                this.label1.Visible = false;
                //
                // Form2
                //
                this.AutoScaleDimensions = new System.Drawing.SizeF(6F, 12F);
                this.AutoScaleMode = System.Windows.Forms.AutoScaleMode.Font;
                this.ClientSize = new System.Drawing.Size(716, 381);
                this.Controls.Add(this.label1);
                this.Controls.Add(this.dataGridView1);
                this.Controls.Add(this.textBox1);
                this.Controls.Add(this.button4);
                this.Controls.Add(this.button3);
                this.Controls.Add(this.button2);
                this.Controls.Add(this.button1);
                this.Controls.Add(this.menuStrip1);
                this.MainMenuStrip = this.menuStrip1;
                this.Name = "Form2";
                this.Text = "Form2";
                this.FormClosing += new

System.Windows.Forms.FormClosingEventHandler(this.Form2_FormClosing);
                this.Load += new System.EventHandler(this.Form2_Load);

((System.ComponentModel.ISupportInitialize)(this.dataGridView1)).EndInit( );
                this.menuStrip1.ResumeLayout(false);
                this.menuStrip1.PerformLayout( );
                this.ResumeLayout(false);
                this.PerformLayout( );

            }

            #endregion

            private System.Windows.Forms.Button button1;
            private System.Windows.Forms.Button button2;
            private System.Windows.Forms.Button button3;
            private System.Windows.Forms.Button button4;
            private System.Windows.Forms.TextBox textBox1;
            private System.Windows.Forms.DataGridView dataGridView1;
            private System.Windows.Forms.MenuStrip menuStrip1;
            private System.Windows.Forms.ToolStripMenuItem TJToolStripMenuItem;
            private System.Windows.Forms.ToolStripMenuItem LRToolStripMenuItem;
            private System.Windows.Forms.ToolStripMenuItem CXToolStripMenuItem;
```

```
            private System.Windows.Forms.ToolStripMenuItem
ExitToolStripMenuItem;
            private System.Windows.Forms.ToolStripMenuItem AllToolStripMenuItem;
            private System.Windows.Forms.ToolStripMenuItem
NotPassToolStripMenuItem;
            private System.Windows.Forms.ToolStripMenuItem
EnglishNotPassToolStripMenuItem;
            private System.Windows.Forms.ToolStripMenuItem
MathNotPassToolStripMenuItem;
            private System.Windows.Forms.ToolStripMenuItem
ChineseNotPassToolStripMenuItem;
            private System.Windows.Forms.ToolStripMenuItem
NintyUpToolStripMenuItem;
            private System.Windows.Forms.ToolStripMenuItem
EnglishToolStripMenuItem;
            private System.Windows.Forms.ToolStripMenuItem
MathToolStripMenuItem;
            private System.Windows.Forms.ToolStripMenuItem
ChineseToolStripMenuItem;
            private System.Windows.Forms.ToolStripMenuItem
ClassToolStripMenuItem;
            private System.Windows.Forms.ToolStripMenuItem IDToolStripMenuItem;
            private System.Windows.Forms.Label label1;
        }
    }
```

Form2.cs：（学员成绩管理代码）

```
using System;
using System.Collections.Generic;
using System.ComponentModel;
using System.Data;
using System.Drawing;
using System.Linq;
using System.Text;
using System.Windows.Forms;
using System.Data.OleDb;

namespace _12_13
{
    public partial class Form2 : Form
    {
        public Form2( )
        {
            InitializeComponent( );
        }
        DataSet myDataSet = new DataSet( );
```

```csharp
        private void Form2_Load(object sender, EventArgs e)
        {
            string strCon = "Provider=Microsoft.ACE.OLEDB.12.0;Data
Source=student.accdb";
            OleDbConnection myconn = new OleDbConnection(strCon);
            string strcom = "SELECT * FROM student";
            myconn.Open( );
            OleDbDataAdapter mycommand = new OleDbDataAdapter(strcom, myconn);
            mycommand.Fill(myDataSet, "student");
            myconn.Close( );
            this.dataGridView1.DataSource = myDataSet.Tables["student"];
        }
        private void button1_Click(object sender, EventArgs e)
        {
            try
              {
                myDataSet.Tables[0].Columns.Clear( );
                myDataSet.Tables[0].Rows.Clear( );
                string strcon = "Provider=Microsoft.ACE.OLEDB.12.0;Data
Source=student.accdb";
                OleDbConnection myconn = new OleDbConnection(strcon);
                myconn.Open( );

                string strcom = "Select AVG(数学+语文+英语),SUM(数学+语文+英语)
                from student";
                OleDbDataAdapter mycommand = new OleDbDataAdapter(strcom,
myconn);
                myDataSet.Clear( );
                mycommand.Fill(myDataSet, "student");
                myconn.Close( );
                this.dataGridView1.Columns[0].HeaderText = "平均分";
                this.dataGridView1.Columns[1].HeaderText = "总分";
                this.dataGridView1.DataSource = myDataSet.Tables[0];
              }
            catch(Exception x)
            {
                MessageBox.Show("error!"+x.ToString( ));
            }

        }

        private void button2_Click(object sender, EventArgs e)
        {
            try
              {
```

```
                    string strCon="Provider=Microsoft.ACE.OLEDB.12.0;Data
Source=student.
                    accdb";
                    OleDbConnection myconn=new OleDbConnection(strCon);
                DataSet myDataSet = new DataSet( );
                    string strcom="SELECT * FROM student";
                    string upstr;
                    OleDbCommand inst;
                    myconn.Open( );
                    int a=myDataSet.Tables[0].Rows.Count;
                    this.textBox1.Text=a.ToString( );
                    for(int i=0;i<a;i++)
                    { upstr="update student set 姓名
='"+myDataSet.Tables[0].Rows[i][1]+"',
    语文="+myDataSet.Tables[0].Rows[i][2]+",数学
="+myDataSet.Tables[0].Rows[i][3]+",
    英语="+myDataSet.Tables[0].Rows[i][4]+"
whereID='"+myDataSet.Tables[0].Rows[i][0]+"'";
                        inst=new OleDbCommand(upstr,myconn);
                        inst.ExecuteNonQuery( );
                    }
                    OleDbDataAdapter mycommand=new
OleDbDataAdapter(strcom,myconn);
                    myDataSet.Clear( );
                    mycommand.Fill(myDataSet,"student");
                    myconn.Close( );
                }
                catch(Exception x)
                {
                    MessageBox.Show("error!"+x.ToString( ));
                }
                }
        private void button3_Click(object sender, EventArgs e)
        {
            string strcon = "Provider=Microsoft.ACE.OLEDB.12.0;Data
Source=student.accdb";
            OleDbConnection myconn = new OleDbConnection(strcon);
            myconn.Open( );
            int a = this.myDataSet.Tables[0].Rows.Count;
            OleDbCommand tj;
            for (int i = 0; i < a; i++)
            {
                tj = new OleDbCommand("UPDATE STUDENT SET 英语=" +
                this.myDataSet.Tables[0].
```

```
                        Rows[i][2] + " WHERE ID='" +
this.myDataSet.Tables[0].Rows[i][0] + "'",
                    myconn);
                tj.ExecuteNonQuery( );
            }
            this.myDataSet.Tables[0].Rows.Clear( );
            this.myDataSet.Tables[0].Columns.Clear( );
            string strcom = "select * from student";
            OleDbDataAdapter mycommand = new OleDbDataAdapter(strcom, myconn);
            mycommand.Fill(myDataSet, "student");
            myconn.Close( );
        }
    private void button4_Click(object sender, EventArgs e)
    {
            string strcon = "Provider=Microsoft.ACE.OLEDB.12.0;Data
Source=student.accdb";
            OleDbConnection myconn = new OleDbConnection(strcon);
            myconn.Open( );
            string strcom = "SELECT * FROM STUDENT WHERE ID LIKE '%" +
            this.textBox1.Text + "%'";
            OleDbDataAdapter mycommand = new OleDbDataAdapter(strcom, myconn);
            myDataSet.Clear( );
            mycommand.Fill(myDataSet, "student");
            myconn.Close( );
        }
    private void Form2_FormClosing(object sender, FormClosingEventArgs e)
    {
       Application.Exit( );
    }
    private void ClassToolStripMenuItem_Click(object sender, EventArgs e)
    {
            this.textBox1.Visible = true;
            this.label1.Visible = true;
            this.button4.Visible = true;
            this.label1.Text = "请输入要查询的班级号";
    }
    private void IDToolStripMenuItem_Click(object sender, EventArgs e)
    {
            this.textBox1.Visible = true;
            this.label1.Visible = true;
            this.button4.Visible = true;
            this.label1.Text = "请输入要查询的学号";
    }
    private void AllToolStripMenuItem_Click(object sender, EventArgs e)
    {
```

```csharp
            try
            {
                myDataSet.Tables[0].Columns.Clear( );
                myDataSet.Tables[0].Rows.Clear( );
                string strcon = "Provider=Microsoft.ACE.OLEDB.12.0;Data
                Source=student.accdb";
                OleDbConnection myconn = new OleDbConnection(strcon);
                myconn.Open( );
                string strcom = "Select AVG(数学+语文+英语),SUM(数学+语文+英语)
from
                student";
                OleDbDataAdapter mycommand = new OleDbDataAdapter(strcom,
myconn);

                myDataSet.Clear( );
                mycommand.Fill(myDataSet, "student");
                myconn.Close( );
                this.dataGridView1.Columns[0].HeaderText = "平均分";
                this.dataGridView1.Columns[1].HeaderText = "总分";
                this.dataGridView1.DataSource = myDataSet.Tables[0];
            }
            catch (Exception x)
            {
                MessageBox.Show("error!" + x.ToString( ));
            }
        }
    private void NotPassToolStripMenuItem_Click(object sender, EventArgs e)
    {
        myDataSet.Tables[0].Columns.Clear( );
        myDataSet.Tables[0].Rows.Clear( );
        string strcon = "Provider=Microsoft.ACE.OLEDB.12.0;Data
Source=student.accdb";
        OleDbConnection myconn = new OleDbConnection(strcon);
        myconn.Open( );
        string strcom = "SELECT * FROM STUDENT WHERE 英语<60 or 数学<60 or
        语文<60";
        OleDbDataAdapter mycommand = new OleDbDataAdapter(strcom, myconn);
        myDataSet.Clear( );
        mycommand.Fill(myDataSet, "student");
        myconn.Close( );
        int a = myDataSet.Tables[0].Rows.Count;
        this.textBox1.Visible = true;
        this.label1.Visible = true;
        this.textBox1.Text = a.ToString( );
        this.label1.Text = "不及格人数";
        this.dataGridView1.DataSource = myDataSet.Tables[0];
```

```csharp
        }
        private void EnglishNotPassToolStripMenuItem_Click(object sender,
EventArgs e)
        {
            myDataSet.Tables[0].Columns.Clear( );
            myDataSet.Tables[0].Rows.Clear( );
            string strcon = "Provider=Microsoft.ACE.OLEDB.12.0;Data
Source=student.accdb";
            OleDbConnection myconn = new OleDbConnection(strcon);
            myconn.Open( );
            string strcom = "SELECT ID,姓名,英语 FROM STUDENT WHERE 英语<60";
            OleDbDataAdapter mycommand = new OleDbDataAdapter(strcom, myconn);
            mycommand.Fill(myDataSet, "student");
            myconn.Close( );
            int a = myDataSet.Tables[0].Rows.Count;
            this.textBox1.Visible = true;
            this.label1.Visible = true;
            this.textBox1.Text = a.ToString( );
            this.label1.Text = "英语不及格人数";
        }
        private void MathNotPassToolStripMenuItem_Click(object sender,
EventArgs e)
        {
            myDataSet.Tables[0].Columns.Clear( );
            myDataSet.Tables[0].Rows.Clear( );
            string strcon = "Provider=Microsoft.ACE.OLEDB.12.0;Data
Source=student.accdb";
            OleDbConnection myconn = new OleDbConnection(strcon);
            myconn.Open( );
            string strcom = "SELECT ID,姓名,数学 FROM STUDENT WHERE 数学<60";
            OleDbDataAdapter mycommand = new OleDbDataAdapter(strcom, myconn);
            myDataSet.Clear( );
            mycommand.Fill(myDataSet, "student");
            myconn.Close( );
            int a = myDataSet.Tables[0].Rows.Count;
            this.textBox1.Visible = true;
            this.label1.Visible = true;
            this.textBox1.Text = a.ToString( );
            this.label1.Text = "数学不及格人数";
            this.dataGridView1.DataSource = myDataSet.Tables[0];
        }
        private void ChineseNotPassToolStripMenuItem_Click(object sender,
EventArgs e)
        {
```

```
            myDataSet.Tables[0].Columns.Clear( );
            myDataSet.Tables[0].Rows.Clear( );
            string strcon = "Provider=Microsoft.ACE.OLEDB.12.0;Data
Source=student.accdb";
            OleDbConnection myconn = new OleDbConnection(strcon);
            myconn.Open( );
            string strcom = "SELECT ID,姓名,语文 FROM STUDENT WHERE 语文<60";
            OleDbDataAdapter mycommand = new OleDbDataAdapter(strcom, myconn);
            myDataSet.Clear( );
            mycommand.Fill(myDataSet, "student");
            myconn.Close( );
            int a = myDataSet.Tables[0].Rows.Count;
            this.textBox1.Visible = true;
            this.label1.Visible = true;
            this.textBox1.Text = a.ToString( );
            this.label1.Text = "语文不及格人数";
            this.dataGridView1.DataSource = myDataSet.Tables[0];
        }
        private void NintyUpToolStripMenuItem_Click(object sender, EventArgse)
        {
            myDataSet.Tables[0].Columns.Clear( );
            myDataSet.Tables[0].Rows.Clear( );
            string strcon = "Provider=Microsoft.ACE.OLEDB.12.0;Data
Source=student.accdb";
            OleDbConnection myconn = new OleDbConnection(strcon);
            myconn.Open( );
            string strcom = "SELECT * FROM STUDENT WHERE 英语>90 or 数学>90 or
            语文>90";
            OleDbDataAdapter mycommand = new OleDbDataAdapter(strcom, myconn);
            myDataSet.Clear( );
            mycommand.Fill(myDataSet, "student");
            myconn.Close( );
            int a = myDataSet.Tables[0].Rows.Count;
            this.textBox1.Visible = true;
            this.label1.Visible = true;
            this.textBox1.Text = a.ToString( );
            this.label1.Text = "90 分以上人数";
            this.dataGridView1.DataSource = myDataSet.Tables[0];
        }
        private void EnglishToolStripMenuItem_Click(object sender, EventArgse)
        {
            myDataSet.Tables[0].Columns.Clear( );
            myDataSet.Tables[0].Rows.Clear( );
```

```
            string strcon = "Provider=Microsoft.ACE.OLEDB.12.0;Data
Source=student.accdb";
            OleDbConnection myconn = new OleDbConnection(strcon);
            myconn.Open( );
            string strcom = "SELECT ID,姓名,英语 FROM STUDENT";
            OleDbDataAdapter mycommand = new OleDbDataAdapter(strcom, myconn);
            myDataSet.Clear( );
            mycommand.Fill(myDataSet, "student");
            myconn.Close( );
            int a = myDataSet.Tables[0].Rows.Count;
        }
        private void MathToolStripMenuItem_Click(object sender, EventArgs e)
        {
            myDataSet.Tables[0].Columns.Clear( );
            myDataSet.Tables[0].Rows.Clear( );
            string strcon = "Provider=Microsoft.ACE.OLEDB.12.0;Data
Source=student.accdb";
            OleDbConnection myconn = new OleDbConnection(strcon);
            myconn.Open( );
            string strcom = "SELECT ID,姓名,数学 FROM STUDENT";
            OleDbDataAdapter mycommand = new OleDbDataAdapter(strcom, myconn);
            myDataSet.Clear( );
            mycommand.Fill(myDataSet, "student");
            myconn.Close( );
            int a = myDataSet.Tables[0].Rows.Count;
        }
        private void ChineseToolStripMenuItem_Click(object sender, EventArgs e)
        {
            myDataSet.Tables[0].Columns.Clear( );
            myDataSet.Tables[0].Rows.Clear( );
            string strcon = "Provider=Microsoft.ACE.OLEDB.12.0;Data
Source=student.accdb";
            OleDbConnection myconn = new OleDbConnection(strcon);
            myconn.Open( );
            string strcom = "SELECT ID,姓名,语文 FROM STUDENT";
            OleDbDataAdapter mycommand = new OleDbDataAdapter(strcom, myconn);
            myDataSet.Clear( );
            mycommand.Fill(myDataSet, "student");
            myconn.Close( );
            int a = myDataSet.Tables[0].Rows.Count;
        }
    private void ExitToolStripMenuItem_Click(object sender, EventArgs e)
        {
        Application.Exit( );
```

```
        }
      }
    }
```

习　　题

用 PD 画出本章人力资源培训成绩管理系统的 PDM 图，并生成库表和运行该系统。

附录 A 《C#程序设计课程》教学大纲

一、总学时、适用专业、适用教材

128 学时，适用本科四年制或高职专科三年制计算机类及相关专业。适用教材：
刘甫迎 主编.《C#程序设计教程（第 5 版）》. 北京：电子工业出版社，2019。

二、课程性质、目标，重点、难点

《程序设计基础（C#）》是计算机类专业一门专业基础课，目标是使学生掌握运用 C#设计应用
程序的基本知识及技能，为作计算机程序设计员或软件工程师奠定基础。课程重点是结构化程序
设计、面向对象和可视化程序设计，难点是 C/S 结构编程、多线程应用等。

三、课程的教学内容及学时分配

教 学 内 容	学 时 分 配		
	理论教学	实验教学	小 计
.NET 平台及 C#简介	2	2	4
简单的 C#程序设计	2	2	4
数据类型、常量和变量	2	2	4
运算符、表达式和从初始化值推导出变量的类型	2	2	4
结构化程序设计概念（顺序、选择、循环）	2	2	4
条件语句	2	2	4
循环语句	4	4	8
分支语句	2	2	4
跳转语句、异常结构处理	2	2	4
数组、结构、枚举和常用的算法	6	6	12
面向对象概述、类和对象	4	4	8
构造函数和析构函数	2	2	4
方法、属性、索引指示器、委托和事件	8	8	16
C#常用基础类和命名空间	2	2	4
继承、多态性、接口、泛型、泛型集合 List\<T\>、泛型接口 IEnumerable\<T\> 及 yield、协变和逆变	6	6	12
可视化（Visual）程序设计	6	6	12
C#的文件操作	4	2	6
C/S 结构编程（Access 数据库,ADO.NET）	6	4	10
C#的多线程	2	2	4
合计	66	62	128

四、教学大纲说明

1. 本课程先行课程是《计算机应用基础（Windows、Office）》等，其后续课程是《Web 编程
技术（ASP. NET+C#）》和《移动程序设计（Windows Phone）》等。2. 注意"理、实结合"。3. 可
根据需要压缩为 64 学时（理论教学 40 学时，实验教学 24 学时）。

附录 B 《C#程序设计课程》实验指导书

实验一（2 学时）

1．实验题目：C#基础

2．目的与要求

（1）Visual Stdio .NET 及 C#的安装。

（2）启动和退出 C#.NET。

（3）熟悉 C#.NET 集成开发环境。

  ① 了解各功能菜单的菜单命令。

  ② 显示所有的可见窗口和所有工具栏，然后再将上述窗口和工具栏隐藏起来。

  ③ 了解工具箱中有哪些主要控件。

（4）编出第一个简单的 C#程序。

3．注意事项

（1）在做本实验前，先认真复习第 1、第 2 章的内容。

（2）第一个简单 C#程序，可使用书中例子。

（3）将此程序编译运行，以体会 C#编程平台。

（4）学会调用 C#帮助（Help）的方法。

实验二（4 学时）

1．实验题目：数据类型、常量、变量、运算符、表达式和从初始化值推导出变量的类型

2．目的与要求

（1）掌握 C#的数据类型。

（2）掌握 C#的常量和变量。

（3）掌握 C#的表达式和运算符的使用。

（4）继续熟悉 C#.NET 集成开发环境。

3．注意事项

（1）在做本实验前，先认真复习第 3 章的内容。

（2）编程时，可使用书中的例子。

（3）将此程序编译运行，继续体会 C#编程平台。

实验三（12 学时）

1．实验题目：结构化程序设计

2．目的与要求

（1）掌握结构化程序设计的基本概念（顺序、选择、循环）。

（2）掌握条件语句的使用。

（3）掌握循环语句的使用。

（4）掌握分支语句的使用。

（5）掌握跳转语句和异常结构处理的使用。

3．注意事项

（1）在做本实验前，先认真复习第 4 章的内容。

（2）可分别用 for、while 和 do-while 循环语句编写计算 N！的程序。

（3）可设计一个程序，计算 $c=m!/n!(m-n)!$。

（4）结构化程序设计概念、条件语句、分支语句、跳转语句和异常处理实验教学课时各为 2 学时，循环语句实验教学课时为 4 学时。

实验四（6 学时）

1．实验题目：数组、结构、枚举、常用的数据结构及算法

2．目的与要求

（1）掌握一维数组和二维数组的使用。

（2）掌握结构的使用。

（3）掌握枚举的使用。

（4）掌握常用的数据结构及算法的使用。

3．注意事项

（1）在做本实验前，先认真复习第 5 章的内容。

（2）可以用书中"冒泡程序"的例子进行数组的实验。

（3）可以用书中顺序查找算法的例子进行结构的实验。

实验五（16 学时）

1．实验题目：面向对象程序设计

2．目的与要求

（1）掌握类和对象的使用。

（2）掌握构造函数和析构函数的使用。

（3）掌握方法、属性、索引指示器、委托和事件的使用。

（4）掌握 C#常用的基础类和命名空间的使用。

3．注意事项

（1）在做本实验前，先认真复习第 6 章的内容。

（2）可创建一个计算长方体体积的类，并生成一个对象测试所创建的类。

（3）可以用书中例子进行方法、属性、索引指示器、委托和事件的实验。

（4）面向对象概述、类和对象的实验用 4 学时，构造函数和析构函数的实验用 2 学时，方法、属性、索引指示器、委托和事件的实验用 8 学时， C#常用的基础类和命名空间的实验用 2 学时。

实验六（6 学时）

1．实验题目：继承、接口、协变和逆变

2．目的与要求

（1）掌握继承、多态性、接口的概念。

（2）掌握继承、接口的使用。

（3）了解协变和逆变。

3．注意事项

（1）在做本实验前，先认真复习第 7 章的内容。

（2）可以用书中例子进行继承、多态性、接口、协变和逆变的实验。

（3）继承、多态性的实验用 2 学时，接口、协变和逆变的实验用 4 学时。

实验七（6 学时）

1．实验题目：可视化程序设计

2．目的与要求

（1）掌握 Windows 窗体的基本属性、事件和方法的使用。

（2）掌握控件（Control）的基本属性、事件和方法的使用。

（3）掌握常用控件（按钮、标签、文本框、单选按钮、复选框、面板、分组框、图形框、列表框、带复选框的列表框、组合框等）的具体使用。

3．注意事项

（1）在做本实验前，先认真复习第 8 章的内容。

（2）可以设计一个如图 B-1 的窗体用于显示学生成绩。在该窗体中应包含下拉列表框、组合框、标签、文本框和命令按钮。当选择某一班级和课程后，在下面的文本框内显示相应的成绩。

（3）可以用书中例子进行其他控件的实验。

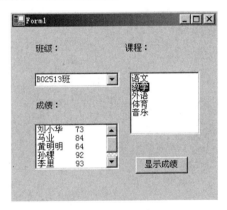

图 B-1　窗体示意图

实验八（4 学时）

1．实验题目：操作 C#的文件和流

2．目的与要求

（1）了解文件和流的概念。

（2）掌握文件读和写的使用。

（3）用文件实现链表算法。

3．注意事项

（1）在做本实验前，先认真复习第 9 章的内容。

（2）可建立一个文本文件，编写使用传统的文件访问方法和 System.IO 模型来访问文件和修改文件的程序。

（3）可以用书中例子进行链表算法的实验。

实验九（4 学时）

1．**实验题目：客户机/服务器（C/S）结构编程**

2．**目的与要求**

（1）建立 Access（或者 SQL Server）数据库表。

（2）掌握客户机/服务器（C/S）模式编程概念。

（3）掌握 ADO.NET 的编程及绑定。

3．**注意事项**

（1）在做本实验前，先认真复习第 10 章的内容。

（2）前端用 C#，运用 ADO.NET 连接后端的 Access（或者 SQL Server）数据库。

（3）可以用书中例子进行 C/S 结构编程的实验。

实验十（2 学时）

1．**实验题目：C#的多线程应用**

2．**目的与要求**

（1）了解 C#的多线程概念。

（2）了解线程的优先级和执行状态。

（3）掌握线程同步的编程技术。

3．**注意事项**

（1）在做本实验前，先认真复习第 11 章的内容。

（2）可以用书中例子进行 C#的多线程应用编程的实验。

（3）尽量独立思考并完成实验，在必要时与其他同学进行讨论。

附录 C 模拟试题

C.1 模拟考试试卷（一）

XXXX 学院

《C#程序设计》课程考试卷（A 卷）

系_____专业_____班 学号_____姓名_____

题 号	一	二	三	四	五	六	总 分
得 分							

一、单项选择题（每题 2 分，共 20 分）

1. short 类型的变量在内存中占据的位数是（   ）。
   A. 8   B. 16   C. 32   D. 64

2. 对于 int[4,5]型的数组 a，数组元素 a[2,3]存在数组第（   ）个位置上。
   A. 11   B. 12   C. 14   D. 15

3. 设 int 类型变量 x,y,z 的值分别是 2、3、6,那么执行完语句(z=y=x=z)后他们的值为（   ）。
   A. 3,1，-4   B. 3,1，-1   C. -4,7，-1   D、4,7，-4

4. 以下说法中不正确的是（   ）。
   A. 构造函数和析构函数都不能有返回值   B. 构造函数可以是静态的
   C. 一个类只能有一个构造函数   D、一个类只能有一个析构函数

5. 以下不属于 object 类型的成员方法是（   ）。
   A. ToString()   B. Dispose()   C. Finalize()   D、GetType()

6. 设 double 型变量 x 表示一个角度，那么将其转化为弧度的表达式为（   ）。
   A. x*180/Math.PI   B. x*360/Math.PI   C. x*Math.PI/180   D、x*Math.PI/360

7. 令 object x=100,那么下列表达式会引发异常的是（   ）。
   A. int i=x;   B. string s=(string)x;
   C. bool b=x is string;   D、 object o=x as string

8. 下列能够被创建对象的是（   ）。
   A. 接口   B. 抽象类
   C. 委托   D、只有私有构造函数的类

+19．关于接口和抽象类，下列说法中正确的是（　　　　）。

    A．接口不能创建对象，而抽象类可以　　　　B、接口不能包含字段，而抽象类可以

    C．抽象类中的方法必须是抽象方法　　　　　D、接口中的方法也可以有实现代码

10．关于 finally 代码段，下列是说法正确的是（　　　　）。

    A．仅在程序正常时执行　　　　　　　　　　B、仅在程序发生异常时执行

    C．在程序发生异常时会被跳过　　　　　　　D、无论程序是否发生异常都会被执行

二、填空题（每空 2 分，共 20 分）

1．一般将类的构造方法声明为 ＿＿＿＿＿＿＿ 访问权限。如果声明为 private，就不能创建该类的对象。

2．在方法定义中，virtual 含义：＿＿＿＿＿＿＿。

3．C#数组元素的下标从 ＿＿＿＿＿＿＿ 开始。

4．元素类型为 double 的 2 行 5 列的二维数组共占用 ＿＿＿＿＿＿＿ 字节的存储空间。

5．对于方法，参数传递分为值传递和 ＿＿＿＿＿＿＿ 两种。

6．传入某个属性的 SET 方法的隐含参数的名称是 ＿＿＿＿＿＿＿。

7．能用 foreach 遍历访问的对象需要实现 ＿＿＿＿＿＿＿ IEnumerable 接口或者声明。

8．委托声明的关键字是 ＿＿＿＿＿＿＿。

9．C#的类不支持多重继承，但可以用 ＿＿＿＿＿＿＿ 来实现。

10．C#中所有的类型实质上都是从 ＿＿＿＿＿＿＿ 类派生而来的。

三、判断题（正确打 √，错误打 ×；每题 2 分，共 20 分）

1．不能指定接口中方法的修饰符。　　　　　　　　　　　　　　　　　　　　　（　　　）

2．DotNet 包含两个部分，即公共语言运行时和框架类库。　　　　　　　　　　（　　　）

3．在同一行上可以书写多条语句，每条语句间用分号分隔。　　　　　　　　　　（　　　）

4．在数据类型转化时，只能通过类型转换关键字或 Convert 类实现。　　　　　（　　　）

5．在定义数组时不允许为数组中的元素赋值。　　　　　　　　　　　　　　　　（　　　）

6．定义枚举时至少为其中的一个枚举成员赋值。　　　　　　　　　　　　　　　（　　　）

7．接口与类同样是面向对象程序设计的核心，是创建对象的模版。　　　　　　　（　　　）

8．委托是将方法作为参数传递给另一方法的一种数据类型，事件与委托没有关系。（　　　）

9．如果要实现重写，在基类的方法中必须使用 virtual 关键字，在派生类的方法中必须使用 overrides 关键字。　　　　　　　　　　　　　　　　　　　　　　　　　　　　　（　　　）

10．在 C#类中，this 代表了当前类本身。

四、简答题（每题 8 分，共 40 分）

1．怎样使一个类不能被外部创建对象。

2．简述 C#对接口方法的两种实现方式。

3．什么叫做匿名方法，他的作用是什么。

4．简述在 WPF 中对控件应用动画的两种基本方式。

5．C#中事件和委托的关系是什么，类的事件成员和一般的委托型成员有什么不同。

C.2 模拟考试试卷（二）

XXXX 学院

《C#程序设计》课程考试卷（B 卷）

_____系_____专业_____班　学号_____　姓名_____

题　号	一	二	三	四	五	六	总　分
得　分							

一、单项选择题（每题 2 分，共 20 分）

1．下列类型中，不支持 IEnumerable<T>接口的是（　　　）。
　　A．T[]　　　　　　B．List<T>　　　　C．Queue<T>　　　D．Dictionary<K, T>

2．Nullable<T>是
　　A．class　　　　　B．struct　　　　　C．interface　　　　D．以上都不是

3．单击一个 CheckBox 控件，那么下列事件的引发顺序为（　　　）。
　　A．Click，MouseDown，MouseUp，CheckedChanged
　　B．MouseDown，Click，MouseUp，CheckedChanged
　　C．MouseDown，Click，CheckedChanged，MouseUp
　　D．MouseDown，CheckedChanged，Click，MouseUp

4．CLR 是指（　　　）。
　　A．公共类型系统　　B．公共语言规范　　C．公共语言运行　　D．动态语言运行

5．关于 C#语言的基本语法，下列说法正确的是（　　　）。
　　A．C#语言使用 using 关键字来引用.NET 预定义的名字空间
　　B．用 C#编写的程序中，Main 函数是唯一允许的全局函数
　　C．C#语言中使用的名称严格区分大小写
　　D．C#中一条语句必须写在一行内

6．在 C#中，每个 int 类型的变量占用（　　　）字节的内存。
　　A．1 btye(0---255) sbtye(-128---127) bool(ture,false)
　　B．2 short(-32768---32767) unshort(0---32767) char
　　C．4 int uint float
　　D．8 long ulong double 12 decimal 精确的十进制值

7．在 C#中，表示一个字符串的变量应使用（　　　）语句定义。
　　A．CString str;　　B．string str;　　　C．Dim str as string　　D．char * str;

8．要在 Web 应用程序中访问 URL 地址中的参数字符串，（　　　）可访问对象的 QueryString 属性。
　　A．HttpApplication　　　　　　　　B．HttpRequest

    C．HttpReqsponse   D．HttpBrowserCapability

9．以下可在客户端缓存网页数据的是（　　　）。

    A．pplicationState   B．SessionState   C．Cache   D．Cookie

10．在 Web Service 中定义的方法，能够从网络上访问的是（　　　）。

    A．非私有方法   B．公有方法

    C．扩展方法   D．使用[WebMethod]特性修饰的方法

二、填空题（每空 2 分，共 20 分）

1．当在程序中执行到 _____ 语句时，将结束所在循环语句中循环体的一次执行。

2．枚举是从 System._____ 类继承而来的类型。

3．类中声明的属性往往具有 get()和 _____ 两个访问器。

4．C#提供一个默认的无参构造函数，当我实现了另外一个有一个参数的构造函数时，还想保留这个无参数的构造函数。这时我应该写_____构造函数。

5．接口(interface)是指：_____（public abstract method)的类。这些方法必须在子类中被实现。

6．在 switch 语句中，每个语句标号所含关键字 case 后面的表达式必须是_____。

7．在 while 循环语句中，一定要有修改循环条件的语句，否则，可能造成_____。

8．传入某个属性的 SET 方法的隐含参数的名称是 _____。

9．C#的类不支持多重继承，但可以用 _____ 来实现。

10．C#数组类型是一种引用类型，所有的数组都是从 System 命名空间的 _____类继承而来的引用对象。

三、判断题（正确打 √，错误打 ×；每题 2 分，共 20 分）

1．静态类和实例类的区别在于:静态类不需要初始化即可直接使用，实例类需要进行实例化，生成对象才可使用。（　　　）

2．用 Interval 属性设置 Timer 控件 Tick 事件发生的时间间隔单位为秒。（　　　）

3．设置图片框控件的 SizeMode 属性为 StretchImage 时，图片可以按图片框的大小比例缩放显示。（　　　）

4．可以重写私有的虚方法。（　　　）

5．在 C#中，所有类都是直接或间接地继承 System.Object 类而得来的。（　　　）

6．在 C#中，任何方法都不能实现多继承。（　　　）

7．在 C#中，子类不能继承父类中用 private 修饰的成员变量和成员方法。（　　　）

8．菜单项标题中有含有带下划线的字符，这是快捷键。（　　　）

9．可以阻止某一个类被其他类继承。（　　　）

10．一个窗体中可以有多个弹出式菜单。（　　　）

四、简答题（每题 8 分，共 40 分）

1．说说抽象方法和虚拟方法的相同点与不同点。

2．采用 new 和 override 修饰符所修饰的方法，二者之间的区别是什么。

3．编写程序，输入一个字符串，求输入的字符串中包含字符串 str 的个数。

4．简述 http://doc.guandang.net 中的 DbConnection、DbCommand、DbDataReader 这三个类型的作用以及他们之间的关系。

5．举出三个在网站应用程序中跳转到另一个网页的方法。